周 期 表

10	11	12	13	14	15	16	17	18	族 / 周期
								4.003 2**He** ヘリウム $1s^2$ 24.59	1
			10.81 5**B** ホウ素 $[He]2s^2p^1$ 8.30　2.0	12.01 6**C** 炭素 $[He]2s^2p^2$ 11.26　2.5	14.01 7**N** 窒素 $[He]2s^2p^3$ 14.53　3.0	16.00 8**O** 酸素 $[He]2s^2p^4$ 13.62　3.5	19.00 9**F** フッ素 $[He]2s^2p^5$ 17.42　4.0	20.18 10**Ne** ネオン $[He]2s^2p^6$ 21.56	2
			26.98 13**Al** アルミニウム $[Ne]3s^2p^1$ 5.99　1.5	28.09 14**Si** ケイ素 $[Ne]3s^2p^2$ 8.15　1.8	30.97 15**P** リン $[Ne]3s^2p^3$ 10.49　2.1	32.06 16**S** 硫黄 $[Ne]3s^2p^4$ 10.36　2.5	35.45 17**Cl** 塩素 $[Ne]3s^2p^5$ 12.97　3.0	39.95 18**Ar** アルゴン $[Ne]3s^2p^6$ 15.76	3
58.69 28**Ni** ニッケル $[Ar]3d^84s^2$ 7.64　1.8	63.55 29**Cu** 銅 $[Ar]3d^{10}4s^1$ 7.73　1.9	65.38 30**Zn** 亜鉛 $[Ar]3d^{10}4s^2$ 9.39　1.6	69.72 31**Ga** ガリウム $[Ar]3d^{10}4s^2p^1$ 6.00　1.6	72.63 32**Ge** ゲルマニウム $[Ar]3d^{10}4s^2p^2$ 7.90　1.8	74.92 33**As** ヒ素 $[Ar]3d^{10}4s^2p^3$ 9.81　2.0	78.97 34**Se** セレン $[Ar]3d^{10}4s^2p^4$ 9.75　2.4	79.90 35**Br** 臭素 $[Ar]3d^{10}4s^2p^5$ 11.81　2.8	83.80 36**Kr** クリプトン $[Ar]3d^{10}4s^2p^6$ 14.00　3.0	4
106.4 46**Pd** パラジウム $[Kr]4d^{10}$ 8.34　2.2	107.9 47**Ag** 銀 $[Kr]4d^{10}5s^1$ 7.58　1.9	112.4 48**Cd** カドミウム $[Kr]4d^{10}5s^2$ 8.99　1.7	114.8 49**In** インジウム $[Kr]4d^{10}5s^2p^1$ 5.79　1.7	118.7 50**Sn** スズ $[Kr]4d^{10}5s^2p^2$ 7.34　1.8	121.8 51**Sb** アンチモン $[Kr]4d^{10}5s^2p^3$ 8.64　1.9	127.6 52**Te** テルル $[Kr]4d^{10}5s^2p^4$ 9.01　2.1	126.9 53**I** ヨウ素 $[Kr]4d^{10}5s^2p^5$ 10.45　2.5	131.3 54**Xe** キセノン $[Kr]4d^{10}5s^2p^6$ 12.13　2.7	5
195.1 78**Pt** 白金 $[Xe]4f^{14}5d^96s^1$ 8.61　2.2	197.0 79**Au** 金 $[Xe]4f^{14}5d^{10}6s^1$ 9.23　2.4	200.6 80**Hg** 水銀 $[Xe]4f^{14}5d^{10}6s^2$ 10.44　1.9	204.4 81**Tl** タリウム $[Xe]4f^{14}5d^{10}6s^2p^1$ 6.11　1.8	207.2 82**Pb** 鉛 $[Xe]4f^{14}5d^{10}6s^2p^2$ 7.42　1.8	209.0 83**Bi** ビスマス $[Xe]4f^{14}5d^{10}6s^2p^3$ 7.29　1.9	(210) 84**Po** ポロニウム $[Xe]4f^{14}5d^{10}6s^2p^4$ 8.42　2.0	(210) 85**At** アスタチン $[Xe]4f^{14}5d^{10}6s^2p^5$ 9.5　2.2	(222) 86**Rn** ラドン $[Xe]4f^{14}5d^{10}6s^2p^6$ 10.75	6
(281) 110**Ds** ダームスタチウム $[Rn]5f^{14}6d^97s^1$	(280) 111**Rg** レントゲニウム $[Rn]5f^{14}6d^{10}7s^1$	(285) 112**Cn** コペルニシウム $[Rn]5f^{14}6d^{10}7s^2$	(248) 113**Nh** ニホニウム $[Rn]5f^{14}6d^{10}7s^2p^1$	(289) 114**Fl** フレロビウム $[Rn]5f^{14}6d^{10}7s^2p^2$	(258) 115**Mc** モスコビウム $[Rn]5f^{14}6d^{10}7s^2p^3$	(293) 116**Lv** リバモリウム $[Rn]5f^{14}6d^{10}7s^2p^4$	(293) 117**Ts** テネシン $[Rn]5f^{14}6d^{10}7s^2p^5$	(294) 118**Og** オガネソン $[Rn]5f^{14}6d^{10}7s^2p^6$	7

| 152.0
63**Eu**
ユウロピウム
$[Xe]4f^76s^2$
5.67　1.2 | 157.3
64**Gd**
ガドリニウム
$[Xe]4f^75d^16s^2$
6.15　1.2 | 158.9
65**Tb**
テルビウム
$[Xe]4f^96s^2$
5.86　1.2 | 162.5
66**Dy**
ジスプロシウム
$[Xe]4f^{10}6s^2$
5.94　1.2 | 164.9
67**Ho**
ホルミウム
$[Xe]4f^{11}6s^2$
6.02　1.2 | 167.3
68**Er**
エルビウム
$[Xe]4f^{12}6s^2$
6.11　1.2 | 168.9
69**Tm**
ツリウム
$[Xe]4f^{13}6s^2$
6.18　1.2 | 173.0
70**Yb**
イッテルビウム
$[Xe]4f^{14}6s^2$
6.25　1.1 | 175.0
71**Lu**
ルテチウム
$[Xe]4f^{14}5d^16s^2$
5.43　1.2 | ランタノイド |
| (243)
95**Am**
アメリシウム
$[Rn]5f^77s^2$
6.0　1.3 | (247)
96**Cm**
キュリウム
$[Rn]5f^76d^17s^2$
6.09　1.3 | (247)
97**Bk**
バークリウム
$[Rn]5f^97s^2$
6.30　1.3 | (251)
98**Cf**
カリホルニウム
$[Rn]5f^{10}7s^2$
6.30　1.3 | (252)
99**Es**
アインスタイニウム
$[Rn]5f^{11}7s^2$
6.52　1.3 | (257)
100**Fm**
フェルミウム
$[Rn]5f^{12}7s^2$
6.64　1.3 | (258)
101**Md**
メンデレビウム
$[Rn]5f^{13}7s^2$
6.74　1.3 | (259)
102**No**
ノーベリウム
$[Rn]5f^{14}7s^2$
6.84　1.3 | (262)
103**Lr**
ローレンシウム
$[Rn]5f^{14}6d^17s^2$ | アクチノイド |

元素の

族\周期	1	2	3	4	5	6	7	8	9
1	1.008 1 **H** 水素 $1s^1$ 13.60　2.2								
2	6.941 3 **Li** リチウム $[He]2s^1$ 5.39　1.0	9.012 4 **Be** ベリリウム $[He]2s^2$ 9.32　1.5							
3	22.99 11 **Na** ナトリウム $[Ne]3s^1$ 5.14　0.9	24.31 12 **Mg** マグネシウム $[Ne]3s^2$ 7.65　1.2							
4	39.10 19 **K** カリウム $[Ar]4s^1$ 4.34　0.8	40.08 20 **Ca** カルシウム $[Ar]4s^2$ 6.11　1.0	44.96 21 **Sc** スカンジウム $[Ar]3d^14s^2$ 6.54　1.3	47.87 22 **Ti** チタン $[Ar]3d^24s^2$ 6.82　1.5	50.94 23 **V** バナジウム $[Ar]3d^34s^2$ 6.74　1.6	52.00 24 **Cr** クロム $[Ar]3d^54s^1$ 6.77　1.6	54.94 25 **Mn** マンガン $[Ar]3d^54s^2$ 7.44　1.5	55.85 26 **Fe** 鉄 $[Ar]3d^64s^2$ 7.87　1.8	58.93 27 **Co** コバルト $[Ar]3d^74s^2$ 7.86　1.8
5	85.47 37 **Rb** ルビジウム $[Kr]5s^1$ 4.18　0.8	87.62 38 **Sr** ストロンチウム $[Kr]5s^2$ 5.70　1.0	88.91 39 **Y** イットリウム $[Kr]4d^15s^2$ 6.38　1.2	91.22 40 **Zr** ジルコニウム $[Kr]4d^25s^2$ 6.84　1.4	92.91 41 **Nb** ニオブ $[Kr]4d^45s^1$ 6.88　1.6	95.95 42 **Mo** モリブデン $[Kr]4d^55s^1$ 7.10　1.8	(98) 43 **Tc** テクネチウム $[Kr]4d^55s^2$ 7.28　1.9	101.1 44 **Ru** ルテニウム $[Kr]4d^75s^1$ 7.37　2.2	102.9 45 **Rh** ロジウム $[Kr]4d^85s^1$ 7.46　2.2
6	132.9 55 **Cs** セシウム $[Xe]6s^1$ 3.89　0.7	137.3 56 **Ba** バリウム $[Xe]6s^2$ 5.21　0.9	57〜71 ランタ ノイド	178.5 72 **Hf** ハフニウム $[Xe]4f^{14}5d^26s^2$ 6.78　1.3	180.9 73 **Ta** タンタル $[Xe]4f^{14}5d^36s^2$ 7.40　1.5	183.8 74 **W** タングステン $[Xe]4f^{14}5d^46s^2$ 7.60　1.7	186.2 75 **Re** レニウム $[Xe]4f^{14}5d^56s^2$ 7.76　1.9	190.2 76 **Os** オスミウム $[Xe]4f^{14}5d^66s^2$ 8.28　2.2	192.2 77 **Ir** イリジウム $[Xe]4f^{14}5d^76s^2$ 9.02　2.2
7	(223) 87 **Fr** フランシウム $[Rn]7s^1$ 4.0　0.7	(226) 88 **Ra** ラジウム $[Rn]7s^2$ 5.28　0.9	89〜103 アクチ ノイド	(267) 104 **Rf** ラザホージウム $[Rn]5f^{14}6d^27s^2$	(268) 105 **Db** ドブニウム $[Rn]5f^{14}6d^37s^2$	(271) 106 **Sg** シーボーギウム $[Rn]5f^{14}6d^47s^2$	(272) 107 **Bh** ボーリウム $[Rn]5f^{14}6d^57s^2$	(277) 108 **Hs** ハッシウム $[Rn]5f^{14}6d^67s^2$	(276) 109 **Mt** マイトネリウム $[Rn]5f^{14}6d^77s^2$

凡例:
- 原子量$^{a)}$ — 12.01
- 原子番号 — 6 **C**
- 元素記号
- 炭素 — 元素名
- $[He]2s^2p^2$ — 電子配置
- 第一イオン化エネルギー (eV) — 11.26
- 電気陰性度 (Pauling) — 2.5
- □ は典型元素
- ▨ は遷移元素

ランタノイド:

138.9 57 **La** ランタン $[Xe]5d^16s^2$ 5.58　1.1	140.1 58 **Ce** セリウム $[Xe]4f^15d^16s^2$ 5.54　1.1	140.9 59 **Pr** プラセオジム $[Xe]4f^36s^2$ 5.46　1.1	144.2 60 **Nd** ネオジム $[Xe]4f^46s^2$ 5.53　1.1	(145) 61 **Pm** プロメチウム $[Xe]4f^56s^2$ 5.58　1.1	150.4 62 **Sm** サマリウム $[Xe]4f^66s^2$ 5.64　1.2

アクチノイド:

(227) 89 **Ac** アクチニウム $[Rn]6d^17s^2$ 5.17　1.1	232.0 90 **Th** トリウム $[Rn]6d^27s^2$ 6.08　1.3	231.0 91 **Pa** プロトアクチニウム $[Rn]5f^26d^17s^2$ 5.89　1.5	238.0 92 **U** ウラン $[Rn]5f^36d^17s^2$ 6.19　1.7	(237) 93 **Np** ネプツニウム $[Rn]5f^46d^17s^2$ 6.27　1.3	(244) 94 **Pu** プルトニウム $[Rn]5f^67s^2$ 5.8　1.3

a) ここに示した原子量は，各元素の詳しい原子量の値を有効数字4桁に四捨五入してつくったもので，IUPAC原子量委員会で承認されたものである．安定同位体がなく，同位体の天然存在比が一定しない元素は，その元素の代表的な同位体の質量数を（　）の中に示してある．

CONCEPTS OF CHEMISTRY

化学のコンセプト

歴史的背景とともに学ぶ化学の基礎

舟橋 弥益男・小林 憲司・秀島 武敏

[共著]

化学同人

まえがき

　化学は本来日常的なものであり，われわれは化学に遭遇せずに日々の生活を送ることはできません．化学は多くの人びとの市民的常識の一部でなければならないはずのもので，決して化学者だけの独占物ではありません．身近に事件や事故が起きた場合でも，ある程度自分なりに理解し，対処できる化学的常識や知恵をもつことは重要です．

　本書では，できるだけ歴史的な背景や科学者の考え方にも触れながら，原理や法則を解説するように配慮しました．なぜそのような「ひらめき」や「発想」が科学者からでてきたのか，科学者が活躍した時代背景はどうだったのか，などにも関心をもち，そこから何かを汲みとってほしいと思うからです．また，章の内容が直感的につかめるように，各章ともタイトルを少しくだけた表現にしてあります．章の扉にはその章を代表するような哲学者，科学者，文人の残してくれた言葉を参考までに引用してあります．本書の対象は，理工系学部の1，2年生や短大，高専で化学を学ぶ人で，半年用化学入門のテキストを意図していますが，足りない部分を補強して頂くことにより，通年用としての使用も可能と考えています．また化学史的な観点からアプローチする場合には文系用の教材として利用可能な部分も多々含まれていると考えています．

　本書は全部で8章から構成されており，1章は化学史や化学方法論，化学と社会のかかわりなど，通常のテキストではあまり触れられていない事項を取りあげています．講義時間に余裕がない場合は学生の自主学習の章としてもよいでしょう．化学史上の出来事を後世の人間が後知恵であれこれいうのは問題もありますが，過去の問題点がどのように解決されてきたかを考察することはフレッシュな新入生の知的訓練にもよいのではないかと愚考します．2章は，電子，陽子，中性子などの発見の足跡をたどりつつ，放射性元素，核分裂，核融合などにも軽く触れています．3章は，ボーアの前期量子論の基本的な部分からド・ブロイ，シュレーディンガーに至る電子の軌道についての理解を，歴史的背景を織りまぜつつ解説してあります．4章では化学結合，5章は化学熱力学について，基本事項を中心に解説してあります．6章は物質の状態とその変化について，比較的身近な部分に絞って説明してあります．7章も身近な反応である酸・塩基反応と酸化・還元反応を中心に解説してあります．8章では反応速度の基本事項とその応用例をとりあげます．

　本書を作成するにあたり，多くの参考書や教科書を参考にさせて頂いたことに謝意を表します．巻末に各章の主要な参考図書をあげておきました．さらに踏み込んだ学習をする際の参考になれば幸いです．

　最後に，本書の企画に賛同され御助力いただいた化学同人の栫井文子氏，熱心に編集を担当された大林史彦氏をはじめとする編集部の方々に厚く御礼申し上げます．

2004年3月

著　者

目 次

1章 化学とは何か ——科学のなかの化学—— 1

- 1.1 科学と技術と社会 …………… 2
  - 科学とは何か 2
  - 化学とは何か 2
  - 基礎科学と応用科学の違い 3
- 1.2 自然科学の方法と化学 …………… 4
  - 近代自然観の確立 4
  - 帰納法と演繹法(仮説→法則→理論) 5
- 1.3 物質と物体の違い …………… 6
  - どのように定義されるか 6
  - 物質および元素概念のうつり変わり 6
  - 物質に対する錬金術の考え方 8
- 1.4 化学の足跡 …………… 8
  - 錬金術からの脱皮 8
- 1.5 物質量と単位 …………… 11
  - モルの概念 11
  - 原子量の定義および相対原子量 13
  - 単位の話 13
  - 基本単位と組立単位 14
- 章末問題 …………… 15

セミナー〈1〉 アボガドロの仮説の重要性を訴えた人物——原子量と分子量の決定法にまつわるドラマ 12

2章 ミクロの世界をさぐる ——原子の構造—— 17

- 2.1 電子の発見 …………… 18
  - 歴史的背景(トムソン以前) 18
  - J.J.トムソンの登場 20
- 2.2 陽子・中性子の発見と同位体 …… 21
  - 陽子の発見 21
  - 有核原子モデル 21
  - 第三の粒子,中性子の発見 23
  - 安定同位体と不安定同位体 24
- 2.3 原子核壊変と元素の人工変換 …… 25
  - 放射壊変 25
  - アルファ崩壊 26
  - ベータ崩壊 26
  - 電子捕捉 27
  - 陽電子放出 27
- 2.4 放射性同位体と半減期 …………… 27
  - 半減期 27
  - 放射性同位体の利用法 28
  - 元素の変換(錬金術者の夢) 29
  - 〈コラム〉 29
- 2.5 核分裂と核融合 …………… 30
  - 核分裂 30
  - 核融合 33
- 章末問題 …………… 35

セミナー〈2〉 二人の女流科学者の軌跡——M.キュリーとR.マイトナー 31
セミナー〈3〉 史上最悪の事故——チェルノブイリ原発事故とヨードカリウム 34

3章　エネルギーの階段をのぼる ──元素の素顔──　37

3.1　とびとびのエネルギーから原子構造へ ……… 38
　　発光スペクトルからの手がかり　38
　　黒体放射からの手がかり　40
　　光電効果(粒子としての光)　41
3.2　ボーアの水素原子モデル ……… 42
　　ボーアの登場　42
　　ド・ブロイの物質波　44
　　〈コラム〉不確定性原理　45
3.3　物質波から波動方程式へ ……… 46
　　シュレーディンガーの波動方程式　46
　　自由電子モデルによる一次元波動関数の応用　47
3.4　原子軌道の形や大きさを決める ……… 49
　　三つの量子数　49
　　波動関数の意味　50
3.5　電子配置の規則と周期律 ……… 51
　　電子の入る順序　51
　　元素の電子配置　54
　　元素の一般的諸性質　55
3.6　縦，横，斜めから周期表を読む ……… 57
　　縦(族)の類似性　57
　　横(周期)の類似性　59
　　n族と$n+10$族の類似性　59
　　斜め(対角)の類似性　60
　　桂馬の類似性　60
　　元素やイオンの大きさ　60
章末問題 ……… 61

セミナー〈4〉化学の羅針盤ができあがるまで──周期表をつくりあげた人びと　58

4章　原子が手をむすべば ──化学結合と分子── 63

4.1　原子と原子の結合 ……… 64
　　分子の形成　64
　　イオン結合　64
　　共有結合　66
　　金属結合　69
　　半導体，絶縁体　70
4.2　分子の形を理解する ……… 71
　　VSEPR法　71
　　混成軌道　74
　　分子軌道法　75
　　σ結合とπ結合　77
　　同種の原子どうしの結合　78
　　異なる原子どうしの結合　79
　　配位共有結合　80
4.3　分子と分子の結合 ……… 82
　　ファンデルワールス力　82
　　水素結合　83
章末問題 ……… 86

セミナー〈5〉21世紀の黒いダイヤ──カーボンナノチューブ　85

5章　ミクロの世界をマクロの目で ──化学熱力学の考え方── 87

5.1　熱力学第一法則とエンタルピー ……… 88
　　状態関数　88
　　系と外界　88
　　内部エネルギーとエンタルピー変化　89
　　ヘスの法則と反応エンタルピー　91
　　標準生成エンタルピー　92
　　燃焼のエンタルピー　92
　　結合のエンタルピー　93
　　エンタルピー変化と温度の関係　95
5.2　熱力学第二法則とエントロピー ……… 97

変化の方向性　*97*
　　　エンタルピー変化だけでは反応の方向性は決まらない　*97*
　　　エントロピー（S）の登場　*98*
　　　可逆変化におけるエントロピー変化　*99*
　　　不可逆変化におけるエントロピー変化　*100*
　　　エントロピーの分子論的意味　*101*
　　　等温相変化とエントロピー変化　*102*
　　　融解・蒸発のエントロピー変化　*103*
　5.3　カルノーサイクルを解剖する　……　*104*

　　　4段階のプロセス　*104*
　　　カルノーサイクルからエントロピーへ　*106*
　5.4　熱力学第三法則と絶対エントロピー　………　*108*
　　　絶対エントロピーの定義　*108*
　5.5　化学変化と自由エネルギー　………　*109*
　　　自由エネルギーの定義　*109*
　　　自由エネルギー変化と化学平衡　*112*
　　　平衡定数と温度との関係　*113*
　章末問題　……………　*114*

　セミナー〈6〉　偉大な魂は共鳴する――天才ボルツマンの苦悩　*103*
　セミナー〈7〉　自由エネルギー（G）の父――ギブズの静かな静かな生涯　*110*

6章　物質の素顔をさぐる　――気体・液体・固体の性質――　　　*117*

　6.1　物質の集合状態　…………　*118*
　　　物質の集合状態のまとめ　*118*
　6.2　気体の性質　…………　*118*
　　　気体の状態方程式　*118*
　　　気体分子運動論から状態方程式へ　*121*
　　　気体の諸性質　*122*
　　　実在気体の補正状態方程式　*123*
　　　臨界状態　*124*
　6.3　液体の性質　…………　*126*
　　　身近にある液体　*126*
　　　表面張力　*127*
　　　液体の粘性　*127*

　　　液体の沸点と蒸気圧　*127*
　6.4　固体の性質　…………　*129*
　　　一般的性質　*129*
　　　結晶系　*129*
　　　結晶の種類　*131*
　6.5　物質の状態変化　…………　*133*
　　　相変化と相平衡　*133*
　　　クラペイロン・クラウジウスの式の導出　*134*
　　　蒸発のエントロピーとトルートンの規則　*136*
　　　固相と液相の平衡　*136*
　　　ギブズの相律　*137*
　章末問題　……………　*139*

　セミナー〈8〉　水・二酸化炭素・メタノールの特異な性質――超臨界流体の多様な可能性　*126*
　セミナー〈9〉　固体と液体の中間相――液晶の発見　*132*

7章　平衡に近い系，遠い系　――溶液，酸・塩基，酸化・還元――　　　*141*

　7.1　溶液の一般的性質　…………　*142*
　　　溶液とその定義　*142*
　　　溶液の型　*142*
　　　濃度単位　*142*
　　　溶解しやすい組合せと溶解しにくい組合せ　*142*
　　　溶解度と温度・圧力　*143*

　　　ラウールの法則　*144*
　　　希薄溶液の束一的性質（非電解質溶液の場合）　*144*
　　　希薄溶液の束一的性質（電解質溶液の場合）　*146*
　7.2　酸と塩基の反応　…………　*146*

酸・塩基の定義　146
電離平衡と酸・塩基　148
ヘンダーソン-ハッセルバルヒの式　149
弱酸・弱塩基の水溶液の pH　150
7.3　酸化還元反応と電池 …………… 152
酸化と還元　152
電池の歴史　152
半電池反応と半電池の電極電位　154
電池の起電力と自由エネルギー　155
電気分解　157
章末問題 ………………………………… 157

8章　障壁を越えれば ——化学反応と速度——　159

8.1　化学反応の種類 ……………… 160
生活と化学反応　160
熱化学反応　160
光化学反応　160
放射線化学反応　161
放射化学反応　162
電気化学反応　162
8.2　化学反応の速度と反応機構 ……… 163
反応の速さ（速度）を調べる　163
8.3　反応速度の解析と活性化エネルギー
 ………………………………… 166
反応速度の解析　166
0 次反応　166
一次反応　166
二次反応　168
速度定数と温度および活性化エネルギー　170
8.4　活性化エネルギーの意味と理論的背景
 ………………………………… 171
アレニウスの式の理論的背景　171
速度定数 k の中身（遷移状態理論）　173
8.5　化学反応における触媒のはたらき
 ………………………………… 174
触媒の定義　174
酵素反応と触媒作用　176
酵素反応の速度論　176
章末問題 ………………………………… 180

セミナー〈10〉　生体内のリズム反応——酵素と振動反応　177
セミナー〈11〉　身近な家電製品の化学への応用——電子レンジと化学反応　179

参考図書 ……………………………………………………………………… 183

索　引 ……………………………………………………………………… 185

章末問題の解答は，http://www.kagakudojin.co.jp/library/kaito/index.html に掲載．

1章 化学とは何か
── 科学のなかの化学 ──

"Everything changes but change itself"

ヘラクレイトス（古代ギリシャの哲学者：B.C.541～475）

　宇宙とは何だろう？，地球とは何だろう？，人間とは何だろう？　あるいは，もっと自分自身に迫ったとき，私とはいったい誰だろう？　と自らに問いかけたことはないでしょうか．このような素朴な疑問がときに胸中をよぎることはありませんか．たとえ一過性のものであっても，何かと疑問を抱き，素直に考え，思い悩むことは重要です．学問をするということは，思い悩むことです．学問とは，文字どおり問いを学ぶことであり，同時に，学ぶことによって新たな問いに迫ることです．思い悩むことは，ときに苦しいことでもあります．しかしながら，たえず疑問を抱き，その解答を求めることが科学の第一歩です．苦しむことによって鍛えられ，さらに前進する力が備わるのです．多くの登山家がエベレストに挑戦しました．なかには，登頂に失敗した人も，命を失った人もいます．科学の世界でも多くの失敗が横たわっています．しかし，失敗は決して無駄にはなりません．後に続く人たちがそれを乗り越えていくのです．

　化学の歴史を振り返ると，後世の人びとの目から見れば，何とも無駄な回り道をしたように見えることがたくさんあります．しかし，われわれは後知恵でそれらを安易に批判することはできませんし，過去を現在の立場から切り捨てることもできません．

　未来へジャンプするためには，まず縮まねばなりません．その意味で，この章では少し古い話をたぐりよせていきます．先人の知恵や経験から学ぶことはとても多いのです．

1.1 科学と技術と社会

科学とは何か

　科学という言葉は英語の「science」からきていますが，その語源は古く14世紀にさかのぼり，ラテン語の *scientia* (知識) に由来するといわれています．その動詞形は *sciere* (知る) です．OED によりますと，science という言葉にはおもに三つの意味が含まれていることになります．すなわち，一般的に「科学 (狭い意味では自然科学)」，そして「体系的知識」，さらには「知識の分野」の三つです．知識の追究は，広く人文科学，社会科学，自然科学に共通していることですが，単に科学といえば自然科学を指しています．つまり，自然現象に対するわれわれの観察や考察に基づいた知識体系ということになるでしょう．自然科学は，大きく分けると物理科学と生物科学に二分され，さらに図1.1のように細かく分類はできますが，その境界は明確ではなく，複合領域の学問分野が拡大しつつあります．化学は，物理科学分野に属すると同時に生物科学の分野にも広がりをみせており，非常に多様多彩です．科学の定義を一言にまとめれば，〈「科学」とは，われわれ人類が試行錯誤の結果獲得した，地球や宇宙に関する合理的な認識を集積し，整理した知識体系〉ということになるでしょう．

化学とは何か

　化学のことを英語で chemistry といいますが，この言葉が使われ始めたのは17世紀頃からです．その語源については諸説があり，第一の説としては，古代エジプトのナイル川の「黒い (*chemi*) 土」あるいは古代エジプトの技術 (*chemeia*) に由来するという説，第二には古代ギリシャの金属鋳造技術を意味する *cheuma* にその起源があるとする説，さらに第三にはアラビアの化学

OED
Oxford English Dictionary

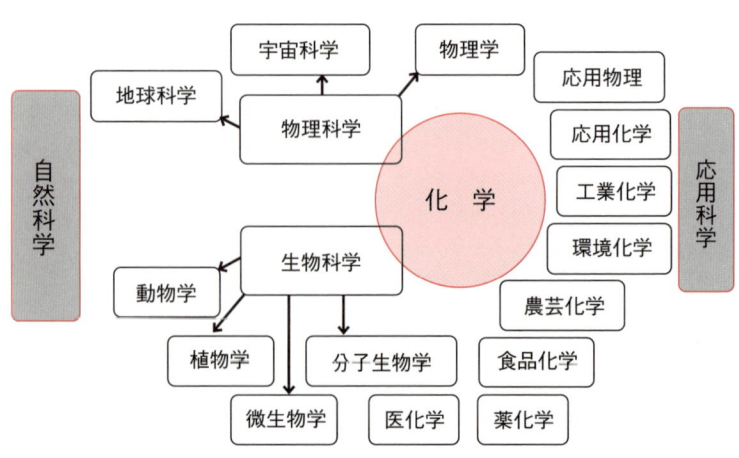

図1.1　化学をとりまく分野

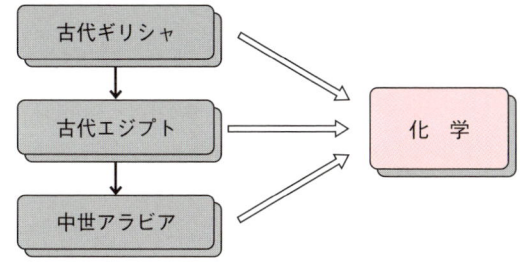

図1.2 古代〜中世の化学の流れ

を意味する *alkimiya*（alchemy は錬金術）がその起源であるという説もあります（図1.2）．いずれの説にも一理あり，明確ではありません．それでは，化学という学問分野はいったい何を研究対象とするのでしょうか．一言で表現すれば「物質およびその変化」を対象とする学問分野といえます．われわれを取り巻く世界は物質世界であり，化学はミクロな世界からマクロな世界まであらゆる物質を対象としています．したがって，化学は科学のなかの科学とみなすことができ，化学の守備範囲はとてつもない広がりをもっているのです．理学系の化学であれば，物理化学，無機化学，有機化学，生物化学という分類が普通ですが，工学系なら応用化学，工業化学，機能化学などのさまざまな呼称がついています．医学や薬学は応用科学に属するといっても基礎的な部分は自然科学です．

基礎科学と応用科学の違い

古代エジプト文明はナイル川の賜物といわれますが，ナイルの黒い土が多くの実りを与えた反面，毎年やってくる洪水のために，土地の区画がそのつどわからなくなる不便さがありました．そこで，必然的に土地（*geo*）の測量（*metry*）が不可欠となり，その技術の成果の反映として幾何学（geometry）が発達したといわれています．すべての自然科学は，初めは実用科学，応用科学として出発し，そのエッセンスが自然科学として蓄積発展してきたと考えられます．したがって，社会的実用性のほうが先行し，自然現象の反映としての基礎科学独自の発達は，かなり後になってから起こってきたのは当然といえましょう．しかしながら，現代では基礎科学と応用科学との境界は明確ではなくなり，基礎科学の成果がただちに応用に結びつく場合も増えています．とくに最近では，分子生物学や生命科学などの進歩は著しいものがあります．たとえば，その研究結果として新しい機能をもつ遺伝子がみつかれば，その発見は医学や薬学，工学，農学といったバイオ関連技術への応用へ即座に結びつき，ハイテク技術の応用が市民生活に直接影響を与えています．大きな利得をえるには，大きなリスクを伴います．また，情報量の増大によって，その情報に容易にアクセスできる環境にあるかどうかで人や組織や国などに新たな格差を生みだす危険性も当然でてきます．ですから，化学を単に

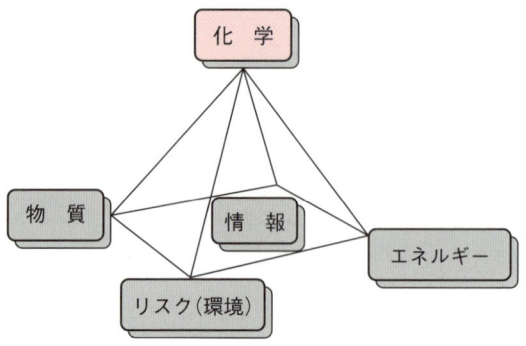

図1.3　化学の立場

「物質」の化学という観点からばかりでなく，図1.3に示すように，情報，環境，エネルギーをも含めた4本の柱を束ねた立場から見ていく必要がでてくるのです．技術革新は産業構造に大きなインパクトを与え，同時に雇用形態にも影響を及ぼします．古くはイギリスの産業革命以後の社会的混乱や騒動に見られるように，社会環境や社会変革の引金となり，一国の産業ばかりでなく，場合によっては一国の命運を左右する重大な要因ともなります．

1.2　自然科学の方法と化学

近代自然観の確立

　自然科学は組織化され，体系化された知識であると先に述べましたが，いったいいつ頃から知識の体系化が始まったのしょうか．それは，科学的なものの見方や考え方，すなわち科学方法論が明確に意識され始めた17世紀初頭から中頃にかけて起こった根本的な知的変換（**パラダイムシフト**），いわゆる「科学革命」以降であると考えられています．古代ギリシャの哲学者，アリストテレスの思弁的思想が中世ヨーロッパの教会的権威主義にも助けられて，ほぼ2000年もの長い間生きながらえてきました．しかし，その体制を根本的に打破するきっかけを与えた一連の事件が15世紀から16世紀にかけて，次つぎと起きていたことは歴史が教えるところです．たとえば，グーテンベルグの印刷技術の発明（1450年），コロンブスの新大陸の発見（1492年），ルターの宗教改革（1517年），コペルニクスの地動説（1543年）などのさまざまな出来事が，それまで人びとがなんの疑いもなくまとってきた古い衣を一気に脱ぎ捨てさせるような新しい風を巻き起こしていったのです．その時代の先導者ともいえる代表的人物がイギリスのフランシス・ベーコン（1561～1626）であり，フランスのルネ・デカルト（1596～1650）です．ベーコンは哲学者でもあり，政治家，また裁判官にもなった多才な人物ですが，「先入観や偏見にとらわれずに真のあるがままの世界や人生をあるがままに見よ．誤った先入観から実験しても有益な結果はえられない」と述べ，同時に「ミツバチが多彩な花々から蜜を集めるように，有益な知識を集め分類し組織化せよ」と提言し，帰

ベーコン

納的に推論する方法（帰納法）を提案しました．「知は力なり」"*Scientia est potentia*"（Knowledge is Power）は，彼の有名なキャッチフレーズです．

一方，デカルトは哲学者で数学者でもありますが，あらゆることを徹底的に疑った結果，「疑う自分自身の存在は疑えない」という結論に達し，"*Cogito ergo sum*"（I think, so I am）「我思う故に我在り」という有名な言葉を残しています．

有限で不完全な自己からでる「無限者の観念（神の存在）」を出発点として，純粋知性としての精神と，精神とまったくかかわりなしに延長として存在する物体（空間に場所を取り，どんな小さな部分にも分割されるもの）という物心二元論を提出しました．自然からあらゆる霊的，心的性質を排除し，人間だけが精神をもち，ほかの動物は一種の生物機械とみなす機械論的自然観を打ち立てたわけです．自然との共生や調和という観念にようやく到達した現代の人類からすれば，彼の考え方は自然と人間との間に大きな亀裂をもたらしたものとみなされています．デカルトは数学者ですから，与えられた命題（公理）を出発点として新たな命題を引きだすという演繹的な推論を行ったのはある意味で当然といえましょうか．

デカルト

帰納法と演繹法（仮説→法則→理論）

経験や観察，実験などからえられた個々の事実（$d_1, d_2, d_3, \cdots, d_n$）からその共通性を抽出して，可能な仮説（$H_1, H_2, H_3$ など）を見いだす方法を帰納法といいます．帰納的にえられた結論は絶対的なものではなく，まったく新しい実験事実の発見によって覆される危険性はたえず存在します．一方，演繹法はあらかじめ前提となる命題（**A**）があり，その命題を基礎として推論し新たな命題（$P_1, P_2, \cdots$）を導きだす方法です．しかし，科学者には必ずしもつねに帰納や演繹という意識があるとは限らず，偶然あるいは突然のひらめきにより，ある結論に到達してしまうことも歴史上しばしば起きています．

いずれにしろ，帰納と演繹をたえず繰り返しながら，仮説はやがて歴史の洗礼を受けつつ進化し，事象と事象との間の関係が簡単な命題のかたちで表せれば法則として生き残り，最終的にはより大きな理論として発展していきます．

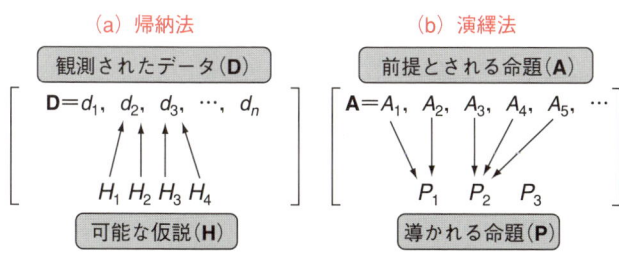

図 1.4　帰納法と演繹法

1.3 物質と物体の違い

どのように定義されるか

哲学の用語にでてくる「精神」という言葉に対する「物質」という言葉は，意味内容からすればむしろ物体という言葉に置きかえてもよさそうです．ところが，化学では「物体」と「物質」との違いははっきり認識して用いなければなりません．形のある実体のことを物体(matter)といいます．木材やレンガを物質とはいいません．レンガを用いて塀や花壇や家などがつくれますし，レンガにも大小さまざまな形や色のものがあります．ところが，物質は違います．その形や色や大きさなどに関係なく，ある条件下では一つの値しかもちえないような，均一で純粋な一定不変の性質をもつものを物質(substance)といいます．この世のなかに完全に純粋なものは存在しませんが，化学的に純粋とは，ある目的のために微量に含まれている不純物は妨げにならなければよいということです．純度の目安はその要求によって異なります．

物質および元素概念のうつり変わり

古代から人類は，事物の起源とか始まりを理解しようとしてさまざまな考えを残しています．物質についても，「無からの創造」というのは考えにくかったためか，身近な現象から想像をめぐらして「始原的(根源的)な物質」の概念を広げてきました．

紀元前600年頃の中国では，「木火土金水(五行)」を森羅万象の根源と考え，これらは「陰陽(イン・ヤン)」という相反する二つの原理から生じるものとする「陰陽五行説」が道教の教義として広まっていました．「陰」は女性的なもの，受動的なものの象徴，「陽」は男性的なもの，能動的なものの象徴であり，「陰陽」の相互作用から五行が生まれたという考え方です．

古代ギリシャ時代には，多くの哲学者が，より具体的に身の回りに観察できる現象や物質などから始原的な元素のイメージを考えだしました．初期の

アリストテレス

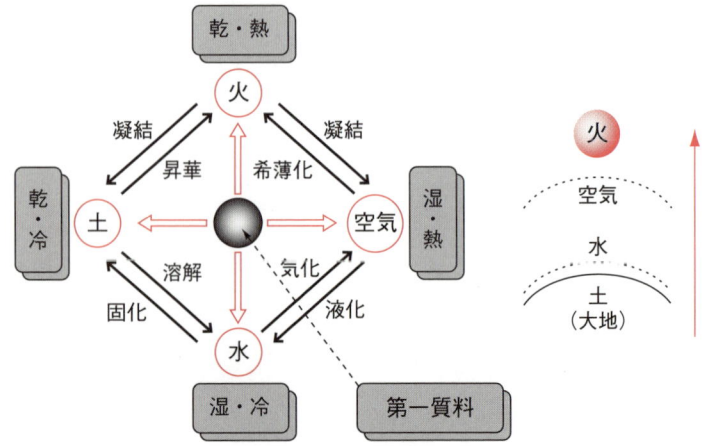

図 1.5　アリストテレスの四元素

考え方は「一元論」的発想が多いのですが，やがてアリストテレスの四つの元素(土，水，空気，火)と元素どうしの変換という発想につながっていきます(詳しくは，表1.1のアリストテレスの項を参照).図1.5に示されているように，元素の変換が可能であることをアリストテレスは説明していますが，彼の考え方はやがて中世の錬金術者に受け継がれていきます．ここで古代ギリシャ時代の哲学者の物質観や元素観を年代順に表1.1にまとめておくことにします．

表1.1 物質に対する古代ギリシャの哲学者たちの考え方

年　代	哲学者	重要事項
B.C. 624〜546	タレス	万物の根源を「**水**」とした．水が固体→液体→気体とたえず状態変化を起こすことから万物変転への連想．
B.C. 610〜546	アナクシマンドロス (タレスの弟子)	万物は「水」のように限定されたものでなく，目に見えず「限定されないもの」という発想から「**無限(アペイロン)**」を提案．「冷たいもの」と「熱いもの」，「湿ったもの」と「乾いたもの」のような「対立物」から「水」「火」「土」「空気」が生まれると考えた．
B.C. 588〜524	アナクシメネス (タレスの弟子)	万物の基本形態として「**空気**」を考えた．空気の「希薄化」から「火」が，「濃密化」によって「水」や「土」が生じると考えた．
B.C. 541〜475	ヘラクレイトス	「**万物は流転する**」という変転の思想から，変化の象徴としての「火」を万物の原理とした．彼の哲学は「相反の自然学(discordant harmony)」といわれ，相反するものが大宇宙を形成し，そのたえざる変転が小宇宙でも起こるとした．
B.C. 493〜433	エンペドクレス (ピタゴラスの弟子)	元素観の統括を試みた．「水」「空気」「火」のほかに「土」を加えて「**四元素説**」を提案．これら四元素は，実際にその名で呼ばれる具体物を指すのではなく，水は流体性の，空気は揮発性の，火はエネルギーの，土は固体性の象徴である．とくに，これら元素間の親和力として擬人的な「愛(結合の原因)」と「憎しみ(離反の原因)」を提案し，万物の質的差は四つの元素の混合割合と考えた．
B.C. 460〜370	デモクリトス (レウキッポスの弟子)	「**原子仮説**」を唱え，①世界は分割できないもの atoma(原子)と空虚な空間からなる，②無からは何も生じず，存在するものはすべて消滅しない，③一切の現象の本質は原子の機械的運動に起因すると考えた．
B.C. 384〜322	アリストテレス	「**四元素間の変換説**」を考えた．宇宙は隅々まで物質で満たされており，何もない空間が存在するというのは矛盾であるとして，物質世界の根底には第一質料(prote hyle)というものが存在し，これに基本的な四つの性質〔冷〕〔熱〕〔乾〕〔湿〕のうちの二つの性質が対を形成してはじめて現実の「元素」になるという考えを提案した．ただし，〔冷〕と〔熱〕，〔乾〕と〔湿〕の組合せは不可能として排除し，〔冷〕+〔湿〕=水，〔熱〕+〔乾〕=火，〔湿〕+〔熱〕=空気，〔冷〕+〔乾〕=土とし，水は熱せられることにより空気に変換されるとした．デモクリトスのいう何もない空間という概念を拒絶した．

物質に対する錬金術の考え方

アリストテレス的元素観は，もともと元素を量的に見るよりも「熱い」とか「冷たい」といった感覚的な性質から考察する思弁的方法であると同時に，物質の概念自身もやはり感覚的な領域にとどまっていました．これは仕方がないことで，17世紀の後半あたりからその内包する欠陥が徐々にそのほころびを見せ始めるまで，約2000年もの長い間，人びとの思考を縛りつけてきたわけです．より高度な段階へ飛躍するためにはそれほど長くの準備時間が必要であったと考えるしかありません．無機物にも固有の生命が宿るという神秘的な生気論や教会の権威主義的圧力などが妨害となって，物事を単純に素直に考える余裕がなかったともいえます．

錬金術の考え方は，「**不完全な物をより完全な物に変換する**」というのが根本思想で，単に卑金属を金に変える技術ということではありません．「金を完全な金属とみなし，その他の不健康な金属を健康にしたい」という考え方と並行して，「病人(不完全な人間)を健康な人間に戻したい」というもう一つの目的もあったのです．前者は「**金属変成**」の願望であり，後者は不老不死の「**万能薬**」への願望につながっていきます．ただ，前者のような試みは所詮不可能であることに気づきはじめた人びとが徐々にでてきます．

錬金術の間違ったシナリオで汗水たらして努力した錬金術者のなかには，家計が破綻し路頭に迷った妻子が修道院に駆け込むという人びともたくさんいたようです．しかしながら，錬金術もいくつかの遺産を遺してくれました．金属の精製法や液体の蒸留法などさまざまな技術のほかに，アルコールや硝酸，硫酸，王水，ミョウバン，水銀塩，塩化アンモニウム，アルカリなどの多くの化合物の調製法などです．たとえばアルコールは *aqua ardens*(熱い水)，*aqua vitae*(生命の水)，*spiritus vini*(酒精)などと呼ばれ，14世紀半ばのヨーロッパにおけるペストの大流行(1346年)の際には消毒薬としておおいに活躍しています．

アルコール(alcohol)ばかりでなく，アルカリ(alkali)，アルカロイド(alkaloid)の al という接頭辞は中世アラビアに由来する言葉ですが，alkali は *Al-qaliy*(鍋で焼くという意味)という語源からも推察されるように，海藻を焼いた灰を水に溶かしたものを指しています．セッケンのなかった昔は，洗濯に木灰を使っていたというのも理解できます．

1.4 化学の足跡

錬金術からの脱皮

15世紀半ば頃に起きた印刷術の発明のおかげで，より多くの人びとが情報を手に入れやすくなったばかりでなく，新大陸の発見(1492年)やルターの宗教改革(1517年)，コペルニクスの地動説(1543年)など人びとの心を目覚めさせる事件が相ついで起こっています．このようななか，教会の権威やスコラ哲学的な考え方におおいなる疑念を抱きはじめた科学者もでてきました．た

パラケルスス

1493〜1541．スイス生まれのドイツ人で医者．「錬金術の真の目的は金銀をつくることではなく，医薬の効力を研究し，新しい薬をつくることである」と述べた．この考えがルネッサンス以降の医薬化学の発展につながる．

ボイル

とえば，徹底的に「実験」を重視したロバート・ボイル(英：1627～1691)は「論証できないことはすべて真実として認めることはできないという懐疑心は，科学的精神の主要な要素である」(懐疑的化学者，1661年)と述べるとともに，次のような元素に対する基本的な定義を与えています．「元素とは根源的に単純な，つまりまったく混じり気のないものである．それは，ほかのものからつくったり，あるいは相互につくりかえたりできない成分要素である．混合物というものはすべてこれから直接合成できるし，終局的にはこれに分解できるものである」

17世紀後半から18世紀にかけて気体の化学がおおいに発展し，なかでもキャベンディッシュ(英：1731～1810)は，1781年に水素と酸素から水が生成すること，ついで1783年には空気の精密な容量分析から空気は20.83%の酸素と79.17%の窒素からなる混合物であることを証明しています．長い間元素とみなされてきた「水」や「空気」が元素ではないことを証明したのです．やがて，ラボアジェ(仏：1743～1794)が登場し，金属や非金属を空気中で燃やすと生成物の重量増加がみられることから「燃焼とは諸物質と酸素との反応である」と結論するとともに「反応の前後で全反応物と全生成物の間に質量の変化はみられない」とし，「質量保存の法則」を打ち立てたのです．同時に，「いかなる手段によってもこれ以上分解できないものはすべて元素とする」という基礎的定義を元素に与えたのです(表1.2)．彼の定義した33種類の元素の

キャベンディッシュ

表1.2 ラボアジェの元素表(1789年)の抜粋(対訳)

自然界に存在し物質の元素とみなせる単体	酸化され，酸をつくりだす非金属性単体	酸化され，酸をつくりだす金属性単体	塩をつくり土の成分である単体
Lumière(光) Calorique(熱) Oxygène(酸素) Azote(窒素) Hydrogène(水素)	Soufre(硫黄) Phosphore(リン) Carbone(炭素) Radical muriatique(炭酸基) Radical fluorique(フッ素基) Radical boracique(ホウ酸基)	Antimoine(アンチモン) Argent(銀) Arsenic(ヒ素) Bismuth(ビスマス) Cobalt(コバルト) Cuivre(銅) Ètain(スズ) Fer(鉄) Manganèse(マンガン) Mercure(水銀) Molybdène(モリブデン) Nickel(ニッケル) Or(金) Platine(プラチナ) Plomb(鉛) Tungstène(タングステン) Zinc(亜鉛)	Chaux(石灰) Magnesie(マグネシア) Baryte(重土) Alumine(アルミナ) Silice(シリカ)

なかには，「熱」や「光」，また「石灰(CaO)」，「苦土(MgO)」，「重土(BaO)」などの化合物も含まれていたことは，その当時の情勢からして仕方がないといえましょう．一時的にせよ「元素にはっきりした定義を与えたこと」ならびに「物質を定量的に扱ったこと」がその後の化学の進歩に大きく貢献したことは重要です．

1803年になると，ドルトン(英：1766〜1844)はデモクリトスの原子仮説にラボアジェの元素を加味して，ドルトン流の「原子分子仮説」を提案しました．彼の提案は化学的知見の整理にある程度役に立ったといえますが，重大な欠陥がありました．それは，身の回りにある簡単な原子や分子の正しい原子量や分子量が求められないことでした．これは，結局ドルトンの理論が「気体反応の法則」(気体の反応において，反応する気体の体積と生成する気体の体積は簡単な整数比をなす)を提案したゲイ・リュサック(仏：1778〜1850)の実験結果に正しい解釈を与えることができなかったことによります．

そこに登場したのがアボガドロ(伊：1776〜1856)でした．彼は1811年にアボガドロの仮説を用いて，「気体反応の法則」をきれいに説明〔1814年にアンペール(仏：1775〜1836)も同様な結論を提出〕したのです．たとえば，水素と塩素から塩化水素が生じる反応を例に考えてみましょう．

$$1\text{容の水素} + 1\text{容の塩素} = 2\text{容の塩化水素} \tag{1.1}$$

この1容の水素ガスのなかに n 分子が含まれていると考えると，次の式(1.2)のようになります．

$$n\text{分子の水素} + n\text{分子の塩素} = 2n\text{分子の塩化水素} \tag{1.2}$$

式(1.2)の両辺を $2n$ で割ると，式(1.3)になります．

$$\frac{1}{2}\text{分子の水素} + \frac{1}{2}\text{分子の塩素} = 1\text{分子の塩化水素} \tag{1.3}$$

式(1.3)の塩化水素粒子(分子)には少なくとも1個の水素原子が含まれているはずです．すると，1水素粒子(分子)は H_2 (またはこの整数倍)でなければならないことになります．同様に1塩素粒子(分子)も Cl_2 でなければなりません．したがって，式(1.3)を現代風に書きかえれば，次のようになるわけです．

$$\frac{1}{2}H_2 + \frac{1}{2}Cl_2 = HCl$$

身の回りにあるほとんどの単体気体は二原子分子ですが，このことを初めて指摘したのがアボガドロでした．ところが，当時の化学者の多くは，二原子分子仮説を信じませんでした．一原子分子論者のドルトンはその代表格でした．同じ原子どうしが結合して分子をつくるという考え方そのものを受け

原子分子仮説

ドルトンは「化学の新体系」(1808年)において，複合原子という考え方で化合物分子という概念を提案した．しかし，単体分子に関しては単原子分子に固執し，ゲイ・リュサックの気体反応の法則を認めようとしなかった．

ゲイ・リュサック

アボガドロ

「同温，同圧下，同体積中の気体には同数の分子を含む」という，アボガドロの仮説を唱えた．

入れることができなかったからです．また，その時代には，ドルトンの原子論自体も多くの賛同をえていたわけでもありません．化学結合に対する当時の基本的考え方は，ベルセリウス（スウェーデン：1779～1848）の電気化学的二元論が主流でした．したがって，Na^+とCl^-が静電気的に引きあうことは理解できても，電気的に中性の同一原子どうしが結合することは理解できなかったのです．実際，化学者が共有結合を理解できるようになるには1930年代の量子力学的な解釈の出現まで待たねばならなかったわけですから，これも致し方がなかったということでしょう．1811年にアボガドロが提案した各種原子（元素）や化合物の原子量や分子量と，ドルトンが1810年と1827年に提出した一覧表（表1.3）とを比べてみましょう．アボガドロの提案をかたくなに拒んだドルトンの頑固さがうかがいしれると思います．

アボガドロの仮説が公式に受け入れられたのは半世紀後の1860年ですから随分時間がかかっています．原子量という概念がなかなか難しいテーマだったのです．このことについてはセミナー〈1〉で詳しく述べてあります．

1.5　物質量と単位

モルの概念

化学は物質の学問です．したがって，Aの物質とBの物質を完全に反応させるためにはAの物質10 gに対してBの物質は何g必要か，またその結果何gの生成物がえられるのかという物質相互の量的関係が明確でないとい

表1.3　ドルトンとアボガドロの原子量と分子量の比較

単体と化合物	ドルトン 1810年	ドルトン 1827年	アボガドロ 1811年
炭素	5.4	5.4	11.36
銅	56	28	123
塩素	—	29～30	33.9
水素	1	1	1
鉄	50	25	94
鉛	95	90	206
水銀	167	84	181
窒素	5	5	13.24
酸素	7	7	15.074
リン	9	9	38
銀	100	90	198
硫黄	13	13 or 14	31.73
アンモニア	6	6	8.12
二酸化炭素	19.4	19.4	20.75
水	8	8	8.53

ラボアジェ

ドルトン

カニッツアロ

けません．化学におけるこの物質の量的関係を stoichiometry（化学量論）といいます．化学で扱う物質（原子，分子，イオンなど）は，目に見えない非常に小さなものですが，われわれが実際に実験する場合は，当然目に見える程度の物質量を扱うことになります．その量的関係を測る単位がモル（mol）です．このモルという用語を最初に導入したのは W. オストワルド（独：1853〜1932）といわれています．一塊とか一山（pile）といった意味で，原子や分子の場合は，この一塊が非常に莫大な数になり，この一塊をモルの単位で表すことになります．

簡単にいえば，「1 モルとは，6.0221367×10^{23} 個の粒子からなる物質の物質量」のことです．厳密には，「^{12}C（質量数12の炭素）の12 g 中に含まれる原子の数（アボガドロ定数）と同数の単位粒子（原子，分子，遊離基，イオン，

セミナー〈1〉　アボガドロの仮説の重要性を訴えた人物
―― 原子量と分子量の決定法にまつわるドラマ ――

　アボガドロの仮説がその当時なかなか受け入れられなかった理由の一つは，水素分子（H_2），酸素分子（O_2）などの単体気体の二原子分子論にあったと先に述べました．また，別な理由としては，アボガドロの論文（原文仏語）の説明がわかりにくかったためとか，やたらに長いセンテンス（なかには 1 センテンスが21行もある）があったためともいわれますが，その当時の化学界には原子や分子の概念そのものを受け入れる下地ができていなかったためというのが妥当かもしれません．彼の論文（英語訳）の重要な部分を読んでみましょう．

　「In my〔1811〕essay I have submitted a very natural hypothesis――as it seems to me――not superseded so far, to explain the discovery by Gay-Lussac that the volumes of gaseous substances mutually combining and those of compound gases thus obtained are always in very simple ratios. This hypothesis states that <u>equal volumes of gaseous substances, under same pressure and temperature, represent equal number of molecules</u>; hence, <u>the densities of different gases are measure of the molecular masses of these gases</u> and the ratios of volumes in the combinations are nothing else than the ratios among the number of molecules which combine to form the compound molecules.」

　アボガドロの仮説の重要なポイントは相対原子量や相対分子量が求められることにあります．このことを初めて指摘し，多くの化学者の目を覚まさせた人物，それは同じイタリア人のカニッツアロ（1826〜1910）でした．彼はフランスに近い南ドイツのカールスルーエに多くの化学者を集めて国際会議を開き（1860年），特別講演で次のような提案をしたのです．

① アボガドロの仮説を認めるべきである．化学的性質を保持する最小粒子，すなわち分子（原子の集合体）の概念を確立すべきである．
② 単一元素からなる気体分子は例外を除き二原子分子である．
③ 原子価は無機，有機化合物に関係なく適用すべきである．

　彼は，まず，水素を含む気体状の化合物の分子量を測定し，水素の質量を多くの気体分子について計算してその最大公約数を求めて水素の原子量とし，次に酸素を含む気体化合物についても同様に操作して酸素の原子量とするという方式を提示したのです．この会議には140名の化学者が集まり，そのなかにはブンゼン，ケクレ，フランクランド，コルベ，ミッチェルリヒ，ホフマン，ベルテロー，メンデレーエフ，マイヤーなど多彩なメンバーが含まれていました．この会議は，多くの化学者に，それまで混乱していた原子量，分子量に対する正しい認識を与えるきっかけになったのです．この会議の後，1869年にはメンデレーエフが，少し遅れてドイツのマイヤーがそれぞれ独立に元素の周期表を発表したことは，この会議の成果がいかに大きかったかを示しています．

電子)を含む系の物質量を1モル(mol)と定義する」(『理化学辞典』, 岩波書店)ということになります. 鉛筆12本や卵12個をそれぞれ1ダースという単位で表すのに似ています. 1モルという入れ物には水素原子なら1.008 g, 水素分子なら2.016 g分の質量に相当する物質が入っていると考えればよいのです.

原子量の定義および相対原子量

個々の原子の質量は非常に小さく, 最も重い原子の質量でも高々 5×10^{-25} kg 以下です. この数値では小さすぎるので, 次のような特別な単位で定義します. すなわち, ^{12}C原子の質量の1/12を原子質量単位(amu)とします. 1モルの ^{12}C原子の質量は正確に12.00000 gとしますから, この値をアボガドロ定数で割れば, 1 amu = 12.0000 g mol^{-1} ÷ 6.02213 × 10^{23} mol^{-1} ÷ 12 = 1.66054 × 10^{-27} kg になります.

2章で同位体の話を詳しく述べますが, 多くの原子は複数の同位体(原子番号が同じで質量数が異なるもの)を含んでおり, その存在割合がわかっていれば, その原子の平均原子量が計算できます. シリコンを例に, 実際に計算してみましょう.

シリコン原子(Si)は3種類の同位体(^{28}Si, ^{29}Si, ^{30}Si)からなっています. それぞれの存在割合は, 92.23%, 4.67%, 3.10%です. したがって, その平均相対原子量(Ar)は

$$Ar = 0.9223 \times 27.977 + 0.0467 \times 28.976 + 0.0310 \times 29.974$$
$$= 25.803 + 1.353 + 0.929 = 28.09$$

となります.

オストワルド

シリコンの同位体の質量
^{28}Si, ^{29}Si, ^{30}Si の質量はそれぞれ 27.977 amu, 28.976 amu, 29.974 amu である.

単位の話

科学は知識を体系化し, 整理し, 異なった事実間の関係を明らかにすることにより, はじめて科学といえるようになるわけですが, 事実関係を明らかにするには測定が必要になります. 測定は定量的でなければいけませんし, 測定には測定誤差がつきものです. 定量化するためには質量とか長さとかの標準となるものさし, すなわち単位との比較が必要になってきます. 単位はなにも物理や化学の教科書や参考書のなかだけに存在しているものではありません. われわれの日常生活はまさに単位の森のなかにあるのです. 単位なしの生活は考えられないのです.

先に, 古代エジプトではナイル川が氾濫するたびに土地(geo)の測量(metry)が必要になり, そのおかげで幾何学(geometry)が進歩したと述べました. 長さの単位であるメートル(meter)もこの metry と同じ意味です. 英語で尺取り虫のことを geometer というのも面白いですね.

一昔前, 日本では「尺貫法」といって, たとえば人の身長を五尺六寸(約

生活のなかの単位

今朝は4月にしては肌寒いと思って寒暖計を見たら13℃であったとか，日本列島は全国的に高気圧に覆われ，気圧は1015ヘクトパスカルで晴天が続くでしょうとかいう話はつねに耳に飛び込んでくる．スーパーに買い物にでかければ，「牛肉100gあたり500円」などの表示もすぐ目にとまるし，「いま売りだし中の大型マンションはすべて100 m^{2}以上の5LDKである」など，単位は衣食住のすみずみまで網の目のようにわれわれの生活に入り込んでることがわかる．

168 cm)，体重を十五貫(約57 kg)などとする表現を日常的に使っていたのですが，すっぱりとやめてしまいました．英米が現在でも「ヤード・ポンド法」を頑固に守っているのと好対照です．

しかし，科学の世界では各国がバラバラの単位を使っていては不便ですので，世界的に統一した単位系，すなわち国際単位系(SI単位系)が1960年に発足して現在にいたっています．単位には，基本単位とそれから誘導可能な組立単位というものがあるので，それらはまとめて付録に示しておきます．また基本単位の定義などは表1.4に示しておきます．

基本単位と組立単位

最も基本的なものは，長さの単位「メートル(m)」，質量の単位「キログラム(kg)」，時間の単位「秒(s)」です．この三つと，さらに四つの単位の七つが，ほかからは組み立てられない基本単位です．これに対して，力の単位「ニュートン(N)」，エネルギーの単位「ジュール(J)」，圧力の単位「パスカル(Pa)」および電圧の単位「ボルト(V)」などは，どれも基本単位のかけ算や割り算だけから導かれますので，組立単位となります．日常よく使われる面積(m^2)，体積(m^3)や密度(kg/m^3)，速度(m/s)および化学でよく利用する濃度(mol/dm^3)なども組立単位です．

表1.4 SI基本単位と定義

物理量	単位名	記号	定義
長さ	メートル	m	299,792,458分の1秒間に光が真空中を進む距離を1 mとする．
質量	キログラム	kg	パリに保管されているPt-Ir合金でつくられた国際キログラム原器の質量を1キログラムとする．
時間	秒	s	^{133}Cs原子の基底状態に属する二つの超微細構造準位間の遷移に伴って放出される光の振動周期の9,192,631,770倍を1秒とする．
温度	ケルビン	K	水の三重点の熱力学温度の273.16分の1．
電流	アンペア	A	無限に長い，断面積が無視できる程度の2本の平行導線を，真空中で1 m隔てて定電流を流すとき，その導線間に働く力が1 mにつき2×10^{-7} N(ニュートン)であるときの電流．
物質量	モル	mol	0.012 kgの^{12}Cに含まれている炭素原子と同数の単位粒子(原子，分子，電子，イオンなど)を含む物質量を1モルとする(6.0221367×10^{23}個の粒子からなる物質の物質量)．
光度	カンデラ	cd	周波数540×10^{12} Hzの単色放射を放出し，所定の方向における放射強度が683分の1 W sr^{-1}である光源のその方向における光度を1 cdとする．

章末問題

1. 次の各用語について簡潔に説明しなさい．
   (1) 帰納法　(2) 演繹法　(3) 仮説　(4) 法則　(5) 単体　(6) 均一物質　(7) 誤差　(8) 組立単位

2. 古代ギリシャの哲学者タレスはなぜ「水」を元素と考えたのか，また，アリストテレスはなぜデモクリトスの「真空」を嫌ったのか考えなさい．

3. 1章の扉の言葉にも紹介した古代ギリシャの哲学者ヘラクレイトスは「人は同じ川に二度足を踏み入れることはない」(You cannot step twice into the same river)という言葉も残している．同様な表現を鎌倉時代の鴨長明が有名な書物の冒頭に記している．それはどのような表現か．

4. 次の各法則は歴史的にはかなり意味のある法則であった．どのような内容で誰が発見したのか調べなさい．ただし，これらの法則は現在ではそれほど重要な法則というわけではない．その理由も考えなさい．
   (1) 定比例の法則　(2) 倍数比例の法則　(3) 気体反応の法則

5. 一国の産業の盛衰あるいは一国の盛衰におおきくかかわった化学物質には，歴史上どのようなものがあったか具体例を調査しなさい．

6. 一時はヒト一人よりも高い値段で取引されるほど非常に高価な天然産物であったもので，人類史上汚点を残した化合物がある．その化合物は現在でも相当量利用されているが，存在しなくてもよかったかもしれない化合物である．それはどんな化合物か．

7. われわれの現在および未来の社会における化学の主要な役割を考えなさい．

8. 次の各混合物を各成分に分離する簡単な方法を示しなさい．
   (1) 砂糖水　(2) デンプンと塩　(3) 不凍液(エチレングリコール＋水)　(4) 食塩とガラス粉
   (5) 米と大豆

9. 次の各物質が純物質なのか混合物なのかを区別する実験方法を考えなさい．
   (1) 空気　(2) 蒸留水　(3) 硬貨　(4) ドライアイス　(5) 天然ガス

10. アボガドロ定数は，後世の科学者が求めたものでアボガドロ自身が求めたものではない．アボガドロ定数を実際に求めるにはどのような実験方法があるか考えなさい．

11. 次の各単位をSI単位で表しなさい．
    (1) リットル　(2) ミリリットル　(3) トン　(4) カロリー　(5) 1気圧　(6) 20℃

12. 科学史上の発明や発見は，(1)試行錯誤の結果，(2)充分練った仮説のもとでなされた研究の成果，(3)偶然の出来事(accident)またはセレンディピティ(serendipity)(偶然を引き寄せる準備された創造的才能)などの結果によるものといわれている．それぞれどのような事例があるか調べなさい．

13. 科学史上，コペルニクスやガリレオの「地動説」は，「天動説」からの大きな「パラダイムシフト」であった．化学の歴史のなかで，パラダイムシフトに相当する事例はあるか考えなさい．

※解答は，化学同人ウェブサイトに掲載．

2章 ミクロの世界をさぐる
——原子の構造——

"*We wish to speak in some way about the structure of the atoms,
but we cannot speak about them in ordinary language*"

W. ハイゼンベルグ（ドイツの理論物理学者：1901〜1976）

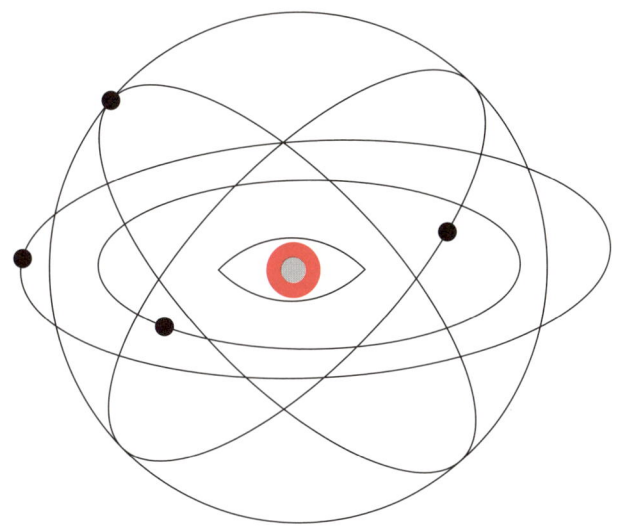

　高校では，原子核の話は物理の教科書に載っていて，化学ではいきなり原子内電子の軌道の話からスタートしているのは，重複を避ける意味があるのかもしれません．高校で物理を履修せずに大学に入学した場合，初学年の化学の授業でもこの部分がすっぽり抜け落ちており，原子内電子の軌道から話を進めるテキストがほとんどです．周期表の各元素の性質を学ぶには，原子の全体像を学んでおく必要があります．また，その歴史的背景を頭に入れておいたほうが元素をよりよく理解する助けになるでしょう．電子の発見に続く陽子の発見，さらに中性子の発見という一連のできごとは，すべて連続性があることを明確に把握することは重要です．原子は単に原子核と電子からなり，さらに原子核は陽子と中性子からなるという，あまりにも単純な図式で暗記しているような状況は好ましくありません．

　21世紀は資源，環境および人口問題とともに，エネルギー問題が大きな課題として人類に重くのしかかることになるでしょう．否応なく，科学技術に問題解決の期待がよせられてきます．核分裂や核融合はなにも物理学の専売特許ではありません．たとえば，原子力発電所で事故が起きたときに，自分には無関係だと考えることは問題です．家庭で使用する電気の30%以上が原子力発電に依存していることを理解せずに，原子力発電は危険だとか，廃止すべきだという人がいます．危険を最小限に押さえる努力はつねに必要ですが，ゼロにすることは不可能なのです．原子力発電に代わる有力なエネルギー源を開発するまでは，かなりの割合で依存せざるをえないのです．

　新聞や雑誌にでる原子力関連の記事の内容をある程度理解することは，理系，文系を問わず市民としての義務です．そんなに難しく考えたり，敬遠したりすべきことではありません．原理的なことを少し学ぶだけでよいのです．小学校の高学年から学ばせてもよいくらいです．チェルノブイリ原発事故で，現在のウクライナ共和国周辺の西欧諸国でおきた市民の反応は，各国の行政の危機管理教育の高さを示しています．

2.1 電子の発見

歴史的背景（トムソン以前）

人類は有史以前から雷などで電気的な現象を日常的に経験していたはずですが，電子という実体を具体的に認識できるようになったのは19世紀末から20世紀のはじめにかけてであり，ずいぶん時間がかかったともいえます．電子のことを英語ではエレクトロン(electron)といいますが，この語源はギリシャ語の琥珀($ηλεκτρον$)からきており，琥珀を布でこすると帯電し，ちりや糸くずを引きつけることから，そのように呼ばれていたのです．

17世紀のはじめに英国のギルバートは地球が大きい磁石であることを発見しましたが，それ以前にも彼は摩擦電気について研究をしていました．琥珀以外の多くの宝石（ダイヤモンド，サファイア，オパール，アメジスト，水晶）や硫黄，樹脂，ガラスなどもこすると軽い物体を引きつける摩擦電気を発生しますが，この摩擦電気の要因となるものを electricity（電気）と呼んでいたのです．そして，この琥珀のような物体が帯びる電気は，電気流体がそこにとどまって動かないという意味から静電気と呼ばれるようになったのです．1660年代には，ドイツのフォン・ゲーリケ(1602～1686)が人間の頭よりも大きな硫黄球を利用した摩擦電気機械を発明しています．

さらに，1726年には英国のグレイ(1666～1736)が摩擦で生じた電気流体は必ずしも局部的にとどまることはなく，物体から物体へ移動することを発見しており，物体には電気が動きやすいもの（電気伝導体）とゴムや琥珀のように電気が動きにくいもの（絶縁体）があることを指摘しています．1733年にはフランスのデュ・フェ(1698～1739)が，帯電したガラスに接触させたコルク栓どうしは反発するが，帯電したゴムに接触させたコルク栓とガラスによって帯電したコルク栓は引きあうことを発見し，電気流体には「ガラス電気」と「樹脂電気」の二種類があると結論したのです．これに対してアメリカのフランクリン(1706～1790)は，もともと電気流体は一つであり，電荷の符号が異なるだけという「一流体説」を提出しています．

身近な物体どうしをこすりあわせた場合，どちらに電子が移動しやすいかのおおよその傾向が左のようにわかっています．上に書かれている物体のほうが(＋)になりやすく，たとえば，琥珀と絹をこすりあわせると，絹が(＋)に琥珀が(－)に帯電しやすくなるわけです．

しかし，電子の実体が明らかになるまでには，まだ少し時間が必要でした．実際に電子が存在するという明確な証拠をみつけたのは，低圧下での気体の電気抵抗を測定していた英国のトムソン(1856～1940)でした．それは，1897年，すなわち夏目漱石が英国に留学するちょうど3年前のできごとです．

トムソンが登場する以前にも，多くの科学者が電子にまつわるさまざまな研究成果をだしていました．上記の歴史的事実も含めて，その方たちの業績を表2.1にまとめておくことにしましょう．

琥珀
英語では amber．マツヤニのような植物の樹脂が地中に埋もれて化石化した有機物鉱物．現在でも首飾りなどの装飾工芸品の材料に使われている．

電子の移動しやすさ
(＋)
毛糸
↑
ガラス
↑
木綿
↑
絹
↑
琥珀
↑
人体
↑
プラスチック
↑
金属
↑
ゴム
↑
エボナイト
(－)

2.1 電子の発見 19

表 2.1 電気・電子の解明に貢献した科学者

発表年	研究者名 国名,生没年	研 究 事 項
1600年	ギルバート 英:1544〜1603	摩擦電気について研究し,琥珀以外に硫黄,樹脂,ガラス,宝石類などもこすると軽い物体を引きつけることを発見.この現象をelectrify(琥珀化する)と表現した.また,この原因になるものをelectricityと呼んだ.
1733年	デュ・フェ 仏:1698〜1739	摩擦電気に二種類あることを各種実験から発見し,「ガラス電気」と「樹脂電気」と名づけた.
1747年	フランクリン 米:1706〜1790	「一流体説」すなわち一種類の電気流体というものがあって,それが余分にあれば「プラスの電気」になり,たりないと「マイナスの電気」になるという説を発表.「ガラス電気」を「プラス電気」,「樹脂電気」を「マイナス電気」とした.
1781年	クーロン 仏:1736〜1806	「クーロンの法則」すなわち点電荷や点磁荷の間に作用する力は,それぞれの電荷や磁荷の積に比例し,距離の2乗に反比例することを発見した.
1800年	ボルタ 伊:1745〜1827	同じイタリア人のガルバニが発見した「動物電気」にヒントをうけ,カエルの足の代わりに食塩水で濡らした紙などを用い,これを銅や亜鉛などの二種類の金属ではさみ「ボルタの電堆(でんたい)」を発明した.このボルタの電堆のおかげでデーヴィー(英)は電気分解法によるアルカリ金属やアルカリ土類元素の単離に成功した.
1833年	ファラデー 英:1791〜1867	融解状態あるいは水溶液になった物質が電流を導くこと,また,その結果化学反応が起こることを発見した.ここから,電荷が原子または分子に結びついていると仮定した.
1874年	G. J. ストーニー 愛*:1826〜1911	電気量に最小単位の電気素量のあることを提言し,この素量のことを「electron」と命名した.
1876年	ゴルトシュタイン 独:1850〜1930	陰極からの放射線に対して初めて「陰極線」という名称を与えた.1886年には「陽極線」も発見した.
1879年	クルックス 英:1832〜1919	真空放電の研究に従事し,陰極線が帯電した分子の流れであると主張した.
1883年	エジソン 米:1847〜1931	陰極線を加熱すると荷電粒子が飛びだし,陽極との間に電流が流れること(エジソン効果)を発見した.この現象は「熱電子放出」と呼ばれている.
1909年	ミリカン 米:1868〜1953	電子の電荷量を測定するのに,従来の水滴法に代えて油滴法を採用した.X線で帯電させた粒子に電場をかけ,下降する粒子の重力と電場の力のつりあいから,最大公約数としての電子の電荷量を精密に測定した.

＊愛はアイルランド

クーロン

ボルタ

ファラデー

ミリカン

トムソン

優れた研究者であったと同時に優れた教育者であり、七人もの弟子がノーベル賞を受賞している。あとででてくる「有核原子模型」の提案者、ラザフォードもその一人である。

J. J. トムソンの登場

28歳でケンブリッジ大学の教授になったJ. J. トムソン（英：1856〜1940）は、「陰極線が負電荷を帯びた粒子の流れなら、その電荷の大きさはどれくらいだろうか」と考え、電場によって曲げられた陰極線の光点をもとに戻すのに必要な磁場の強さを測定することにより、とうとうその粒子の電荷(e)と質量(m_e)の比(e/m_e)を、次のように求めることに成功したのです。しかも、この値は陰極の金属材料(Al, Fe, Ptなど)を変えても同じであり、管内に残留する気体(CO_2, He, 空気)の種類にも無関係であることも確認しています（図2.2）。

$$e/m_e = 1.76 \times 10^{11} \, \text{C kg}^{-1} \tag{2.1}$$

やがて、この「陰極線粒子」はすべての原子・分子の共通粒子として「電子」という名称に置きかえられていったのです。1833年にはファラデー定数(1F = 96,485 C mol^{-1})がすでに求められており、アボガドロ定数も1865年にロシュミットによって求められていましたので、電子1個あたりの最小電荷は次のように求まりました。

$$e = \frac{96,485}{6.022 \times 10^{23}} = 1.6022 \times 10^{-19} \, \text{C} \tag{2.2}$$

式(2.2)を式(2.1)に代入すれば電子の質量が計算できます。しかし、1909年にミリカンは、帯電した油滴の実験により油滴の電荷($q = ne$, nは整数)を求め、その最小値($n = 1$)を電子の電荷とし、電子の電荷を直接求めたのです（図2.1）。

$$q = n \times 1.602 \times 10^{-19} \, \text{C}$$

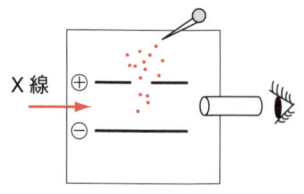

図2.1 ミリカンの油滴の実験

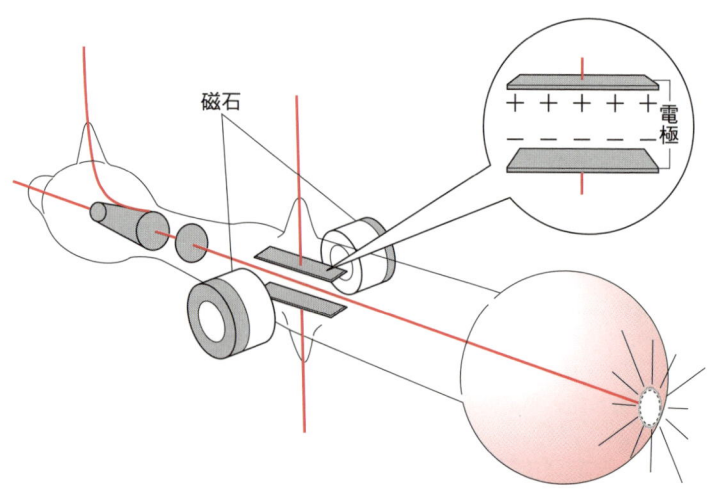

図2.2 トムソンの陰極線の実験装置

したがって，最終的に電子の質量（m_e）は，次のように求められました．

$$m_e = 1.602 \times 10^{-19}\,\text{C}/1.76 \times 10^{11}\,\text{C kg}^{-1} = 9.102 \times 10^{-31}\,\text{kg}$$

2.2　陽子・中性子の発見と同位体

陽子の発見

一方，トムソンは，「負電荷をもった物質粒子が存在するなら，物質は全体として中性であるから，正の電荷をもった粒子が存在するはずだ」と考え，1886年に「陽極線粒子（canal ray）」を確認しています．陽極線の特徴として，① 陽極線粒子の e/m は電子の e/m_e の数千分の一で非常に小さい値であること，② 放電管内の残留気体によって異なること，を明らかにしたのです．最も軽い水素分子を放電管内に入れて実験した場合，その e/m から陽極線粒子の質量を計算すると，$m = 1.6726 \times 10^{-27}\,\text{kg}$ となり，これを 1 mol に換算すると，ちょうど水素原子の原子量にほぼ一致することが判明しました．トムソンはこの現象を，高速の電子が水素分子に衝突することにより，水素分子が水素イオンと電子に解離したと解釈したのです．

$$\text{e}^- + \text{H}_2 \longrightarrow \text{e}^- + \text{H}^+ + \text{H}^+ + \text{e}^- + \text{e}^-$$

そこで，この粒子（水素イオン）が水素原子の質量の大部分を占めていると考え，「陽子（proton）」と命名したのでした．このプロトン（proton）という用語はギリシャ語のprotos（1番目の）という意味で，「すべての元素は水素原子からつくられている」と述べていたプルーストの提案を参考にラザフォードが命名したものです．

陽極線粒子

放電管内に残留する気体分子に電子が衝突して放出される，陽電荷をおびた粒子のこと．

有核原子モデル

トムソンは以上の一連の実験から，水素原子の構造をいろいろ考察しました．その当時は原子の構造を理解していた人は誰もいなかったわけですから，現代のわれわれがとやかくいえませんが，少し奇妙な模型を提案したのです．電子の質量は水素原子の約 $\frac{1}{1836}$ であることから，1836個の電子が水素原子全体にちりばめられているような無核原子モデル（干しぶどうの入ったプリンモデル）を提案したのでした．

その当時ケンブリッジ大学でトムソンの弟子であったラザフォード（英：

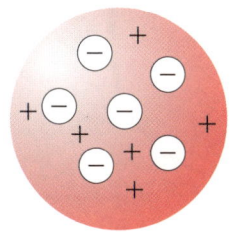 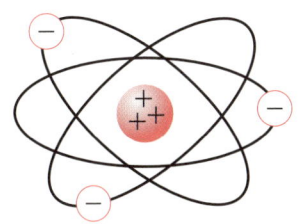

図2.3　原子モデル
左がトムソンの無核原子モデル，右がラザフォードの有核原子モデル．

ラザフォード

1871〜1937)は，ドイツからきたガイガー(ガイガー計数管の発明者)らとともに，金や銅や白金などの薄い金属箔(0.00002 cm 程度)にアルファ粒子(Heの原子核)を当てる実験をしていました．トムソンのいうように質量や電荷が金属箔の原子全体に均一に分布しているのなら「高速のアルファ粒子(1.5×10^7 m s^{-1} 程度)は金属箔を容易に突き抜けてしまうであろう」というラザフォードの予測が見事にはずれてしまったのです．ラザフォードは次のように回想しています．

I remember Geiger coming to me in great excitement and saying, "We have been able to get some of the alpha-particles coming backwards"; it was quite the most incredible event that has ever happened to me in my life. It was almost as incredible as if you fired a 15-inch shell at a piece of tissue paper and it came back and hit you….

ほとんどのアルファ粒子は確かに金属箔を通り抜けていましたが，1万個に1個程度はね返ってきたのです．金属箔の厚さを2倍にするとはね返ってくる数も2倍になりました．仮説と実験結果が一致しなければその仮説を捨てざるをえません．彼は，原子には何か芯のようなもの，すなわち電荷や質量が集中している部分があるに違いないと考え，それを「核」と呼びました．惑星が太陽の周囲を回るように，原子核の周りを電子が回るという「惑星モデル」を1911年に提案したのです．これより少し前の1904年に，日本の長岡半太郎(1865〜1950)は「正に帯電した核の周りを電子が回る」という原子モデルを理論的な計算から提案していたのですがあまり注目されませんでした．

さて，ラザフォードは先の実験から，まず原子核の大きさを10^{-14} m 程度と見積もることができました．同時に，アルファ粒子の散乱角分布から各金属原子中の陽電荷を求めたところ，銅は29.3 e，銀は46.3 e，プラチナでは77.5 e となり，これらの値は陽子の電荷にそれぞれの原子番号(銅：29，銀：47，白金：78)を掛けた値に近いことを知ったのです．さらに，これらの値は，それぞれの原子の原子量の半分程度の大きさであることにも気づいたのです．さらに，ヘリウム原子核の質量を求めると，$m_{\mathrm{He}} = 6.68 \times 10^{-27}$ kg になり，ヘリウム原子核は水素原子核の4倍の原子量をもつことも確認しま

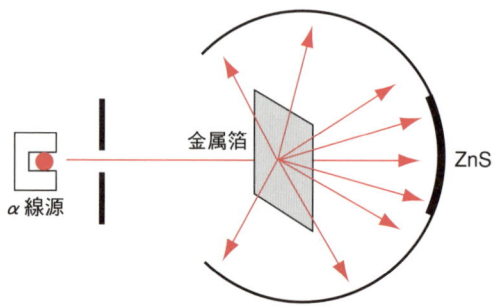

図2.4 ラザフォードの実験

した．ヘリウムの核電荷は＋2ですから，もしヘリウム原子核が陽子のみからなるとすれば，水素原子核の2倍の質量となるはずです．すなわち，ヘリウム核の質量は予想より大きくなってしまったのです．この結果から，原子核が陽子のみからできていると考えることに矛盾がでてきたのです．そこで，1920年にラザフォードは，水素に近い質量をもつが電荷をもたない第三の粒子の存在を予言しました．そして，ただちに「第三の粒子探し」が始まったのです．

第三の粒子，中性子の発見

ラザフォードの予言から12年後，陽子とほとんど同じ質量をもちながら，電荷をもたない第三の粒子を発見したのがラザフォード研究所のJ. チャドウイック（英：1891〜1974）でした．その発見の糸口となったのは，ドイツのボーテらの実験やフランスのイレーヌおよびフレデリック・ジョリオ・キュリー夫妻の実験でした．ベリリウム（Be）のような金属にアルファ粒子を当てると，X線のように透過力の強い放射線が放出されるという事実に触発されたのです．この透過性の強い放射線は電場や磁場の影響をまったく受けません．いろいろ試行した結果，彼は水素を多く含むパラフィンの板にこの放射線を当てる実験を行ったのです．するとどうでしょう，陽子が叩きだされてきたのです（図2.5）．運動量保存則とエネルギー保存則を用いて，彼はその中性の粒子（中性子：ニュートロン）の質量を求めることができました．その質量は陽子の質量（1.6726×10^{-27} kg）よりわずかに大きく1.6749×10^{-27} kgでした．

チャドウイック

チャドウイックによる中性子の発見の結果，すべての原子は三つの基本粒子（陽子，中性子および電子）から構成されていることがはっきりしました．

原子 ＝ 電子（electron）＋ 陽子（proton）＋ 中性子（neutron）

実際，原子の質量のほとんどが陽子と中性子からなる原子核に集中しており，その原子核は原子全体のごく一部の空間しか占めていないことが明らかにな

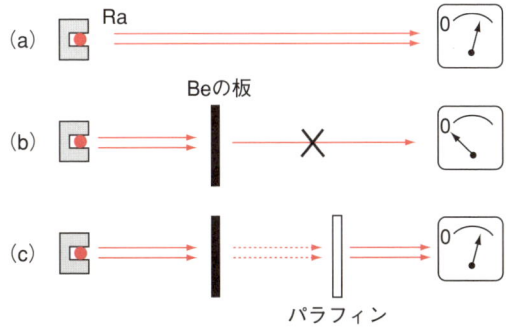

図2.5 チャドウイックの実験

ったのです．いいかえると，原子核は非常に高密度なかたまりであることになります．たとえば，フッ素の原子核を取りあげてみましょう．原子核の直径を約 10^{-14} m ($= 10^{-12}$ cm)として，その質量は 3.1×10^{-26} kg 程度ですから，フッ素原子核の半径を $r (= 0.5 \times 10^{-12}$ cm)とすれば，フッ素原子核の密度は次のように計算できます．

$$\text{フッ素原子核の密度} = \frac{\text{質量}}{\text{体積}} = \frac{3.1 \times 10^{-26} \text{kg}}{\frac{4}{3}\pi r^3 \text{cm}^3}$$

$$\simeq 6 \times 10^{10} \text{ kg cm}^{-3}$$

この結果から，原子核は信じ難いほど高密度であることがわかります．この高密度の原子核のなかに多くの陽子と中性子がひしめきあっているわけです．したがって，+電荷をもつ陽子どうしの反発を抑えつける強い力（核力）が働いていなければならないのですが，この「核力」のことは物理学のテキストで学んでください．

安定同位体と不安定同位体

原子核を構成する陽子と中性子のことを核子と呼びます．また，陽子数（原子番号）を Z，中性子数を N として，$Z + N = A$，すなわち核を構成する核子の数 A を核の質量数といいます．

1913年に，トムソンはいくつかの元素について質量数の異なる原子を発見しています．トムソンの装置を改良したアストンは現在の質量分析計の原形となる装置を発明しました．彼らは共同で，天然に存在する元素をイオン化し，電場や磁場をかけて，そのイオンの曲がり方から質量を求めたところ，同じ元素であっても質量数の異なる原子が複数混ざっていることを発見したのです．たとえば，塩素という元素は ^{35}Cl と ^{37}Cl という異なる質量数の原子（核種）からなることがわかったのです．このように，原子番号（陽子数）が同じで質量数の異なる核種のことを同位体といいます．歴史的には，同じ化学的性質をもつ物質の単位として元素の概念が導入され，元素記号と原子とは1：1の対応があったのですが，同位体の発見以来，原子番号（Z）だけの指定では不充分となり，原子番号（Z）と質量数（A）を指定する核種という名称が使われるようになったのです．元素記号の左上方に質量数を，左下方に原子番号を入れて表す習慣になっています．たとえば，左の図に示すような書き方をします．

ラジウム（^{226}Ra）のように，アルファ粒子（^{4}He の原子核）を放出して別な原子（ラドン）に変わるような天然の不安定核種は58種類知られており，人工的な不安定核種は1500種類以上つくられています．一方，安定な核種（図2.6の帯領域）は268種類知られています．周期表の元素は全部で109種類ありますから，元素1個あたり約2〜3個の同位体をもつ計算になります．しかしな

がら，1種類の安定核種だけからなる元素も，^{9}Be，^{19}F，^{23}Na など20種類ほど知られています．

2.3 原子核壊変と元素の人工変換

放射壊変

　天然または人工的につくられた不安定な原子核は，過剰なエネルギーを放出して，より安定な原子核に移行していきます．この過程を放射壊変といい，この際，電磁波や粒子が放射線（アルファ線，ベータ線，ガンマ線）として放出されます．不安定な核種が放射線をだして壊変する性質を放射能（radioactivity）といいます．ウラン鉱石の放射能に初めて気づいたのが H. ベクレルで，それは1896年のことでした．ベクレルからウラン鉱石の分析を依頼されたキュリー夫妻*は2年後，苦心の末，約2トンのピッチブレンド（オーストリア産）から0.1gの塩化ラジウム（RaCl$_2$）と微量のポロニウム（Po）を分離することに成功したのです．

　現在までに多数の核種が発見されましたが，安定な核種はそのうちの15%程度になります．陽子の数（＝原子番号 Z）と中性子の数（N）のバランスが一定の範囲を超えると崩壊しやすくなります．縦軸に N を，横軸に Z をとり，等間隔目盛りで核種のグラフを書くと図2.6のようになります．安定同位体（核種）はかなり狭い帯域に収まっています．質量数の小さい安定同位体では Z と N の数はほぼ等しいのですが，質量数が増すにつれ中性子数が陽子数を上回って $N>Z$ になってきます．陽子数が増えればクーロン力による反発

＊p 23にでてきた，イレーヌ・キュリーの両親．

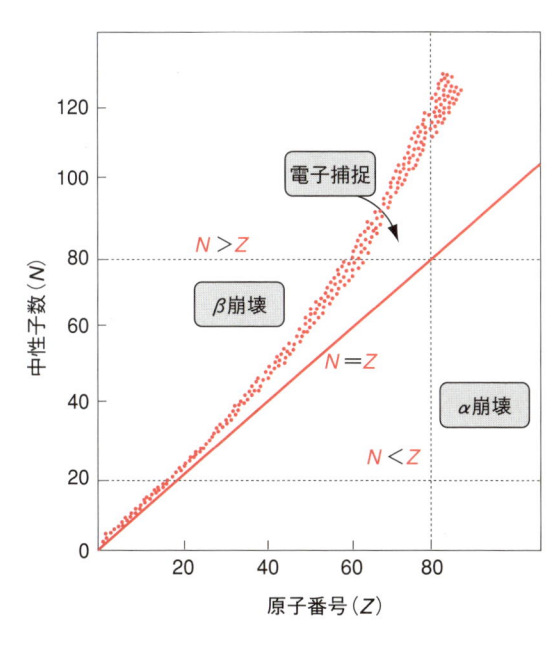

図2.6　安定同位体の存在領域

が大きくなるからでしょう．さて，三種の放射線のもつ諸性質の概略を表2.2にまとめておきましょう．

表2.2 放射線の比較

放射線名	粒子か電磁波か	電場・磁場中の動き	飛距離	貫通力(比)
アルファ線	He^{2+}粒子	少し曲がる	数 cm	1
ベータ線	^0e粒子	大きく曲がる	数 m	100
ガンマ線	電磁波	曲がらない	数 km	10,000

アルファ線は薄い紙ぐらいでも止めることはできますが，ベータ線は紙では透過してしまいアルミの薄い板（6 mm 程度）なら止められます．しかし，ガンマ線になるとアルミの板程度ではだめで，もっと原子番号の大きい鉛の板（15 cm 程度）でないと止められないくらい透過力が強いのです．

先の図2.6でもわかるように，安定な核種というのは中性子と陽子の数が微妙なバランスを保っているのです．中性子が多すぎたり陽子が多すぎたりすると，アルファ線やベータ線を放出して崩壊していきます．原子番号が84以上の原子の原子核はアルファ崩壊しやすく，83以下ではベータ崩壊しやすいことがわかっています．

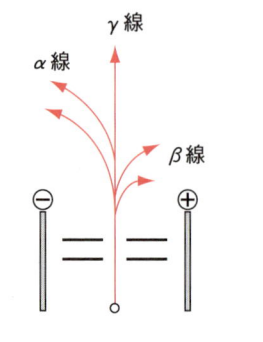

図2.7 各放射線の電場による曲がり方

アルファ崩壊（$Z \geqq 84$）

原子番号が84（ポロニウム）以上の核種は，ほとんどが不安定な核種で，アルファ粒子を放出して安定化する傾向があります．キュリー夫妻が発見したラジウム（Ra）はその典型です．ヘリウムの原子核が飛びだすので，質量数は4減少し，原子番号も2減少します．^{238}U，^{239}Pu，^{218}Po，^{220}Rn などもアルファ崩壊するグループです．

ベータ崩壊（$Z \leqq 83$）

先の図2.6に示した安定同位体の存在領域から上の方に，いいかえれば $N > Z$ の領域にはずれると，$Z \leqq 83$ の核種はベータ崩壊する傾向にあります．たとえば，放射性炭素-14（^{14}C）は，電子線を放出して原子番号が1多い窒素-14（^{14}N）に変わります．

$$^{14}_{6}C \longrightarrow {}^{14}_{7}N + {}^{0}_{-1}e$$

これは，炭素-14原子核のなかで，中性子が陽子に変化しているからです．

$$(^{1}_{0}n \longrightarrow {}^{1}_{1}p + {}^{0}_{-1}e)$$

電子捕捉（$Z \leq 83$）

　$Z \leq 83$の核種でも，崩壊するのではなく，電子を捕らえてより安定な核種に変わるものもあります．たとえば，陽子よりも中性子が一つ多いカリウム-39は安定ですが，カリウム-38は次のように反応します．

$$^{38}_{19}\text{K} + ^{\ \ 0}_{-1}\text{e} \longrightarrow ^{38}_{18}\text{Ar}$$

水銀（Hg）が電子を捕捉すると下式のように金（Au）に変換されます．錬金術者の夢はかないましたが，大変高価な金になります．

$$^{197}_{\ 80}\text{Hg} + ^{\ \ 0}_{-1}\text{e} \longrightarrow ^{197}_{\ 79}\text{Au}$$

陽電子放出

　陽子に比べて中性子の少ない不安定核種（$Z > N$：原子番号30未満の核種が多い）のなかには，陽電子を放出してより安定な核種に変わるものがあります．陽電子は＋の電荷をもつ以外は通常の電子と質量はまったく同じです．陽電子放出は，原子核のなかで陽子が中性子に変わる（$\text{p} \rightarrow \text{n} + \text{e}^+$）ことによって起こると考えられています．$^{11}\text{C}$，$^{13}\text{N}$，$^{18}\text{F}$，$^{68}\text{Ga}$などの寿命の短い核種は医学の分野で利用されています．

> **陽電子**
> 1932年にC. D. アンダーソン（米：1905〜1991）が宇宙線のなかから発見した．電子と衝突し，2個か3個の光子となる．1933年にはジョリオ・キュリー（仏：1897〜1956）が実験により確認した．

2.4　放射性同位体と半減期

半減期

　放射性同位体は放射線を放出して崩壊していきます．単位時間あたりどのくらいの割合で壊れていくのでしょうか．非常に寿命の長いものもあれば短いものもありますが，その壊れ方はすべて同じで，一次反応速度式（8章を参照）に従います．その崩壊速度（V）は，いかなる瞬間でも，そのときに存在

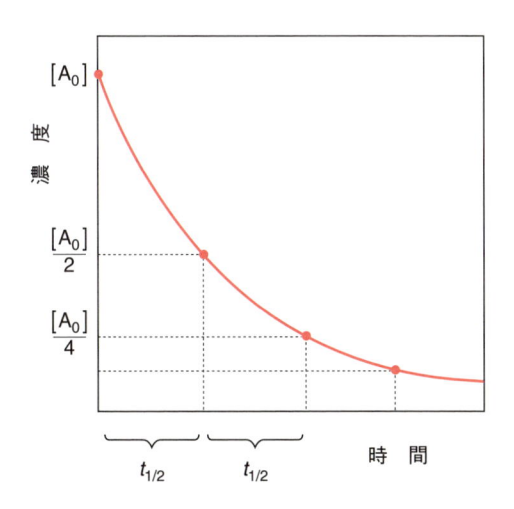

図2.8　放射性同位体の崩壊

する核種の数に比例します．すなわち，崩壊速度 V は

$$V = -\frac{dN}{dt} = kN$$

と表せます．また，この式を書きかえて

$$N = N_0 e^{-kt} \tag{2.3}$$

とも表せます．ここで，k は崩壊定数，N_0 は時間 0 における放射性核種の数を表します．指数関数の式(2.3)を自然対数の式に書きかえると，式(2.4)になります．

$$\ln \frac{N}{N_0} = -kt \tag{2.4}$$

放射能はその核種の数に比例しますから，式(2.4)の中身を次のように書きかえるとわかりやすいかもしれません．

$$\ln \frac{\text{時間 } t \text{ における放射能}}{\text{時間 } 0 \text{ における放射能}} = -kt$$

縦軸に放射能の自然対数をとり，横軸に時間をとってグラフを書けば直線になりますから，その直線の傾きから k が求まります．しかし，速度定数ではピンとこないので，不安定核種の寿命を比べるのに便利な尺度として，半減期というものを利用します．これは文字どおり，放射能が元の半分になる時間のことです．すなわち，式(2.4)に $N = \frac{1}{2}N_0$ を代入して書き直せば，半減期 ($t_{1/2}$) は次のようになります．

$$t_{1/2} = \frac{\ln 2}{k} = \frac{2.303 \times \log 2}{k} = \frac{0.693}{k} \tag{2.5}$$

半減期は放射性元素の物理的，化学的な状態にほとんど無関係な定数で，たとえば CO_2 のなかの ^{14}C でもセルロースのなかの ^{14}C でも同じという便利な指標です．以下の表2.3は，代表的な放射性同位体の半減期です．

放射性同位体の利用法

放射性同位体は，われわれの身の回りのさまざまな場面で活用されています．たとえば，^{14}C, ^{3}H, ^{32}P などは，トレーサーとして医学，薬学，化学，農学などの分野で薬物の代謝研究などによく利用されていますし，^{14}C は物理化学者の W. リビー（米：1908～1980）が1946年に開発した年代測定法にも使われています．また，がんの治療には ^{60}Co のガンマ線が使われています．化学工場などでも，化学薬品の量を正確にコントロールするためのレベル計などに ^{60}Co が使用されています．最近では，^{11}C や ^{18}F などのような陽電子

W. リビー
彼が1946年に開発した ^{14}C による年代測定は，5 mg 程度の試料があれば充分に測定できる．

表 2.3 放射性同位体と半減期

同位体	半減期 $t_{1/2}$	崩壊様式	生成物
^{238}U	4.51×10^9 年	α, γ	^{234}Th
^{14}C	5760 年	β	^{14}N
^{226}Ra	1620 年	α	^{222}Rn
^{90}Sr	29 年	β	^{90}Y
^{3}H	12.3 年	β	^{3}He
^{32}P	14.3 日	β	^{32}S
^{131}I	8.1 日	β, γ	^{131}Xe

を放出する同位体が，陽電子放射線断層写真法（PET）による脳腫瘍やアルツハイマー病の診断などに大いに利用されています．^{11}C や ^{18}F でラベルされたブドウ糖が脳内のどの部位で活発に代謝されるのかをはっきり見てとれるので非常に有効です．

元素の変換（錬金術者の夢）

アリストテレスが元素変換説を唱えて以来，16世紀から17世紀あたりまで卑金属を金に変えたいという夢を捨て切れなかった錬金術者がまだ実在していたようですが，自然界ではいつでも放射性元素の変換が目に見えないところで起きていたのです．それを人工的に初めて実現したのが，ラザフォード（1919年）でした．窒素ガスにヘリウム原子核をぶつけて酸素（^{17}O）に変換したのです．

$$^{14}_{7}\text{N} + ^{4}_{2}\text{He} \longrightarrow ^{17}_{8}\text{O} + ^{1}_{1}\text{H}$$

さらに，ラザフォードらは，F → Ne，Na → Mg，そして Al → Si という変換を立て続けに成功させました．また，1932年にはクロックロフトとウオルト

PET
この断層法の原理は，^{11}C や ^{18}F から放出される陽電子が体内の電子と衝突して消滅しガンマ線を発生することを利用したもので，ガンマ線の到達時間差をコンピュータ処理して画像をえる．エックス線中心のがん検査よりも，かなり精度が高い検査ができる．

〈コラム〉

人間を含めて動植物は，生きている間は空気中の放射性 ^{14}C を含む二酸化炭素をたえず取り込んでいます．死後はこの取り込みが止まり，含まれていた ^{14}C の崩壊が始まります．現在，炭素 1g あたりの ^{14}C 崩壊数は毎分約15.3個と見積もられていますから，古い遺跡などから採取された炭素を含む試料の崩壊数がわかれば年代を推定できます．1991年にハウスラブヨッホ（オーストリアとイタリアの国境近くの山）で発見された新石器時代のミイラは5300年前の男性であることが判明しています．式2.3からも計算できますが，崩壊数（$d\,\text{g}^{-1}\,\text{min}^{-1}$）がわかれば経験式：$T$(年)$= 18{,}600 \times \log(15.3/d)$ から直接計算できます．

ンがリチウム原子に高速のプロトンをぶつけてヘリウム原子をつくっています．

$$^{7}_{3}\text{Li} + ^{1}_{1}\text{H} \longrightarrow 2\,^{4}_{2}\text{He}$$

しかし，ヘリウム原子核もプロトンも陽電荷をもっているため，ほかの原子核に衝突させるにはエネルギーを大きくしても限界がありました．ちょうどその頃，中性子が発見されて新たな可能性が生まれたのです．早速，安定なリンの同位体(^{31}P)に中性子がぶつけられて放射性のリン(^{32}P)がつくられました．

$$^{31}_{15}\text{P} + ^{1}_{0}\text{n} \longrightarrow ^{32}_{15}\text{P}$$

放射性のリン(^{32}P)は，β崩壊して硫黄(^{32}S)に変わります．この性質は代謝研究には欠かせません．さらに，もう一つ重要な放射性同位体は炭素-14です．これは窒素に中性子を当ててつくられました．

$$^{14}_{7}\text{N} + ^{1}_{0}\text{n} \longrightarrow ^{14}_{6}\text{C} + ^{1}_{1}\text{H}$$

この変換反応は，大気圏上空で，宇宙線に含まれる中性子によってたえず日常的に起きているのです．この放射性炭素は二酸化炭素($^{14}\text{CO}_2$)にやがて変わり，直接・間接的にわれわれの体内に微量ながら取り込まれているのです．

2.5 核分裂と核融合

核分裂

ラザフォードがヘリウムの原子核を種々の元素にぶつけて新しい元素を創製する実験に成功して以来，多くの科学者が陽子や中性子を利用した元素の変換を競って試みています．とくに電荷をもたない中性子は核の奥深く進入できる最適の粒子でした．

1934年にはイタリアの二人の物理学者，E. フェルミと E. セグレがウラン-235に中性子をぶつけて新しい元素をつくろうとしていました．彼らは異常に強い放射能を帯びた半減期の短い同位体が生成してきたので，これがウランよりも原子番号の大きい新しい元素であろうと考えたのです．ところが，1938年にこの実験を追試したドイツの化学者(オット・ハーンと F. シュトラスマン)は化学的に分析した結果，生成していた元素は Ba と La と Ce であることをつきとめたのでした．これらの元素の質量は，ウランの質量のおよそ半分です．

この信じがたい奇妙な現象に当惑した彼らが相談した相手は，かつての共同研究者であり，ナチスに追われた物理学者のリーゼ・マイトナーでした(セミナー〈2〉を参照)．彼女は，甥にあたる物理学者の O. フリッシュと共同でウラン(^{235}U)のような大きな核が中性子を吸収して二つの小さな核に核分裂することを理論的に計算し説明したのです．

セミナー〈2〉

二人の女流科学者の軌跡
―― M. キュリーと R. マイトナー ――

　キュリー夫人（1867〜1934）といえば，小学生や中学生の頃から伝記などを通じて「ラジウムの発見者」としてご存じの方も多いことでしょう．

　しかし，「核分裂の発見者」であるリーゼ・マイトナー（1878〜1968）という物理学者の名前にはあまりなじみがないかもしれません．政治や人種の問題が複雑にからんだマイトナーの足跡は，キュリー夫人とは非常に対照的です．

　まず，キュリー夫人のほうに焦点をあてて話を進めましょう．ポーランドからフランスのソルボンヌ大学に留学した当時の，貧困のなかでの彼女の苦労は，映画にもなっているほどです．夫のピエールとともに，まるで中世の錬金術師の研究室のようなところで，2トンのオーストリア産のピッチブレンド廃棄物から，想像を絶する作業の繰り返しにより0.1グラムの塩化ラジウムを取りだしたという事実は驚嘆以外のなにものでもありません．1903年には，ポロニウムとラジウムの発見によりノーベル物理学賞を受賞しました．1906年に夫のピエールを失ってからも，研究と二人の娘の養育に全精力を傾け，1910年に純粋なラジウム金属の単離に成功し，1911年にはノーベル化学賞も受賞しているのです．1914年の第一次世界大戦勃発の際には，救急車にX線機械を積み込んで前線にまで出動し，負傷した兵士の診断に一役買っていました．

　一方，その頃マイトナーはどうだったのでしょう．1915年，彼女も物理学者としてではなく，オーストリアのX線従軍看護婦として前線にでていたのです．フランスの敵対国であるドイツ連合軍の一員としてです!!

　マイトナーはウィーンの弁護士一家の三女としてなに不自由ない恵まれた環境に育ちましたが，第一の大きな関門は大学進学でした．1899年まで，オーストリアでは女性に対する大学の門は堅く閉ざされていたのです．紆余曲折をへて，1901年に23歳で念願のウィーン大学に入学を許され物理学の分野に歩を進めました．1906年に博士の学位を取った後，敬愛するボルツマン教授が死去したために方向転換を余儀なくされた彼女は，放射能の研究のためキュリー夫人に手紙を書いたものの断られています．結局ベルリン大学のプランク教授の聴講生になりながら，化学者であるオット・ハーンに求められ，長い共同研究を開始したのです．二人の研究のなかで最も有名であり，世界を震撼させた発見は「減速された中性子によるウラン-235の核分裂」（1939年）でした．

　しかし，物理学者として1934年からハーンと共同研究を行ってきた彼女の名は，論文のなかにはなかったのです．彼女はユダヤ人であり，ナチスから逃れるためベルリンをしばらく離れなければならなかったとはいえ，1945年のノーベル化学賞はハーンの単独受賞に終わったのでした．この背後には，われわれには理解しがたいさまざまな要因が横たわっているような気がします．しかし，109番元素にマイトネリウム（Mt）という名称が与えられたのは彼女の業績の大きさを示しています．原子番号96のキュリウム（Cm）とともに，周期表のなかで燦然と輝いています．

キュリー夫人　　　　　　　　　　マイトナー

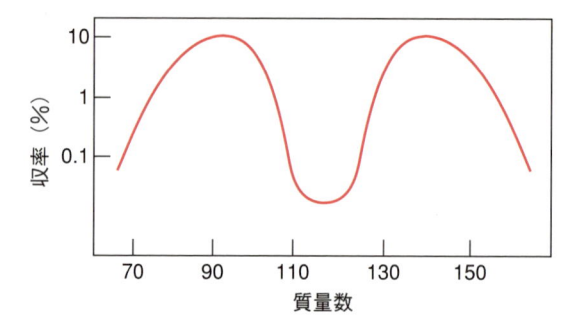

図2.9　核分裂パターン
ウランの核分裂によって生成する原子の質量数とその割合.

興味深いことに，マイトナーより少し前に，フェルミの超ウラン元素の合成実験に懐疑的で，むしろ原子核分裂を示唆していたドイツの女流科学者イーダ・ノダック (1896〜1978) もいたのです．

まもなく，ウラン–235はさまざまな組合せの核に分裂することがわかったのです (図2.9)．次に示すのは分裂様式の例です．

$$^{235}_{92}U + ^{1}_{0}n \longrightarrow ^{143}_{54}Xe + ^{91}_{38}Sr + 2\,^{1}_{0}n$$
$$^{235}_{92}U + ^{1}_{0}n \longrightarrow ^{135}_{53}I + ^{97}_{39}Y + 4\,^{1}_{0}n$$

核分裂が起こると平均して2.5個の中性子が放出されます．マイトナーは，分裂の過程で質量が失われるので，有名なアインシュタインの式 ($E = mc^2$) から計算すると，どんな化学反応も及ばない莫大なエネルギーが放出されることを推論しています．実際，通常の化学反応の約100万倍も大きいエネルギーが放出されます．

【例題2.1】 1.00 g の物質が完全にエネルギーに変わるとすると，そのとき放出されるエネルギーはどのくらいか計算しなさい．光速は，$3.00 \times 10^8 \text{ m s}^{-1}$ として計算しなさい．

【解】 $E = mc^2$ に，$m = 1.00 \times 10^{-3}$ kg, $c = 3.00 \times 10^8 \text{ m s}^{-1}$ を代入して計算すると

$$E = 1.00 \times 10^{-3} \text{ kg} \times (3.00 \times 10^8 \text{ m s}^{-1})^2 = 9.00 \times 10^{13} \text{ kg m}^2 \text{ s}^{-2}$$
$$= 9.00 \times 10^{13} \text{ kJ}$$

(参考) ガソリン1gを燃焼させたときにえられるエネルギーは，約50 kJ である．

ウラン–235は，天然に存在する同位体のなかで核分裂を行う唯一のものです．ウラン–235は中性子の吸収に続くエネルギーの解放によって核分裂を起こすことができますが，ウラン–238の場合は中性子の獲得によって解放されるエネルギーが小さいので分裂しないことをボーアが理論的に示し，やがて実験で証明されたのです．ハーンは核分裂生成物を化学的に分析証明しましたが，ウラン–238が分裂したのかウラン–235が分裂したのかは知りませんで

2.5 核分裂と核融合

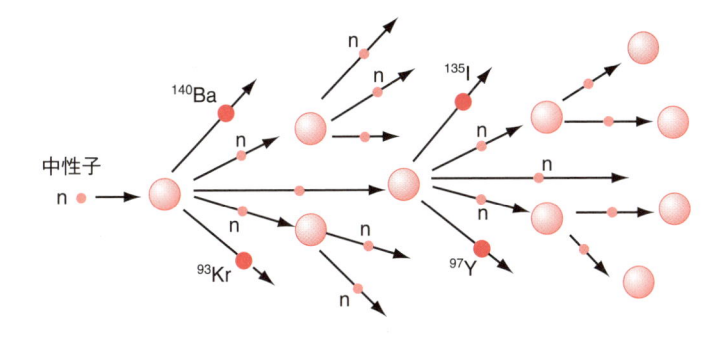

図2.10 核分裂の連鎖反応

した．

ウラン-235の核分裂で重要なことは，分裂の際に2〜3個の中性子を放出するということです．放出された中性子は，さらにほかの核に衝突して，その核の分裂を誘発することになります．その結果起こる反応が連鎖反応です（図2.10）．連鎖反応が起こるためには分裂可能な物質が臨界質量以上に存在する必要があります．中性子を制御しなければ連鎖反応は急速に進み（100万分の1秒程度）爆発を起こします．それを軍事目的に利用したのが原子爆弾です．広島，長崎を忘れるわけにはいきません．また，中性子をカドミウム棒で制御して連鎖反応を遅くしたのが原子炉です．約3％程度のウラン-235（UO_2：二酸化ウラン）を核燃料として，核分裂の際にでる莫大な熱エネルギーで高圧の水蒸気をつくり，タービンを回して電気をつくりだす原子力発電が多くの国で利用されています．1986年に，現ウクライナ（旧ソ連）のチェルノブイリで深刻な事故（セミナー〈3〉参照）が起きており，多大な損害と放射能の後遺症を引き起こしています．原子力発電で問題となるのは，核燃料廃棄物の処理と核燃料の再処理です．火力発電と違い，硫黄酸化物や二酸化炭素は排出しないという長所はあるものの，21世紀の世界を支えるエネルギーになりうるかどうかは不透明な状況です．

臨界質量
核分裂連鎖反応が維持されるために必要な核燃料の質量．

核融合

ウラン-235のような大きな質量の原子核がより小さな原子核に分裂するときに莫大なエネルギーが放出されることを人類は知ったわけですが，小さな原子核どうしを融合させてより大きな原子核をつくることができたらどうでしょう．太陽や星々が輝いているその原動力を人類は獲得できるのでしょうか．主として水素が重力によって集まって太陽ができたと考えられていますが，想像を絶する圧力下で1500万℃以上になると，次式のように水素原子どうしが融合してヘリウムになることがわかっています．

$$_1^2H + _1^3H \longrightarrow _2^4He + _0^1n + 17.6 \text{ MeV}$$

水素爆弾のように核融合によるエネルギーを一瞬にして放出してしまっては，なんの意味もありません．このエネルギーを制御して少しずつ取りだすこと

太陽で起こっている反応
太陽レベルの星では，4個の水素原子が核融合してヘリウムが生成する反応が主に起きており，この際に多量のエネルギー（核分裂の4倍以上）を放出する．

ができれば，人類のエネルギー問題は一挙に解決ということになるのかもしれませんが，そう簡単にはいきません．数百万℃という高温の反応体を定常的に維持すること自体が技術的に非常に困難ですから，いまのところ解決のめどはたっていないのです．万が一実現可能になったとしても，原子力発電よりはるかに大きな危険性が待ち受けていると予測する人びともいます．

はるか遠くの太陽内で起きている核融合エネルギーを，太陽電池のようなかたちで，間接的に効率良く獲得する技術の開発のほうが現実的でしょうか．

セミナー〈3〉

史上最悪の事故
── チェルノブイリ原発事故とヨードカリウム ──

1999年9月30日に茨城県東海村の核燃料加工会社であるJCOの転換試験棟で起きた日本国内初の臨界事故(国際事故評価尺度レベル4)はわれわれの記憶にまだ生々しく残っており，忘れてはいけない事件です．18.8%の濃縮ウランの臨界量も知らずに(知らされずに)作業した結果起きた人災で，作業員に死者がでています．原子力事故で最も恐ろしいのはウラン-235の核分裂によって生成するさまざまな放射性同位体の漏出です．JCO事件では9種類の放射性同位体が確認されましたが，幸い，^{131}Iの最大濃度は基準値の50分の1の37 Bq(ベクレル)/kg程度で，住民の健康や環境への影響は充分小さいことが判明しています(1ベクレルは1秒間に1個の放射線粒子を発射する能力)．

世界的に，これよりも大きな原子炉の事故としては1979年3月にアメリカのペンシルバニア州で起きた，スリーマイル島原子炉の一部溶融事件(レベル5)がありました．このときには放射性のキセノン(^{131}Xe)やクリプトン(^{85}Kr)などの希ガスが大気中に放出され，ヨウ素の放射性同位体(^{125}Iと^{131}I)を含む一次冷却水の一部が川に流出しましたが，大部分は格納庫内で食い止められました．

原子炉が制御不能に陥った世界最悪の事故(レベル7)は1986年4月に旧ソ連ウクライナ共和国のチェルノブイリで起きました．作業員の運転規則違反と原子炉の設計上の弱点が重なり，定格出力(100万kW)の100倍以上のエネルギーが瞬時に発生したため，炉心が5000℃以上の高温になり炉心溶融(メルトダウン)したと考えられています．そして，水蒸気爆発とともに高温の黒鉛が飛びちり火災を発生させたのです．作業員や消防士ら数十名が死亡し，半径30 km以内の住民13万5000人が強制避難させられました．放出された放射性物質は希ガスが約5000万キュリー，その他ヨウ素-131などが約3000万〜5000万キュリーに達したと推定されています(1キュリーは370億ベクレルに相当)．

チェルノブイリの事故の影響はウクライナにとどまらず，放射性物質は周辺のヨーロッパ諸国にまで飛散していき，家畜や農産物に甚大な損害を与えています．爆発六日後にはイギリスのカンブリア地方に放射性物質を含む強い雨が降り，セシウム(^{137}Cs)が危険なレベルにまで達したと報道されています．

スリーマイル島原子炉の事故の場合もチェルノブイリ原子力発電所の事故の場合も，米欧諸国の政府は放射性ヨウ素の危険性を軽減するため，とくに乳幼児にヨードカリウム(KI：大変苦みが強いので乳幼児には飲みにくい薬)の錠剤を飲ませるように勧告しているのは注目すべきことです．われわれの体内ではヨウ素は甲状腺に局在しており，発育盛りの乳幼児に放射性ヨウ素が吸収されることは大人に比べて危険性が大きいからです．

章末問題

1. 次の用語について簡潔に説明しなさい．
   (1) 琥珀　(2) 有核原子モデル　(3) 半減期　(4) 同位体　(5) 比電荷　(6) α崩壊　(7) 連鎖反応
   (8) 電子捕捉　(9) 陽電子放出　(10) 核融合

2. 下表に示されている原子またはイオンについて，周期表を参考に空欄に適切な数値を記入しなさい．

記号	原子番号(Z)	中性子数(N)	質量数(A)	電子数	電荷
$^{41}Ca^{2+}$					
$^{4}He^{2+}$					
$^{139}I^{-}$					
^{235}U					
^{197}Au					

3. Neは三つの同位体(^{22}Ne, ^{21}Ne, ^{20}Ne)からなっている．それぞれの存在比(%)は，^{20}Neが90.48，^{21}Neが0.27，^{22}Neが9.25である．Neの平均原子量を求めなさい．ただし，それぞれの同位体の質量数は，^{22}Neは22.000 amu，^{21}Neは21.000 amu，^{20}Neは20.000 amuとして計算しなさい．

4. 炭素原子(^{12}C)1個を6個の中性子，6個の陽子および6個の電子に解離させるにはどの程度のエネルギー(kJ)が必要か．各素粒子の質量は，中性子(n) = 1.008665 amu，陽子(p) = 1.007276 amu，電子(e) = 0.0005486 amuとして計算しなさい．

5. 1999年9月30日の東海村JCO事件は，ウラン-235が臨界量(核分裂の連鎖反応が起こる限界量)を超えたために発生したもので，その際の総核分裂数は2.5×10^{18}個と見積もられた．これは，ウラン-235の質量に換算すると何gになるか．

6. ^{14}Cは不安定でβ崩壊により，ほかの原子核に変化(半減期は5730年)する．以下の問いに答えなさい．
   (1) ^{14}Cはどんな原子核に変化するか．
   (2) ^{14}Cの崩壊定数(sec^{-1})を求めなさい．
   (3) ^{14}Cは大気中で原子核変換によりたえず補給されている．それは，どんな原子核反応か．
   (4) 37億ベクレル(1ベクレル＝1秒間に1回の崩壊数)に相当する放射活性をもつ^{14}Cとは，どの程度の質量に相当するか．

7. チェルノブイリ原発事故(1986年4月)の際には，多量の^{131}Iが放出されたため，近隣の西欧諸国では，多くの乳幼児にヨードカリウムを飲ませることを奨励した．どのようなことを期待してそうさせたのか．

8. ^{32}Pはトレーサー(元素または物質の挙動を知るために，加えて目印とする物質)として重要な放射性同位体(半減期14.3日)である．この放射性Pの活性が最初の一万分の一まで落ちるのに，どのくらいの時間が必要か．

※解答は，化学同人ウェブサイトに掲載．

3章 エネルギーの階段をのぼる
―― 元素の素顔 ――

"知識とは，無知の大海に浮かぶ小島だ"
アイザック．B．シンガー（アメリカのノーベル賞作家：1904～1991）

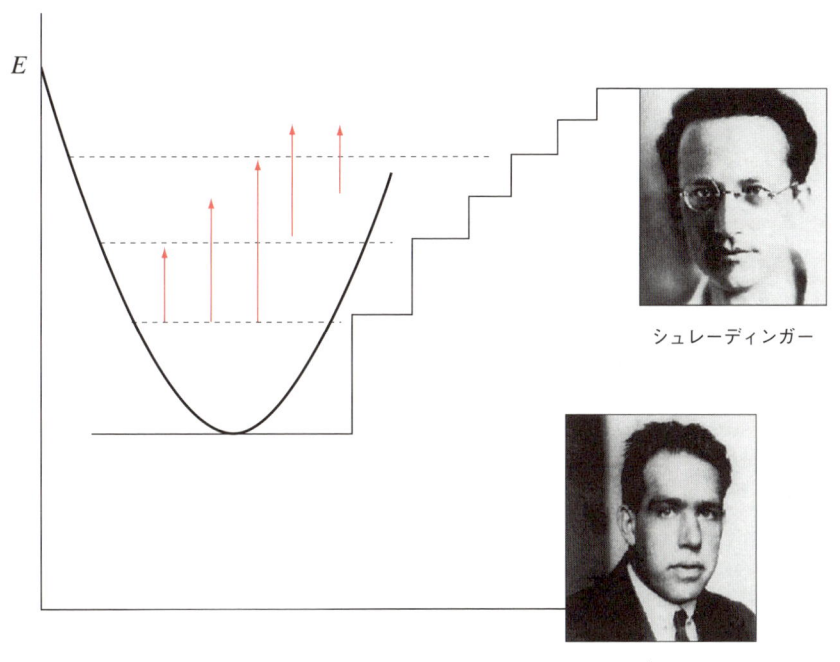

シュレーディンガー

ボーア

花火は夏の風物詩と限ったことではありませんが，あのさまざまな色彩に感心し興味をもっている人はたくさんいると思います．カラーテレビはもちろんのこと，町のネオンサインやトンネル内で黄色く光るナトリウムランプなど，われわれの身の回りは多くの色や光で満ちあふれています．いったい，このさまざまな色や光はどこからくるのだろうかと疑問に思い，書物を調べたり，誰かに尋ねたりしたこともあるかもしれません．

19世紀の終盤から20世紀の初頭にかけて，原子や分子のふるまいに関係した一連の自然現象のなかに，古典物理学の理論で説明しようにも正しい結論がえられず，多くの科学者を悩ませた現象がありました．たとえば，①水素原子の発光スペクトル（1885年），②黒体放射（1900年），③光電効果（1905年）などの理論的解釈です．いずれも電磁波に関係した現象で，古典物理学では歯が立たない難問ばかりでした．とくに水素原子スペクトルの解明は，メンデレーエフらが指摘した元素の周期性の謎を解き明かすきっかけにもなっています．また，セミナー〈4〉でも取り上げるイギリスのモーズレーは元素の背番号を正確に決める決定的な証拠をだしています．

この章では主として①，②，③の歴史的な経過をたどりながら，原子内電子のふるまいを解きほぐした科学者の努力の成果を味わうことにしましょう．電子のふるまいがわかってくると，化学の理解を着実に先に進めることができますし，身の回りの元素や化合物に対する興味も湧いてくることでしょう．

3.1 とびとびのエネルギーから原子構造へ

発光スペクトルからの手がかり

夏になると日本全国のあちこちで花火が夏の夜空を彩りますし、最近では野球のナイターなどのさまざまなイベントでも花火は日常的におおいに利用されています。江戸の花火は隅田川と相場は決まっていたようですが、その見物客のなかにも、あの花火の色はどうやってだすのだろうかと頭をひねった人たちもいたことでしょう。少量の食塩をミクロスパーテル（化学実験で使う細い薬さじ）に乗せてバーナーで焼くと黄色く発光する現象（炎色反応）を見たり、自分で試したりしたことがある人もいると思います。ナトリウムは強熱すると黄色に見える光をだすのです。花火では、シュウ酸ナトリウムという化合物が使われています。

繁華街にでると、赤や青のネオンサインに気がつくことでしょう。これは放電管にネオン(Ne)などの希ガス類を中心とした気体を詰めて低電圧(65～90ボルト)をかけることにより発光させているのです。ネオンは赤橙色に、ヘリウムは黄色に、アルゴンは赤色～青色に発光します。カラーテレビの鮮やかな色彩には希土類元素(Eu：赤、Ce：青、Tb：緑)が一役かっています。

なぜこんなさまざまな色が出現するのでしょうか。固体を強熱したり、気体を放電管につめて電圧をかけたりすると発光します。原子の種類によってでてくる光の波長が異なるのです。キルヒホッフとブンゼンはアルカリ金属の発光スペクトルを研究し、分光学の基礎を築いています(1859～1861)。なぜ原子の種類によって、そのような異なるスペクトルが出現してくるのでしょうか。その謎解きの糸口は、スイスの数学教師バルマーによって1885年に発見され、同時に提案された不思議な数式にありました。バルマーが発見し

花火の色
赤色はストロンチウム、橙色はカルシウム、緑色はバリウム、青色は銅、まぶしく白く輝くのはマグネシウムやアルミニウムの化合物である。

ナトリウムランプ
黄色いランプで明るく照明されたトンネルがあることを知っている人も多いだろう。これはナトリウムランプである。白色光よりも遠方を見通せる利点がある。

プリズム
日光をプリズムで分解すると赤、橙、黄、緑、青、藍、紫に分かれることを、1666年にニュートンが観測した。

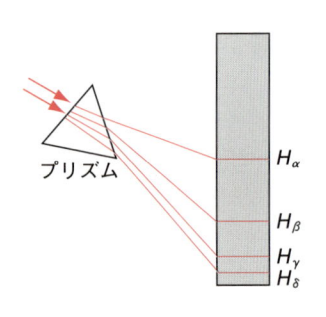

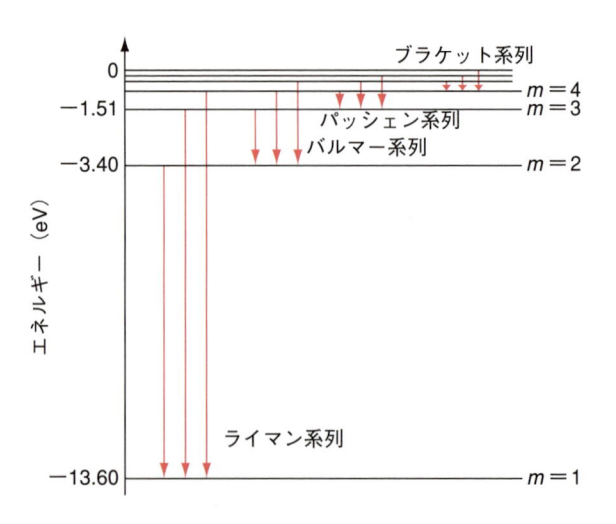

図3.1 水素原子のエネルギー準位とスペクトル

た水素の発光スペクトル(図3.1)は可視部に吸収をもち,波長の長い方から H_α[赤] $= 656.273$ nm, H_β[青緑] $= 486.133$ nm, H_γ[青] $= 434.047$ nm, H_δ[紫] $= 410.174$ nm となっています.

驚くべきことは,この四つの波長から簡単な関係式を導いた彼の洞察力です. H_α, H_β, H_γ, H_δ の波長 λ の比をいとも簡単にしかも見事に数式化してしまいました.

$$H_\alpha : H_\beta : H_\gamma : H_\delta = \frac{9}{5} : \frac{16}{12} : \frac{25}{21} : \frac{36}{32}$$
$$= \frac{3^2}{3^2-2^2} : \frac{4^2}{4^2-2^2} : \frac{5^2}{5^2-2^2} : \frac{6^2}{6^2-2^2}$$

もちろん試行錯誤の結果でしょうが,自然現象の裏には必ず規則性(神の摂理)が潜んでいるという西欧的信念があったのでしょう.結局,四つの波長の一般式は次のように書かれました.

$$\lambda = \frac{kn^2}{n^2 - 2^2} \quad (k = 364.56 \text{ nm}, \ n \geq 3) \tag{3.1}$$

その後,可視部以外にも,紫外部や赤外部にかけて多数の波長の光がとびとびに観測され,それぞれ発見者の名がつけられています.しかも,それらのスペクトルについても,式(3.1)の2を m に入れ替えて一般化することができるのです.

$$\lambda = \frac{kn^2}{n^2 - m^2} \quad (k = 364.56 \text{ nm}, \ n > m) \tag{3.2}$$

$m = 1$ はライマン系列(遠紫外部),$m = 2$ はバルマー系列(可視部),$m = 3$ はパッシェン系列(赤外部),$m = 4$ はブラケット系列(赤外部),$m = 5$ はフント系列(遠赤外部)と呼ばれています.

さらに,式(3.2)の波長の逆数をとって書きかえると次の一般式(3.3)がえられます.

$$\frac{1}{\lambda} = \frac{m^2}{k}\left(\frac{1}{m^2} - \frac{1}{n^2}\right) \tag{3.3}$$

この式の m^2/k はリュードベリ(Rydberg)定数と呼ばれるもので,実験的に求めると次の値になります.

リュードベリ定数(R_H) $= 1.09677 \times 10^7$ m^{-1}

> **スペクトル**
>
> プリズムや分光器により光を波長によって分解した色帯のこと.H や Na 原子などの発光スペクトルは各原子に固有のとびとびの鋭い輝線として観測される.分子の場合は振動や回転のエネルギーの遷移も加わるため,帯状のスペクトルを与え,太陽光や白熱灯などは広い領域にわたる波長の光がでるので連続スペクトルを与える.

> **リュードベリ定数**
>
> 式(3.3)をリュードベリの式といい,1890年に発表されている.この式の定数をリュードベリ定数という.この定数は,1000万分の1以下の精度で非常に正確に求められている.

【例題3.1】 ブラケット系列で $n=5$, $m=4$ のときの赤外線の波長（nm）と振動数を求めなさい．ただし，光速：$c=3.00\times10^8\,\mathrm{m\,s^{-1}}$ とする．

【解】 式(3.3)より

$$\frac{1}{\lambda} = 1.09677\times10^7\,\mathrm{m^{-1}}\left(\frac{1}{4^2}-\frac{1}{5^2}\right)$$

$$\therefore\ \lambda = 4052\,\mathrm{nm}$$

$$\nu = \frac{c}{\lambda} = 3.00\times10^8\,\mathrm{m\,s^{-1}}\left(\frac{1}{\lambda}\right) = 7.40\times10^{13}\,\mathrm{s^{-1}}$$

黒体放射からの手がかり（プランク定数（h）の発見）

物体を加熱していくと，温度の低いうちは赤っぽく，徐々に温度が高くなるにしたがってオレンジ色をへて白っぽくなるということは，炭火をおこした経験のある人なら少しは思いあたることもあるでしょう．また，夜空を眺めたとき，赤い星は温度が低く青白い星は温度が高いという話もどこかで聞いたことがあるかもしれません．19世紀末，ドイツで鉄鉱業が盛んだった頃，つねに良質の鉄を生産するためには溶鉱炉の温度管理は重要な仕事でした．なんとか温度を測るよい方法がないものかという思いはあったものの，現実には困難で，熟練工の長年の経験，すなわち目が頼りだったのです．炉の穴から覗いただけで温度を推定していたのです．発熱体の温度と色の関係はおおよそ表3.1のようになっています．また，光の放射強度と振動数の関係は実験的に求められ，図3.2のような極大値をもつ曲線で示されたのです．その当時（19世紀末），この曲線を理論的になんとか説明しようと悪戦苦闘した物理学者がたくさんいました．

その理論的なモデルとして，あらゆる光を吸収する黒体（black body）という入れ物を仮定し，この黒体に充分小さな穴，すなわち黒体内の放射平衡（吸収，反射，再吸収，再反射など）を乱さない程度の観測窓から，温度による光の変化を調べたのです．溶鉱炉の覗き窓のようなものです．容器内の温度が高くなるにつれ，強度ばかりでなく色の変化も起きてきます．

こうして温度を変えながら測定されたものが図3.2です．最初に提出された理論式は，二人の英国の物理学者によるレーリー・ジーンズの式でした．単位体積あたりのエネルギー密度（U）と光の振動数（ν）との関係式(3.4)が提出されたのです（k_B はボルツマン定数）．

$$U(\nu) = a\nu^2 \quad \left(a = \frac{8\pi k_\mathrm{B}T}{c^3}\right) \tag{3.4}$$

この式は放物線ですから振動数（ν）が大きくなれば，右肩あがりにエネルギー密度もどんどん大きくなっていくはずです．振動数の小さい（波長の大きい）領域では温度を上げても実験値によく合うのですが，極大値がでてくる

表3.1　発光体の色

550℃	暗赤色
750℃	桜赤色
900℃	橙黄色
1000℃	黄色
1200℃	白色

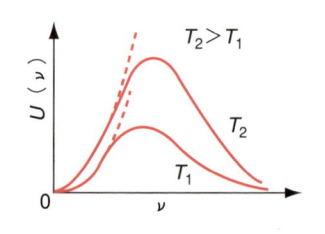

図3.2　黒体放射のエネルギー密度

3.1 とびとびのエネルギーから原子構造へ

ような式ではないことはすぐにわかります．そこで，ウィーン（独：1864～1928）は実験値に合うようにレーリー・ジーンズの式の改良を試みたのですが，今度は振動数の小さい領域で実験値にあまりよく合わなくなるというジレンマに陥ったのです．そこに登場したのがウィーンの友人でもあるプランク（独：1858～1947）でした．

プランクは「振動数(ν)が大きい領域の場合でも小さい領域の場合でもエネルギーを k_BT と考えるのはおかしいのではないか．すなわち光はもともとその振動数 ν に比例したエネルギー〔$E = nh\nu$（h はプランク定数）〕をもっていて，振動数の小さい領域*ではエネルギーの変化は滑らかであり k_BT が主役でよいが，振動数の大きい領域ではエネルギーは不連続的にとびとびに大きく変わるので $h\nu > k_BT$ となるのではないか」と考え，式(3.4)の k_BT のかわりに $h\nu/(e^x - 1)$ を入れた式(3.5)を提案したのです．

$$U(\nu) = \frac{8\pi h\nu^3}{c^3(e^x - 1)} \quad \left(x = \frac{h\nu}{k_BT}\right) \tag{3.5}$$

この公式はあらゆる領域で実験データと非常によく合い，プランクの提案の正しさが証明されたのです．$k_BT \gg h\nu$ のとき，すなわち $1 \gg x$ のときは，$e^x \fallingdotseq 1 + x = 1 + h\nu/k_BT$ と近似できるので，式(3.5)から式(3.4)を導くことができるのです．

*振動数の小さな領域では，エネルギーも小さく，$k_BT > h\nu$ となっている．

プランク定数（h）

h はミクロの世界とマクロの世界を区別する量であり，h が 0 でない有限の量であることが量子的現象の特徴である．黒体放射のプランクの式や光電効果の式または水素原子のスペクトルを利用する方法（式3.12）などから実験的に求められる．

光電効果（粒子としての光）

一方，プランクが黒体放射の公式と格闘していたころ，同じドイツの物理学者レナード（1862～1947）は1899年に，金属に光を当てると電子が飛び出すという興味深い現象（光電効果：1887年にドイツのヘルツが発見）を研究していました．そして，光の振動数がある大きさ以上でないと電子は飛び出さないことに気づいたのです．また，その現象は光の強度には関係ないこともわかったのです．その当時の見解（光の波動説）では，海岸に打ち寄せる波が波打ち際の小石を揺り動かすのと同様に，光の波が電子を揺り動かすと考えられていました．波が強くなれば，当然小石も強く動かされるだろうと想像していたのです．ところが，光を波と考えると，光の強さが2倍になれば波の振幅は$\sqrt{2}$倍になり，電子に働く力も$\sqrt{2}$倍になるはずなのですが，そのように考えるとレナードの光電効果の実験結果をまったく説明できないのです．ここでタイミングよく登場したのが，その当時スイスのベルンの特許事務所で働いていたアインシュタイン（1879～1955）でした．1905年，若干26歳のアインシュタインは後々有名になる三つの論文を発表しています．そのうちの一つが光電効果の理論的説明に関するものでした．光をエネルギー（$h\nu$）のかたまり（光子）として扱えば，話は簡単になるというものです．

金属表面に進入した光子は，そのエネルギーの一部を運動エネルギーとして電子に渡し，充分なエネルギーを獲得した電子は金属表面から外へ飛び出

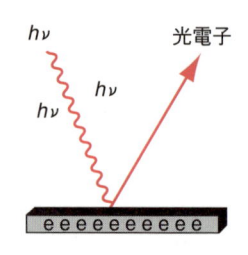

図 3.3　光電効果

すという考え方です（図3.3）．

これを式に書き表せば，$(1/2)mv^2 = h\nu - W$ となるのです．この式の意味は，1個の光のエネルギーが1個の光電子のエネルギーに変換されたということですし，$h\nu > W$ という条件を満たさなければ光の強度をいくら大きくしても電子は飛び出せないということです．この式の W とは，電子が金属内から外に飛びだす際の仕事に相当します．金属表面に近いほど仕事は小さくてすみますから，大きな速度で飛び出せることになります．また，W の大きさは金属によって異なります．アインシュタインの光を粒子とみなした理論式は，やがて1912～1917年にかけてシカゴ大学のミリカン（2章に既出）が種々の異なる金属を用いて厳密に行った実験により完全に証明されました．

3.2　ボーアの水素原子モデル

ボーアの登場

2章で紹介したように，ラザフォードはアルファ線の散乱実験から，原子の基本的な構造として，正電荷をもった原子核の周りを負電荷をもった非常に小さな電子が回っている「有核原子モデル」を提案していました．しかし，このミニ惑星モデルには大きな難点があったのです．負電荷をもつ電子がクーロン力によって正電荷をもつ原子核に引きつけられないためには核の周りを回らねばならないのですが，そうすると電子はエネルギーを放出して，やがて原子核に飛び込んで吸収され消滅してしまう（マクスウェルの理論）はずなのです．現実には，身の周りの原子は安定に存在しているわけですから，こんなことは起こりえないわけですが，この矛盾をどのように説明するかが大問題だったのです．1911年，ちょうどラザフォードの研究室を訪れた際に，原子の構造にいたく好奇心を刺激された人物がいたのです．この人こそ，「量子の世界」に初めて足を踏み入れた人物，ボーア（デンマーク：1885～1962）でした．理論物理学者で数学の得意な彼は，1年後の1912年には，早くもラザフォードに「原子および分子の構造」に関する論文の下書きを送ったほどです．大きな転機が訪れたのは1913年でした．水素原子の発光スペクトルに関するバルマーの公式(3.2)を一目見たボーアの頭にひらめくものがあったのです．彼は，安定な電子の軌道の存在を説明するためには，次のような二つの大胆な仮定が必要であると考えました．

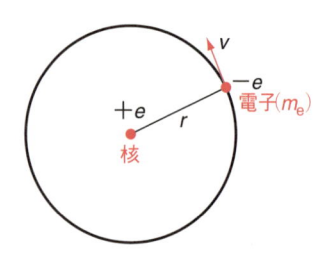

図 3.4　ボーアの水素原子モデル

[仮定1]　電子の取りうる軌道は任意ではなく，その角運動量($m_e vr$)が $h/2\pi$ の整数倍を取らねばならない．電子はそのような軌道にとどまるかぎり安定に存在する．

$$m_e vr = \frac{nh}{2\pi} \quad (n = 1, 2, 3, \cdots) \tag{3.6}$$

[仮定2]　電子がある安定軌道(E_n)から別の安定軌道(E_m)に移るとき，軌道間のエネルギー差(ΔE)に等しい一つの光量子($h\nu$)を放出したり吸収し

たりする.

$$\Delta E = |E_n - E_m| = h\nu \tag{3.7}$$

この二つの仮定を前提に，ボーアは水素原子の電子軌道の半径や軌道のエネルギーを古典力学を利用して計算することにしたのです．すなわち，水素の原子核の周りを質量 m_e の電子が v という速度で半径 r の円運動をするものとして，まず遠心力 $(m_e v^2/r)$ とクーロン力 $(e^2/4\pi\varepsilon_0 r^2)$ とがつり合っていると考えると，次の式 (3.8) がえられます (ε_0 は真空の誘電率).

$$\frac{m_e v^2}{r} = \frac{e^2}{br^2} \quad (b = 4\pi\varepsilon_0) \tag{3.8}$$

式 (3.6) と式 (3.8) から v を消去すると軌道半径 r が求まります．

$$r = \frac{b n^2 h^2}{4\pi^2 m_e e^2} \tag{3.9}$$

電子の全エネルギー (E) は，運動エネルギー ($m_e v^2/2$) と位置のエネルギー ($-e^2/br$) の和で与えられるので，式 (3.8) を利用して，次式 (3.10) のように書くことができます．

$$E = \frac{1}{2} m_e v^2 - \frac{e^2}{br} = -\frac{e^2}{2br} \tag{3.10}$$

次に，式 (3.9) の r を式 (3.10) に代入してエネルギー (E) を書きかえます．

$$E = -\frac{4\pi^2 m_e e^4}{2 b^2 n^2 h^2} \tag{3.11}$$

さて，問題はこれからです．[仮定 2] にエネルギーの式 (3.11) を代入してバルマーの実験式を誘導するとともに，リュードベリ定数 (R_H) の実験値とボーアの理論式から計算した値が一致するかどうかが重要なのです．

$$|E_n - E_m| = h\nu = \frac{4\pi^2 m_e e^4}{2 b^2 h^2} \left(\frac{1}{m^2} - \frac{1}{n^2} \right)$$

振動数 (ν) を，光の速度 (c) を波長 (λ) で割った $\nu = \frac{c}{\lambda}$ に置きかえると

$$\frac{1}{\lambda} = \boxed{\frac{4\pi^2 m_e e^4}{2 b^2 c h^3}} \left(\frac{1}{m^2} - \frac{1}{n^2} \right) \tag{3.12}$$

網かけの部分〔$(4\pi^2 m_e e^4)/(2 b^2 c h^3)$〕がリュードベリ定数 ($R_H$) に相当します．この部分に各定数 ($\varepsilon_0 = 8.854 \times 10^{-12}\,\mathrm{C^2\,N^{-1}\,m^{-2}}$，$e = 1.602 \times 10^{-19}\,\mathrm{C}$，$m_e = 9.109 \times 10^{-31}\,\mathrm{kg}$，$h = 6.626 \times 10^{-34}\,\mathrm{J\,s}$，$c = 2.998 \times 10^8\,\mathrm{m\,s^{-1}}$) を代入してえられた計算値 ($R_H = 1.09737 \times 10^7\,\mathrm{m^{-1}}$) と実験的にえられた値

ボーア

($R_H = 1.09677 \times 10^7 \text{ m}^{-1}$)が非常によく一致することがわかったのです.

こうなるとボーアの仮定を信じざるをえないことになります. 原子内の電子の挙動を説明するためには, 上記のような仮説が必要であることをボーアは立証したのです. 科学が前進するためには, ときに古い衣を脱ぎ捨てて新しい衣に着がえないといけない時期があります. $E_m \to E_n$ へのエネルギーの変化は「量子飛躍」または「状態遷移」と呼ばれていますが, まさにボーアは古典物理学から飛躍したのです. さて, 式(3.9)で $n = 1$ とおき, その他の定数の値も代入したときの半径を r_1 とすると, $r_1 = 5.29 \times 10^{-2}$ nm となります. この r_1 のことをボーア半径といいます. 水素原子の最も内側の, すなわち最も安定な電子の軌道の半径ということになります. ほかの軌道の半径を r_n とすれば, 式(3.9)より, $r_n = n^2 r_1$ になります. 同様に, 式(3.11)で $n = 1$ とおき, そのときのエネルギーを E_1 として計算すると, その値は -13.6 eV (2.18×10^{-18} J) になります. また, ほかの軌道にある電子のエネルギー E_n は, 式(3.11)より, $E_n = E_1/n^2$ で表されます. この式からわかるように, 軌道のエネルギーは n^2 に反比例して絶対値は小さくなり, 軌道間のエネルギー差もどんどん小さくなっていきます. 最終的には, $n \to \infty$ で $E_n \to 0$ になりますが, それは電子が原子核の束縛から解放された状態, すなわち自由電子の状態になることを意味します. エネルギーが負であるのは電子が原子核に束縛されていることを意味します.

ド・ブロイの物質波

ところで, 当時は誰も理解できなかったボーア理論の[**仮定1**]の意味は何だったのでしょうか. その解答は1923年にド・ブロイ(仏：1892〜1987)が与えてくれました. 彼は,「運動する物体は, 必然的に波動性を示す」という「物質波」という概念を考えました. プランクの式($E = h\nu$)とアインシュタインの質量・エネルギーの等価交換式($E = mc^2$)からヒントをえて, プランク定数(h)を運動量(mv)で割ったものを波長(λ)とする式, $\lambda = h/mv$ を提案したのです. この式をボーアの[**仮定1**]に入れると, 非常にわかりやすい式, $2\pi r = n\lambda$ がえられます. この式は,「原子核の周りを回る電子は円周の長さが電子の波長のちょうど整数倍のときにのみ安定に存在」し, それ以外のときは波の相互干渉により電子は安定に存在しえないことを意味しています. 図3.5は, $2\pi r = 5\lambda$ の例です.

ド・ブロイの考えは, 実際1927〜28年にかけて電子線回折の実験から実証されています. どのように計算したかを次に示します. 電子を V ボルトで加速すると eV の運動エネルギーをえるので

$$\frac{m_e v^2}{2} = \frac{(m_e v)^2}{2m_e} = eV \quad \therefore \quad (m_e v)^2 = 2m_e eV$$

この $m_e v$ をド・ブロイの式($\lambda = h/m_e v$)に代入すれば

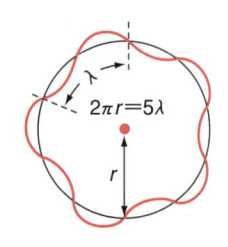

図 3.5 安定な軌道の例

$$\lambda = \frac{h}{\sqrt{2m_e eV}}$$

となり，波長が計算できるのです．加速電圧をさまざまな値に変化させて実測した結果，理論式とのよい一致がみられました．

ド・ブロイの提案は，にわかにボーアの[**仮定1**]に現実的な裏づけを与えたわけですが，皮肉にもこの年あたりからボーアの理論にほころびがではじめ，ヘリウムや水素分子などの多電子系にはうまく適用できないことが明らかになるとともに，ボーアの時代はひとまず幕を閉じます．

【**例題3.2**】 100 V で加速された電子の速度は 5.9×10^6 m s^{-1} である．この電子の波長を求めなさい．また，時速 200 km で飛ぶゴルフボール (45 g) の波長を計算して両者を比較しなさい．

【**解**】 ド・ブロイの式，$\lambda = h/m_e v$ にプランク定数および電子の質量をそれぞれ代入して計算すると，電子の波長 λ_e は

$$\lambda_e = \frac{6.626 \times 10^{-34} \text{ kg m}^2 \text{ s}^{-1}}{(9.11 \times 10^{-31} \text{ kg})(5.9 \times 10^6 \text{ m s}^{-1})} = 1.23 \times 10^{-10} \text{ m}$$

同様に，ゴルフボールの質量を kg に，速度を m s^{-1} に変えて計算すると，波長 λ_g は

$$\lambda_g = \frac{6.626 \times 10^{-34} \text{ kg m}^2 \text{ s}^{-1}}{(45 \times 10^{-3} \text{ kg})\left(\dfrac{200 \times 10^3 \text{ m}}{60 \times 60 \text{ s}}\right)} = 2.65 \times 10^{-34} \text{ m}$$

〈コラム〉 **不確定性原理**

ミクロの世界では，物質波のような概念を導入しなければなりませんが，「物質に粒子性と波動性を同時に認めると，その粒子の位置 (x) と運動量 (p) を同時に正確に決定することは不可能である」という原理を導いたのがドイツのハイゼンベルグです．すなわち，位置と運動量の不確かさを Δx, Δp とすると，その積は $\Delta x \Delta p \geq h/4\pi$ で表されます．Δx を小さくしようとすると Δp は大きくなってしまいます．観測用の光の波長を λ とすると，$\Delta x \geq \lambda$ 程度の誤差があるので，$\Delta p \geq h/\lambda$ から，$\Delta x \Delta p \geq h$ 程度の誤差は避けられないのです．

3.3 物質波から波動方程式へ

シュレーディンガーの波動方程式

ド・ブロイの物質波の概念に刺激されたのがオーストリアの偉大な科学者シュレーディンガー(1887～1961)でした．彼は，電子が波動としてのふるまいをみせるのなら，その運動を記述する運動方程式を，視覚的にも理解しやすい形で表現できないものかと苦心したのです．その結果，1926年には物質を構成する原子や分子のふるまいを記述する20世紀最高の思想ともいえる「シュレーディンガーの波動方程式」を打ち立てたのです．シュレーディンガーという天才のひらめきです．彼の先験的仮説ともいうべきものです．ボーアの仮説もそうですが，仮説は証明できません．仮説の有効性は，実験結果が証明します．種々の境界条件を入れてこの波動方程式を解くと，その結果は実測値とよく一致することがわかっています．ですから誰もその仮説を信じざるをえないのです．

シュレーディンガーの波動方程式を，最も単純な一次元の波動，すなわち電子が x 方向に一定速度で自由に運動する状態を，最も簡単な $\Psi(x) = A\sin(2\pi x/\lambda)$ のような sin 関数を利用して考えてみましょう．原子核に束縛されていない自由電子を考えると，その位置エネルギーは 0 となり，電子の全エネルギー(E)は運動エネルギーに等しくなります．すなわち

$$E = \frac{1}{2}m_e v^2 = \frac{(m_e v)^2}{2m_e}$$

となるので，この式にド・ブロイの式，$\lambda = h/m_e v$ を入れると

$$E = \frac{h^2}{2m_e \lambda^2} \quad \therefore \quad \lambda = \frac{h}{\sqrt{2m_e E}} \tag{3.13}$$

となります．この式から，エネルギーが大きくなると波長が小さく(短く)なることが読み取れます．ここで，関数 $\Psi(x)$ を一回微分した $d\Psi(x)/dx$ と二回微分した $d^2\Psi(x)/dx^2$ を比べてみましょう．$d\Psi(x)/dx$ はこの関数の傾きを意味しますが，$d^2\Psi(x)/dx^2$ は傾きの変化を意味しています．波長が短くなればなるほど，その傾きの変化は大きくなりますから，$d^2\Psi(x)/dx^2$ はエネルギー(E)に比例した式と考えることができます．実際，$\Psi(x) = A\sin(2\pi x/\lambda)$ を二回微分すると次のような式になり，E に比例することがわかります．

$$\frac{d^2\Psi(x)}{dx^2} = -\frac{4\pi^2 \Psi(x)}{\lambda^2} = -\frac{8\pi^2 m_e E\Psi(x)}{h^2} \tag{3.14}$$

式(3.14)は，位置エネルギーを 0 と考えて話を進めたわけですが，電子の全エネルギー(E)は運動エネルギーと位置のエネルギー $\{U(x)\}$ の和ですから E を $E - U(x)$ に置きかえて式(3.14)を書き直せば，次式になります．

シュレーディンガー
オーストリアの誇る世界的科学者で，紙幣の肖像にもなった．

$$-\frac{h^2}{8\pi^2 m_e}\frac{d^2 \Psi(x)}{dx^2} + U(x)\Psi(x) = E\Psi(x) \qquad (3.15)$$

式(3.15)を三次元(x, y, z)に拡張したものは，変数が三つになるので偏微分の形式に書きかえて式(3.16)のようになります．これがシュレーディンガーの波動方程式です．

$$\left\{-\frac{h^2}{8\pi^2 m_e}\left(\frac{\partial^2}{\partial x^2} + \frac{\partial^2}{\partial y^2} + \frac{\partial^2}{\partial z^2}\right) + U(x, y, z)\right\}\Psi(x, y, z)$$
$$= E\Psi(x, y, z) \qquad (3.16)$$

原子核が電子を引きつけているのはクーロン力の作用によるもので，この力の大きさおよび位置のエネルギーは電子と原子核との距離rのみに依存しています．したがって，原子の波動方程式を解くためには，直交座標(デカルト座標)の(x, y, z)を極座標*の(r, θ, ϕ)に変換する必要があります．水素原子の波動方程式は極座標を用いて完全に解かれています．波動方程式を解くということは，許容されるエネルギーのレベルを決め，さらにそのエネルギーに対する波動関数を決定することです．波動方程式を解く過程で，一次元なら一つの量子数，二次元なら二つの量子数，三次元では三つの量子数(n, l, m)が自然にでてきます．この節では，自由電子モデルによる一次元の波動関数を，図3.6のような長さlの共役系ポリエン化合物(二重結合と単結合が交互に現れる化合物)の例から考察しましょう．具体的にはヘキサトリエンへの適用例を調べてみます．

> *水素原子の極座標
>
> $x = r\sin\theta\cos\phi$
> $y = r\sin\theta\sin\phi$
> $z = r\cos\theta$

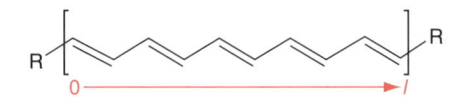

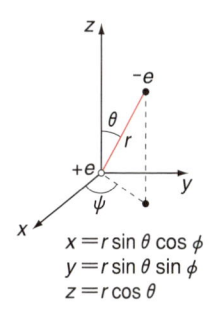

図3.6　共役形ポリエン化合物

> 波動関数
>
> 波動方程式の解は波動関数と呼ばれ，通常ψ(ギリシャ文字でプサイと読む)で表される．波動関数は原子中で電子が運動する様子を表す数学的表現にすぎない．

自由電子モデルによる一次元波動関数の応用

共役系ポリエン化合物(図3.6)の特徴は，そのなかのπ電子が非常に動きやすいので，自由電子モデルを想定して位置によるエネルギーを0とすると，式(3.14)に示した一次元波動関数$\Psi(x)$が，$\Psi(x) = A\sin(2\pi x/\lambda)$と書けることです．電子は，$x$方向に0から$l$の間を自由に運動している，sin関数のような形の波動と考えるのです．すると，$x = 0$と$x = l$のところでは節になっており，$\Psi(0) = \Psi(l) = 0$ですから

$$\Psi(l) = A\sin\frac{2\pi l}{\lambda} = 0 \quad \therefore \quad \frac{2\pi l}{\lambda} = n\pi$$

よって，$\lambda = 2l/n$となりますので，このλを式(3.13)に代入することにより，

式(3.17)が導かれます．

$$E = \frac{n^2 h^2}{8 m_e l^2} \quad (n = 1, 2, 3, \cdots) \tag{3.17}$$

この式(3.17)は sin 関数を想定しなくても，ド・ブロイの物質波の式と電子の運動エネルギーからも直接求められます．まず，物質波の式($\lambda = h/m_e v$)と運動エネルギー($E = m_e v^2/2$)から v を消去して，$E = h^2/2m_e\lambda^2$ が導けます．次にギターなどの弦の振動を連想すると，図3.7のように弦の長さ(l)が半波長の整数倍になる関係式：$l = n\lambda/2$ がえられます．これらの2式から λ を消去すると容易に式(3.17)が導かれます．

いま，二重結合が n 個共役しているポリエンの基底状態では，最もエネルギーの高い n 番目の軌道までは電子で満たされており，その上の軌道($n+1$ 番目)は電子が存在しない空の軌道です．このポリエンに光があたり，n 番目の軌道にある電子が $n+1$ 番目の軌道に遷移したとすれば，$|E_n - E_{n+1}| = h\nu$ に相当するエネルギーの光を吸収したことになります．したがって，吸収された光の振動数(ν)は次式から求まります．

$$\nu = \frac{E_{n+1} - E_n}{h} = \frac{h}{8m_e l^2}\{(n+1)^2 - n^2\} = \frac{(2n+1)h}{8m_e l^2}$$

吸収された光の波長は，振動数と波長(λ)の関係式 $\nu = c/\lambda$ を利用して波長の式に書きかえれば求まります．

$$\lambda = \frac{8 m_e c l^2}{(2n+1)h} \tag{3.18}$$

そこで，実際に式(3.18)を利用してヘキサトリエン($CH_2=CH-CH=CH-CH=CH_2$)の吸収波長を計算してみましょう．

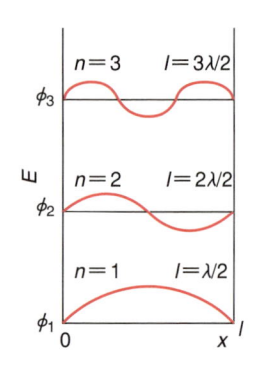

図3.7 電子の軌道と波長

【例題3.3】 ヘキサトリエンの吸収波長を，以下の値を用いて計算しなさい．
$l = 0.72$ nm（実測値），$m_e = 9.11 \times 10^{-31}$ kg，$c = 3.00 \times 10^8$ m s^{-1}
$h = 6.63 \times 10^{-34}$ J s（J = kg m^2 s^{-2}）

【解】 図3.7に示すように，最も高い位置にあり電子で満たされた $n=3$ 番目の軌道(ϕ_3)から $n=4$ 番目の軌道(ϕ_4)への電子の遷移が起こりやすいと考えられるので $n=3$，電子の質量 m_e，光の速度 c，プランク定数 h などの各値を式(3.18)に代入して

$$\lambda = \frac{8 \times (9.11 \times 10^{-31}\,\text{kg}) \times (3.00 \times 10^8\,\text{m s}^{-1}) \times (7.2 \times 10^{-10}\,\text{m})^2}{7 \times 6.63 \times 10^{-34}\,\text{J s}}$$

$$= 244\,\text{nm}$$

実測値は，$\lambda = 258$ nm なので比較的よく合っています．一般的に，共役系が長いほど計算値と実測値は近い値になります．

3.4 原子軌道の形や大きさを決める

三つの量子数

水素以外の原子やイオンは，核外電子が2個以上あり電子間の相互作用が生じるため，直接シュレーディンガーの波動方程式を解くことは不可能ですが，水素原子と同様に1電子近似で一般の原子やイオンにも拡張解釈されています．偏微分方程式(3.16)を極座標変換して解かれた波動関数 $\Psi(r, \theta, \phi)$ は式(3.19)のように動径部分 $[R_{nl}(r)]$ と角度部分 $[Y_{lm}(\theta, \phi)]$ に分離して表現されます．

$$\Psi_{n,l,m}(r, \theta, \phi) = R_{nl}(r) Y_{lm}(\theta, \phi) \tag{3.19}$$

添え字の部分 (n, l, m) は波動方程式を解く過程で出現する量子数で，それぞれ以下のような意味をもっています．

① n：**主量子数** n は自然数で，軌道のサイズとエネルギーを決定しています．同じ n の値をもつ軌道(オービタル)は同一の殻に属します．$n = 1, 2, 3, \cdots$ に対応して K, L, M, N, O, $\cdots$ という記号で表現されています．高校で習った，K殻，L殻，$\cdots$ ですね．軌道のエネルギー(E_n)は次のように求められています(Z は核電荷)．

$$E_n = -\frac{m_e e^4 Z^2}{8\varepsilon_0^2 n^2 h^2} \tag{3.20}$$

それぞれの定数の値を代入して書きかえると，式(3.21)になります．

$$E_n = -RZ^2/n^2 \quad (R = 1312.1 \text{ kJ mol}^{-1}) \tag{3.21}$$

$n = 1, Z = 1$ の場合はボーアの軌道エネルギー(式3.11)に一致します．

② l：**方位量子数**(軌道角運動量量子数) 軌道の形と全角運動量を決定しています．$l = 0, 1, 2, 3, \cdots, n-1$ の値をとり，$l = 0, 1, 2, 3, 4, \cdots$ に対応して，s, p, d, f, g, $\cdots$ の記号が用いられています．全軌道角運動量(L)は次式で与えられます．

$$L = \frac{h}{2\pi}\sqrt{l^2 + l} \tag{3.22}$$

$n = 1, l = 0$ のときは1s軌道，$n = 2, l = 1$ のときは2p軌道というように名称をつけます．$l = 0$ のときは全軌道角運動量が0になるので，ボーアの考えた水素原子の軌道(オービット)のように，電子が原子核の周りの一定の円軌道上を回るというイメージは正しくないということになります．

③ m：**磁気量子数** 磁場をかけたときの磁気モーメントの z 軸方向の成分に

3章 エネルギーの階段をのぼる

相当し，与えられた l に対して $-l$ から $+l$ までのすべての整数値をとることができ，全部で $2l+1$ 個の磁気量子数が存在します．磁場をかけないときはエネルギー準位は分裂せず，縮重しているということになります．

エネルギーの縮重
同じエネルギーをもつ軌道に対して，縮重という表現を用いる．たとえば，水素原子の軌道のエネルギーは主量子数 (n) で決まり，n の等しい軌道はほかの量子数が異なっていてもエネルギーは同じで縮重している．

波動関数の意味

式(3.19)に相当する水素(類似)原子の各波動関数 $\Psi(r, \theta, \phi)$ はかなり複雑な過程を経て解かれています．まず，水素原子の1s波動関数 ψ_{1s} から見ていきましょう．この式の a_0 はボーア半径を表しています．ψ_{1s} 関数は r だけの関数ですから，原点を中心とする球面上で一定値をとります．1s軌道から3d軌道までの動径部分 (r 部分に相当) をグラフに描いたものが図3.8(a)です．1s軌道の場合，電子は原子核の近くに集まっているように見えますが，いったいどのあたりに多く存在しているのかはわかりません．古典力学で運動方程式を解くと，物体の正確な位置や速度が求められますが，波動方程式の解は関数そのもので，実際に物理的に意味をもつのは電子の存在確率を示す波動関数の二乗であることを，ボルン(独：1882～1970)が指摘しています．

$$\psi_{1s} = \frac{1}{\sqrt{\pi}}\left(\frac{1}{a_0}\right)^{\frac{3}{2}} e^{-\frac{r}{a_0}} \tag{3.23}$$

球状の1s軌道の場合，r と $r+dr$ との間にある体積素片 dv は，$dv \fallingdotseq 4\pi r^2 dr$ ですから，この領域に存在する電子の確率密度は，次式で表されます．

確率密度
ある軌道の電子に関して，その軌道の波動関数を用いて $\psi^2 dxdydz$ が，その電子を空間の微小範囲 ($x \sim x+dx, y \sim y+dy, z \sim z+dz$) に見いだす確率で，確率密度は ψ^2 に比例する量として表される．

$$|\Psi_{1s}|^2 dv = \frac{4}{a_0^3} \exp\left(-\frac{2r}{a_0}\right) r^2 dr = D(r) dr \tag{3.24}$$

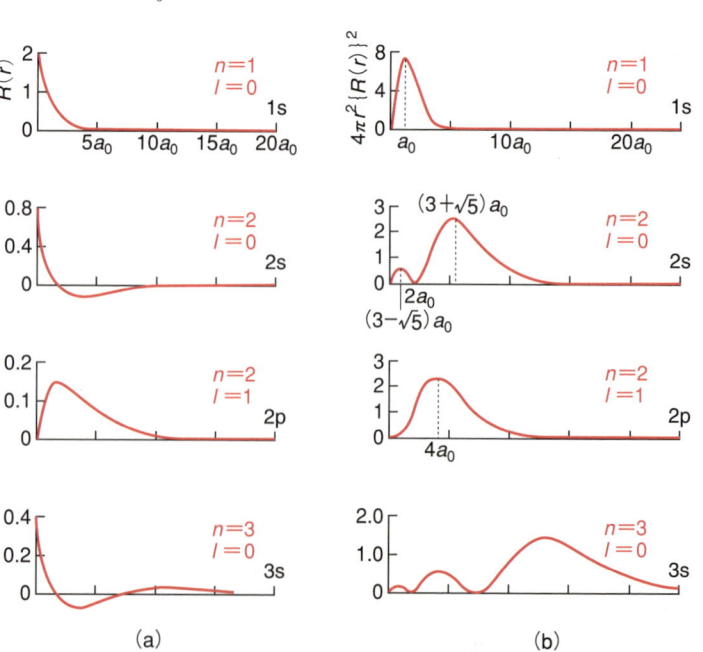

図3.8 (a)水素原子の動径部分，(b)動径分布関数

この $D(r)\mathrm{d}r$ のことを，1s電子の動径分布関数といいます．この関数の極大値は，図3.8(b)に示されているように，1s電子の存在確率が最大になるところです．このときの r を求めるために，式(3.24)を微分して0とおくと

$$\mathrm{d}D(r)/\mathrm{d}r = 0$$
$$\therefore\ r = a_0\ （ボーア半径）$$

となります．2s軌道も形は球状ですが，軌道のサイズがかなり大きくなります．注目すべき点は，$r = 2a_0$ のところで電子密度が0になる節があることと，山が二つ $[r = (3 \pm \sqrt{5})a_0]$ 現れることです．また，小さい山は1s軌道のボーア半径よりも内側に侵入していることもわかります．

$$\psi_{2s} = \frac{1}{4\sqrt{2\pi}}\left(\frac{1}{a_0}\right)^{\frac{3}{2}}\left(2-\frac{r}{a_0}\right)\mathrm{e}^{-\frac{r}{2a_0}} \tag{3.25}$$

3s軌道の場合も同様に，軌道のサイズが大きくなっても，原子核の近くにある程度の電子が存在していることがわかります．

2p軌道($l = 1$)や3d軌道($l = 2$)の場合は，角度部分 $[Y_{lm}(\theta, \phi)]$ に依存するので軌道の形がかなり違います．2p軌道は x, y, z の三方向にそれぞれ広がった鉄アレイ型で，3d軌道は四つ葉のクローバ型が四種と鉄アレイの襟巻き型一種で表されます．次ページの図3.9はその概念図です．各軌道の符号は，赤い部分が＋で白い部分が－と考えてください．原子が結合して分子をつくる際の軌道の重なりを理解するときに，この符号が必要になります．

3.5 電子配置の規則と周期律

電子の入る順序

原子のエネルギー準位を決定する三つの量子数 (n, l, m) は波動方程式を解く過程で自然にでてきたものですが，実験結果からわかったもう一つの量子数があります．それは，電子の自転に相当するスピン量子数 (s) というものです．

その値は＋1/2または－1/2で，電子の自転の軸が磁場と同じ方向を向いているときは＋1/2の値を与え↑で表し，磁場と反対方向を向いているときは－1/2の値を与え↓で表す習慣になっています．電子は大きさをもたないのに，自転の角運動量をもつのは変な気もしますが，電子がもつ固有の自由度と理解しておけばよいでしょう．

では，なぜこのような電子の自由度を考えなければいけないのでしょうか．この章の最初に，トンネルの照明に使われているナトリウムランプの話がでてきました．励起されたナトリウム原子がより安定な状態に戻るときに放射される光は，われわれの目には黄色い光として感じられます．この光はナトリウムD線（波長：589 nm）と呼ばれていますが，ごく簡単な分光器で調べると，接近した二本の線（D_1 と D_2）に分離します．D_1 線の波長は589.592 nm

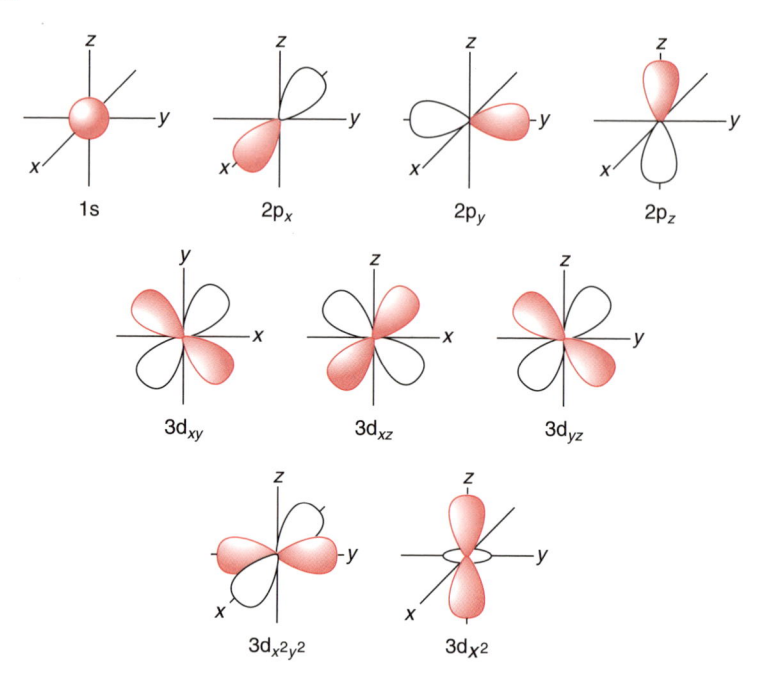

図 3.9　1s，2p，3d 軌道にある電子の確率分布

で D_2 線の波長は589.995 nm です．基底状態(3s すなわち $l = 0$)にある電子がよりエネルギーの高い状態(3p すなわち $l = 1$)に励起されてから元の基底状態に落ちてくるのなら，そのエネルギー差である $\Delta E = hc/\lambda$ に相当する一本の光のみが観測されるはずですが，実際は二本なのです．この現象を説明するために導入されたのがスピン量子数(s)です．これは図3.10を見ながら考えるとわかりやすいでしょう．

　もともと電子は原子核の周りの公転に相当する角運動量(l)をもっていて，これが図3.10の左の図のような回転方向であれば，角運動量ベクトルの方向は上向きになります．ここで，電子の自転の向きも公転と同じ向きならトータルの角運動量は $l + s$ になり，自転の向きが公転と逆向きならトータルの角運動量は $l - s$ になると考えると，実験結果をうまく説明できることが判明したのです．

　以上で，原子内電子の状態を記述するために必要なすべての量子数がでそろったことになります．1869年にメンデレーエフが元素の周期表を発表してから約60年かかりました．この間に多くの化学者や物理学者が元素の周期律の意味を理解しようと努力してきましたが，最終的には物理学者がその謎を解いたのです．このあたりの歴史的な話はセミナー〈4〉で取りあげることにして，次は四つの量子数(n, l, m, s)を用いて元素を整理してみましょう．現在までに認知され名称がつけられている元素は全部で109種類です．これらすべての元素の電子配置は，四つの量子数を利用して，以下の規則にしたがって決まります．

3.5 電子配置の規則と周期律

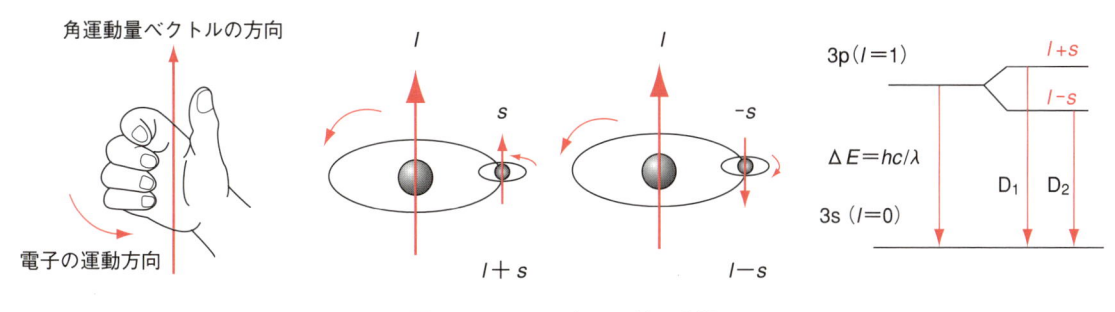

図 3.10 ナトリウム D 線の分離

《規則 1》 電子はエネルギーの低い軌道から優先的に入り安定化します．各軌道のエネルギー準位は基本的には水素原子で求められた値が多電子系にも適用されますが，厳密には実験結果からえられた値を用います．たとえば，電子を 3 個もつリチウム (Li) 原子では，二つの電子は 1s 軌道に入り，残るもう一つの電子は 2s 軌道に入ります．主量子数が $n=2$ で同じエネルギー状態にある 2p 軌道になぜ入らないのでしょうか．それは，図 3.8(b) からもわかるように，2s 軌道の電子は 2p 軌道の電子より内側に深く入り込んでおり，それだけ強く核に引きつけられ，エネルギーの低い状態にあると考えられるからです．実際，Li の原子スペクトルの実験結果もこの解釈を支持しています．このようにして軌道のエネルギー準位が求められ，その順序はおおよそ次のようになっています．

 1s, 2s, 2p, 3s, 3p, (4s, 3d), 4p, (5s, 4d),
  5p, (6s, 4f, 5d), 6p, (7s, 5f, 6d), …

カッコ内の軌道は左から順に安定なことが多いですが，原子によっては逆転することもあります．電子の入るおおよその順序は，図 3.11 のように考えるとわかります．

《規則 2：パウリの排他原理》 同じ原子中に同じ量子状態の電子が 2 個以上存在することはできません．わかりやすくいえば「一つの軌道には電子は 2 個まで収容できるが，2 個同時に入るときは，2 個の電子のスピンの向きは逆平行 (↑↓) でなければいけない」となります．電子が入る原子軌道が決まるときには量子数 n, l, m はすでに決まっているので，スピン量子数 ($+1/2$ か $-1/2$) だけが残ります．したがって，一つの原子軌道には電子は 2 個しか収容できないことになります．

《規則 3：フントの規則》 電子が，縮重した複数の軌道 (たとえば p 軌道) に入るとき，まずは別々の軌道に一つずつ，スピンの方向が同じ電子が入ります．たとえば，p 軌道のように電子を最大 6 個収容できる軌道では，最初の 3 個はスピンが同じ方向の電子が入ります．

エネルギー準位

原子や分子などの量力学的な束縛系の定常状態のエネルギーは，特定のとびとびの値しかとらない．この値を，その系のエネルギー準位という．この準位をわかりやすく表現するために縦軸にエネルギーをとり，エネルギー準位のある位置に横線を引いて表すのが慣例である．

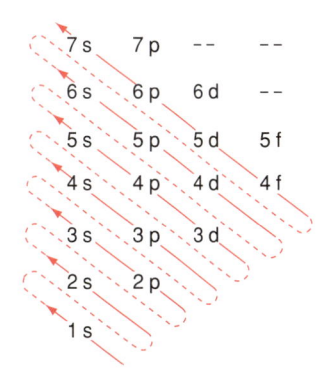

図 3.11 エネルギー準位のおおよその順序

元素の電子配置

以上の規則を利用して，原子番号1〜10の第一および第二周期の元素の電子配置とスピンの状態の一覧表(3.2)をつくりましょう．

表3.2 HからNeまでの電子配置とスピンの状態

元素	電子配置	電子のスピン状態					
		1s	2s	$2p_x$	$2p_y$	$2p_z$
$_1$H	$1s^1$	↑				
$_2$He	$1s^2$	↑↓				
$_3$Li	$1s^2 2s^1$	↑↓	↑			
$_4$Be	$1s^2 2s^2$	↑↓	↑↓			
$_5$B	$1s^2 2s^2 2p^1$	↑↓	↑↓	↑		
$_6$C	$1s^2 2s^2 2p^2$	↑↓	↑↓	↑	↑	
$_7$N	$1s^2 2s^2 2p^3$	↑↓	↑↓	↑	↑	↑
$_8$O	$1s^2 2s^2 2p^4$	↑↓	↑↓	↑↓	↑	↑
$_9$F	$1s^2 2s^2 2p^5$	↑↓	↑↓	↑↓	↑↓	↑
$_{10}$Ne	$1s^2 2s^2 2p^6$	↑↓	↑↓	↑↓	↑↓	↑↓

第三周期($_{11}$Na〜$_{18}$Ar)では希ガスの$_{10}$Neの電子配置(閉核構造)に3s，3p軌道が加わって第二周期と同様な電子配置が続きます．

第四周期($_{19}$K〜$_{36}$Kr)になると，$_{18}$Arの電子配置にまず4s軌道が加わり，さらにその内側に3d軌道が加わります．とくに$_{21}$Scから$_{30}$Znまでの10種の元素は，最外殻である4s軌道に1個または2個の電子をもつという共通性があるので，第一遷移元素(d-ブロック元素)と呼ばれ周期表のなかで特徴的な横の類似性を示します．ただし，Znを遷移元素に含めるかどうかは微妙です．

第五周期($_{37}$Rb〜$_{54}$Xe)は18種の元素が並びますが，$_{39}$Yから$_{48}$Cdまでの10種の元素は，第一遷移元素と同様の理由で横の類似性を示し，第二遷移元素(d-ブロック元素)と呼ばれています．

第六周期($_{55}$Cs〜$_{86}$Rn)は元素の数が32個に増え，とくに$_{57}$Laから$_{71}$Luまでの15種の元素は希土類(ランタニド)と呼ばれています．このグループでは新たに4f軌道が出現し，どの元素も最外殻である6s軌道に2個の電子をもつため類似性を示します．また，f-ブロック元素というグループに属します(図3.12)．

第七周期($_{87}$Fr〜$_{109}$Mt)の元素は，ほとんどが放射性元素で$_{89}$Acから$_{103}$Lrまでの15種はアクチニド元素と呼ばれています．$_{93}$Np以降の元素(超ウラン

元素)はすべて人工元素です．現在のところ，116番までの元素の合成が報告されていますが，認知され名称がついているのは，リーゼ・マイトナー(セミナー〈3〉参照)にちなんでつけられた第109番元素のマイトネリウム(Mt)までです．

以上の百数個の元素は，最外殻の電子配置に共通の特徴をもつ四つのグループ(s, p, d, f-ブロック)に大きく分類できますので，各ブロックごとの電子配置の概略を図3.12にまとめておきました．

s-ブロック元素
1　2
$_3$Li　$_4$Be
ns^1　ns^2
$_{87}$Fr　$_{88}$Ra

d-ブロック元素
3 4 5 6 7 8 9 10 11 12
$_{21}$Sc ← $3d^{1-10}$ $4s^{1-2}$ → $_{30}$Zn
$_{39}$Y　　 $4d^{1-10}$ $5s^{1-2}$　 $_{48}$Cd
$_{72}$Hf ————————→ $_{80}$Hg

p-ブロック元素
13 14 15 16 17 18
$_5$B ————————→ $_{10}$Ne
　　$ns^2 np^{1-6}$
$_{81}$Tl ————————→ $_{86}$Rn

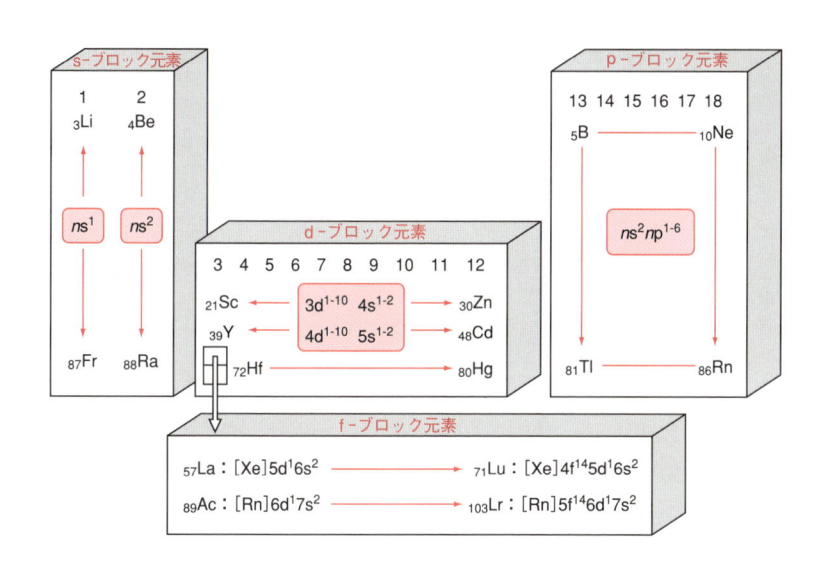

f-ブロック元素
$_{57}$La: [Xe]$5d^1 6s^2$ ————————→ $_{71}$Lu: [Xe]$4f^{14} 5d^1 6s^2$
$_{89}$Ac: [Rn]$6d^1 7s^2$ ————————→ $_{103}$Lr: [Rn]$5f^{14} 6d^1 7s^2$

図 3.12　各ブロックごとの電子配置の概略

元素の一般的諸性質

メンデレーエフ(露)やマイヤー(独)らが，元素を原子量順に並べていくと類似した物理化学的性質をもつ元素が周期的に現れるという経験則を発見しました*．その約60年後には，元素の物理化学的性質の周期的変化を電子配置の周期性，とくに最外殻の電子配置の周期的な変化として理論的に把握できるようになり，われわれの元素に対する理解は一挙に深まりました．先に述べたように，百数種の元素を最外殻の電子配置によって大きく四つのブロックにわけて整理すると理解しやすくなります．ここでは，まず各元素のもっている一般的な性質〔(1) イオン化エネルギー(イオン化ポテンシャル)，(2) 電子親和力，(3) 電気陰性度〕を中心に，元素の性質の変化を見ていきましょう．

*メンデレーエフは1869年に，マイヤーは1870年に発見した．

(1) イオン化エネルギー(IE)

イオン化ポテンシャルともいいます．一つの殻(K, L, M, Nなど)に属する軌道がすべて電子で満たされたとき，その殻を閉殻といいます．それに対し，満たされていないときは開殻といいます．元素は閉殻をつくって安定化しようとするため，Li, Na, Kなどのアルカリ金属(1族)は，最外殻の電子を1個放出して安定な閉殻になる傾向が，いいかえると陽イオン

メンデレーエフ

を形成する傾向が強いのです．この最外殻の電子を取りさる（気相の原子から電子を除去する）のに必要な最小のエネルギーをイオン化エネルギー（またはイオン化ポテンシャル）といい，電子を取りさるのが困難であればあるほどイオン化エネルギーは大きくなります．

M ⟶ M$^+$ + e$^-$　（吸熱）

イオン化エネルギーの大小は，原子核から電子までの距離や内側の殻にある電子の遮へい効果に依存しています．原子核から離れている電子ほど原子核の影響が小さくなり，イオン化エネルギーも小さくなります．したがって，同族では原子番号が大きくなるほどイオン化エネルギーは小さくなり，同一周期では原子番号が大きくなるほどイオン化エネルギーは大きくなります．

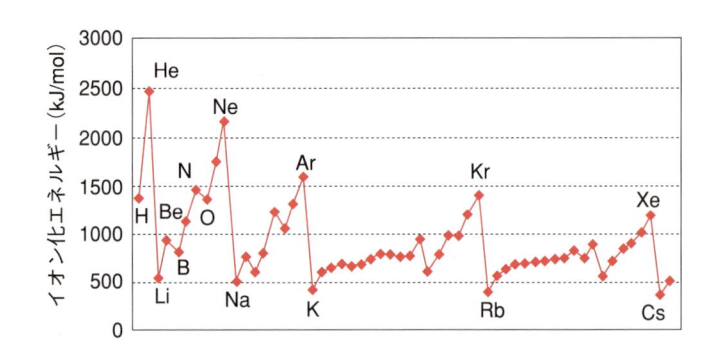

図3.13　イオン化エネルギー

(2) 電子親和力（EA）

中性の気体原子が電子を受けとったときに放出するエネルギー（一般に$\Delta H < 0$）のこと意味しますが，通常は符号を正にして表します．

A + e$^-$ ⟶ A$^-$　（一般に発熱）

「電子親和力が大きいほど，陰イオンになりやすい」ということができます．同族では原子番号が大きくなるほど電子親和力は小さくなり，同一周期では原子番号が大きくなるほど電子親和力は大きくなる傾向があり，同一周期ではハロゲン元素で最大になります．安定な閉殻構造をもっている希ガス元素は電子を受け入れる余地はありませんので，電子親和力は吸熱

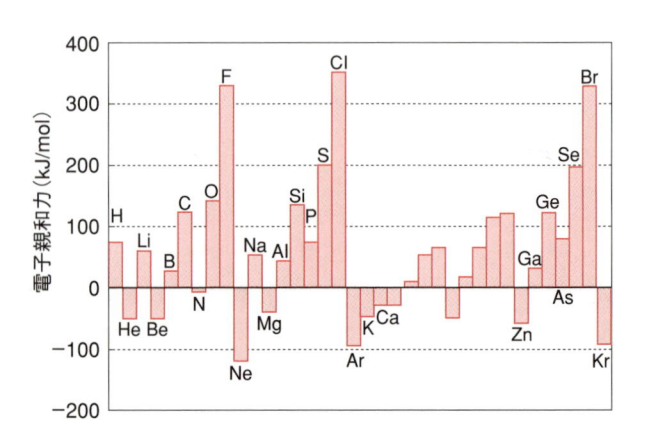

図3.14　電子親和力

的で，元の状態の方が安定なのです．

(3) 電気陰性度

二原子分子(AB)中の原子(A および B)のどちらの原子に電子がより引きつけられるか，すなわち原子の電子吸引力を示す尺度として案出された数値です．ポーリングは分子の結合エネルギーから，マリケンはイオン化エネルギーと電子親和力の平均値から，それぞれ電気陰性度を求める方法を提案していました．しかし，現在では，Allred-Rochow が提案した電気陰性度スケール(χ)が大多数の元素に広く適用可能で，種々の測定データとの相関がよいため一般的に受け入れられています*．電気陰性度は核と電子との間の静電力に依存すると考え，以下の式から求められています．

$$\chi = 0.359 \times (Z_{eff}/r^2) + 0.744$$

式中で，r は核と電子との距離を表し，Z_{eff} は有効核電荷といい，注目する電子以外の電子の遮へい効果を差し引いた値を表しています．図3.15は，その一部をグラフ化したものです．

*ポーリングは1932年，マリケンは1934年，Allred-Rochow は1958年に発表した．

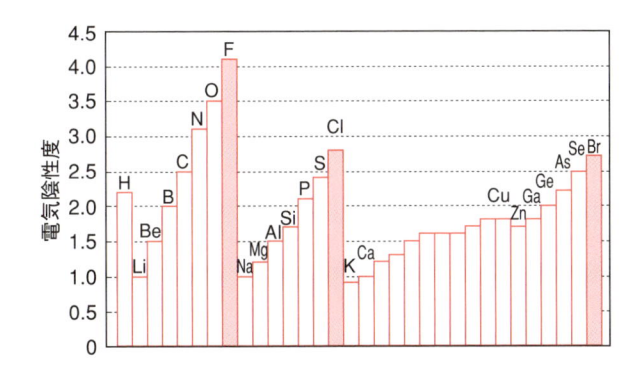

図 3.15 電気陰性度

3.6 縦，横，斜めから周期表を読む

縦(族)の類似性(s-ブロック元素，p-ブロック元素)

s-ブロック元素(1族と2族)の最外殻の電子配置は，1族が ns^1，2族が ns^2 です(n は自然数．以下同)．p-ブロック元素(13〜18族)の電子配置は $ns^2np^1 \sim ns^2np^6$ です．いずれのブロックも，最外殻の電子数が族番号の一桁目の数字に一致していることに注目しましょう．これらの電子配置からも予想されるように，s, p-ブロック元素は「縦の類似性」が顕著であり，典型元素と呼ばれています．

s-ブロック元素の特徴は次の三つです．

① 一番外側の殻にある電子を失って，安定な希ガスの電子配置をもつ陽イオン(M^+, M^{2+})になりやすいという性質があります．また，原子番号が大きくなるにつれ，原子核の価電子に対する引力が減少し，陽イオンの生成が容易になります(すなわち，イオン化エネルギーが小さくなります)．

*LiとNaの密度は水よりも小さい．
**一番低いセシウムの融点は29℃．

モーズレー

② 同一周期で比較した場合，1族と2族の元素は核電荷が小さいため，ほかの族の金属よりも原子やイオンの半径が大きくなります．すなわち，ほかの族の金属に比べ，単体の密度が小さいのです*．
③ 1族元素の融点は全体に低く**，これは，金属結合が弱いことを示しています．

次に，p-ブロック元素の性質を示します．

13族はホウ素族とも呼ばれ，ホウ素以外はすべて金属です．アルミニウムは地殻中に三番目に多い元素で，1トンつくるのに1.3万kWhの電力を消費するので電気の缶詰めともいわれますが，リサイクルするのにはその3.7％の電力ですみます．ガリウムは，融点が非常に低く体温程度で溶けてしまいます．また，凍ると体積が膨張する唯一の金属です．インジウムやタ

セミナー〈4〉 化学の羅針盤ができあがるまで
——周期表をつくりあげた人びと——

周期表は，化学者にとっては必須の「羅針盤」ですし，多くの有用な情報の宝庫でもあります．周期表のなかに刻み込まれている百数個の元素の影には，多くの化学者の汗と涙と人間模様が横たわっています．

18世紀から19世紀にかけて，化学の進歩とともに，古代ギリシャ時代以来の単純な元素モデルではとても手に負えないほど多数の元素が発見されてくるにつれ，なんとかこれらを共通の要素，とくに化学的な性質と原子量との関係に着目して整理しようという機運が高まってきました．最初の提案はドイツのデーベライナーによる「三つ組み元素」という考え方でした（1829年）．たとえば，類似の性質を示す塩素，臭素，ヨウ素の三つ組について，塩素とヨウ素の原子量を足して平均すると真ん中にある臭素の原子量にほぼ一致することを指摘しています．また，フランスの鉱物学者のドウ・シャンクルトワが「大地のらせん」モデルで元素の周期的な変化を表現しています（1862年）．その2年後には，イギリスのニューランズが八つごとに類似した元素が現れることに着目して「オクターブ則」というモデルを提案しました．しかしながら，音楽の音階にたとえた表現は不評でした．結局，現代の周期表の原形ともいえる形にまとめて提案されたのが，1869年に発表されたメンデレーエフの周期表でした．約半年遅れでドイツのマイヤーも類似の表を発表しましたが，その当時未発見の元素(Sc, Ge, Ga)の存在を予言したメンデレーエフの方に軍配があがっているといってもよいでしょう．

セミナー〈1〉でも指摘したように，メンデレーエフが周期表をつくるきっかけとなったのは，1860年に南ドイツのカールスルーエで開催された化学の国際会議でした．このときの「カニッツァロの特別講演」で元素の原子量を正しく求める信頼すべき方法に接した彼は，周期表の形で元素を再配列し，無機化学を体系化しようと試みたのです．その当時の化学は，まだ博物学的な要素が強かったのですが，メンデレーエフはそこから脱却する大きな糸口を与えてくれました．

もう一人，周期表に関係して忘れてはならない科学者にイギリスのモーズレー（1887～1915）がいます．ラザフォードの研究室で，その才能を発揮していたわずか28歳の青年がガリポリ半島（トルコ領，ダーダネル海峡に突きだしている当時の要塞）の戦場で露と消えたのです（第一次大戦）．メンデレーエフは「元素の性質は原子量の周期関数である」と仮定して元素を整理したのですが，モーズレーは「元素の性質は，元素の原子番号の周期関数である」ことを実験的に突き止めたのです．種々の金属元素に高速の電子をぶつけたときにでてくる特性X線の振動数(ν)と原子番号(Z)の間に$\nu = a^2(Z-b)^2$という関係が成立することを見事に証明したのです．まさに，モーズレーは元素に背番号を付けた最初の科学者なのです．

リウムになると，外側のp軌道の電子を放出して1価の化合物をつくりやすく，とくにタリウムの水酸化物（TlOH）は，水酸化カリウム（KOH）並の強力なアルカリで有毒です．

14族は炭素族といい，一般に4価の化合物をつくる傾向がありますが，スズや鉛は2価の化合物も安定です．炭素とケイ素は非金属性で，炭素は生物界，すなわち有機物の世界の代表的元素であり，ケイ素は無生物界，すなわち無機物の世界の代表的元素です．半導体に用いられるゲルマニウムは半金属性で，残りのスズや鉛は金属性です．スズはメッキや合金の材料として，鉛は鉛蓄電池の材料として，多量に用いられています．

15族は窒素族と呼ばれ，窒素，リン，ヒ素の三つの元素は非金属性で，残るアンチモンとビスマスは金属性です．一般に3から5までの酸化数を取ることができます．窒素とリンは生体にとって重要な元素です．

16族は酸素族で，上から四つ（O, S, Se, Te）は非金属性で，多くの金属鉱石の構成元素であることからカルコゲン（銅をつくる）元素とも呼ばれています．酸素以外は，d軌道が使えるため2価以上の4価や6価の原子価をとることも可能です．

17族はハロゲン族と呼ばれ，電気陰性度が大きいので，電気陰性度の小さい元素と結合すればイオン結合を形成します．フッ素以外の元素は種々の酸化状態（$-1 \sim 7$）をとることができます．

横（周期）の類似性

d, f-ブロック元素は周期表の中間（s-ブロックとp-ブロックの谷間）にあり，d軌道またはf軌道がs軌道の内側に入り完全には満たされていない元素で，"遷移元素"と呼ばれています．全部で65種あり，周期表の半分以上を占めています．共通点は，①すべて金属，②硬く，高融点で電気の良導体，③ほとんど例外なくイオンや化合物は有色，④二つ以上の酸化数をもつ*，⑤元素それ自体にも化合物にも触媒作用がある，⑥化合物の多くが常磁性，⑦d-ブロック元素はとくに錯体を形成しやすい，の七つです．

原子番号57のLaから71のLuまでの元素（ランタニド）にScとYを加えた元素は，とくに"希土類元素"と呼ばれますが，存在量が少ないわけではなく，それぞれの元素の分離が難しく単離しにくいことからつけられた名称です．

n族と$n+10$族の類似性

3〜7族と13〜17族において，一桁目の数字が一致する元素（たとえば3族と13族）は化学式，構造，酸化状態などがよく似ています．少し古い長周期型では3族を3A族，13族を3B族と表していましたが，もともと類似性があるのです．現在の周期表（長周期型）だとその点が隠れて見えなくなっています．リンとバナジウム，硫黄とクロム，塩素とマンガンなどのイオンや化合物は驚くほど似ています．

*クロムは+6まで，マンガンは+7までとることができる．

希土類元素の利用

カラーテレビの蛍光物質として，Eu^{3+}（赤），Ce^{3+}（緑），Tb^{3+}（緑），Eu^{2+}（青）などが利用されている．また，高温酸化物超伝導体にLaやYが使われ，強力な磁石にSmやNdが利用されているなど，ハイテク材料として重要である．

類似したイオンの例

リンとバナジウム：PO_4^{3-}とVO_4^{3-}
硫黄とクロム：SO_4^{2-}とCrO_4^{2-}
塩素とマンガン：ClO_4^-とMnO_4^-

斜め（対角）の類似性

第二周期と第三周期の元素のなかで，LiとMg，BeとAl，BとSiの各組は，族が異なっているにもかかわらず，互いによく似た化学的性質を示します．たとえば，LiはMgと同様に普通の酸化物（Li_2O）は生じますが，ほかのアルカリ元素のように過酸化物は生じません．また，LiはMgと同様に有機金属化合物を形成します．Beのカーバイト（Be_2C）は，Alのカーバイト（Al_4C_3）と同様に水と反応してメタンを発生します．カルシウムのカーバイト（CaC_2）が水と反応してアセチレンを生成するのとは対照的です．BとSiは，ともに弱酸性の固体酸化物（B_2O_3とSiO_2）を形成し，ホウ酸（H_3BO_3）とケイ酸（H_2SiO_3）はともに弱酸です．

桂馬の類似性

n族の第m周期の元素と$n+2$族の第$m+1$周期の元素との類似性です．このタイプの類似性はやや特異で，11族から15族にある元素のなかで，次の周期の二つ右の，将棋でいえば桂馬飛びのようなところの元素と意外な類似性がみられるものがあります．たとえば化合物の融点（m.p）の類似性がとくに顕著な例として，AgとTlがあります．Ag^+とTl^+のイオン半径や電荷密度が似ているために，この類似性が生じていると考えられています．

AgとTlの化合物の融点
$AgNO_3$：212℃
$TlNO_3$：206℃
AgCl：455℃
TlCl：430℃

元素やイオンの大きさ

原子中の電子は広がりをもっているため，原子の占める体積は明確には決められませんが，原子どうしが結合して金属や共有結合物をつくるときの隣りあった原子間距離の半分を原子半径（金属原子半径と共有結合半径）とするのが原子の大きさを見積もる一つの目安です．同一の族では，最も外にある電子殻が順次大きくなるので，原子の大きさ（原子半径）は上から下に向かって大きくなります．同一周期の場合は，右にいくにつれ核電荷が大きくなるため，右にいくほど原子は小さくなっていきます（図3.16）．

イオンの大きさを測る尺度がイオン半径です．イオン結晶での核間距離を

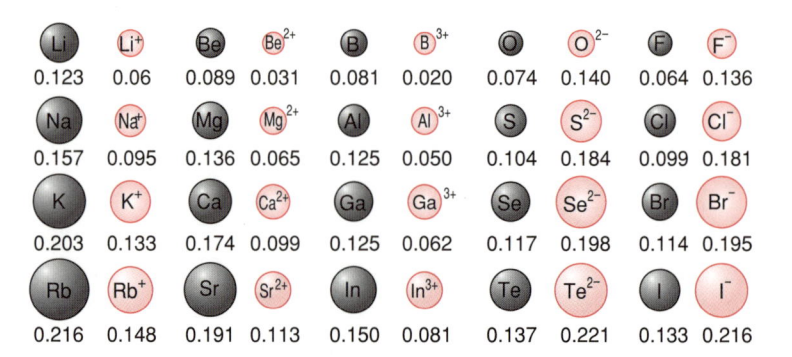

Li	Li⁺	Be	Be²⁺	B	B³⁺	O	O²⁻	F	F⁻
0.123	0.06	0.089	0.031	0.081	0.020	0.074	0.140	0.064	0.136
Na	Na⁺	Mg	Mg²⁺	Al	Al³⁺	S	S²⁻	Cl	Cl⁻
0.157	0.095	0.136	0.065	0.125	0.050	0.104	0.184	0.099	0.181
K	K⁺	Ca	Ca²⁺	Ga	Ga³⁺	Se	Se²⁻	Br	Br⁻
0.203	0.133	0.174	0.099	0.125	0.062	0.117	0.198	0.114	0.195
Rb	Rb⁺	Sr	Sr²⁺	In	In³⁺	Te	Te²⁻	I	I⁻
0.216	0.148	0.191	0.113	0.150	0.081	0.137	0.221	0.133	0.216

図3.16　原子半径とイオン半径（単位：nm）

実測し，それを陽イオンと陰イオンの半径の和とするように定義されています．同一の族では，原子半径と同様に，上から下にいくにつれイオン半径も大きくなります．同一周期では，陰イオンの方が電子殻を一つ多くもつため，陰イオンの半径は陽イオンの半径より大きくなります．同じ電子配置のイオンでは，原子番号が大きい元素のイオンの方が核電荷が大きいため，イオン半径は小さくなります．

章末問題

1. 次の各事項または用語について簡潔に説明しなさい．
   (1) イオン化ポテンシャル　(2) 格子エネルギー　(3) 電気陰性度　(4) 物質波　(5) フントの規則
   (6) 主量子数

2. 次の各元素の電子配置と元素記号を示しなさい．
   (1) ヨウ素　(2) 炭素　(3) ケイ素　(4) リン　(5) カリウム

3. 次の各組の元素でイオン化エネルギーの小さい方を選びなさい．
   (1) Li と Be　(2) F と Ne　(3) Ne と Ar　(4) Rb と Cs　(5) Al と Si

4. Xe の電子配置を書き，Xe と同数の電子をもつイオンを三つ挙げなさい．

5. 原子番号118番の元素が存在するとすれば，どんな性質の元素と考えられるか．

6. 次の元素またはイオンの電子配置を示しなさい．
   (1) Ne　(2) K^+　(3) Al^{3+}　(4) Cl^-　(5) Ge

7. 周期表に現れる元素記号のなか一つ目の文字として最もよく使われているアルファベットはなにか．また，一つ目にそのアルファベットが使われている元素をすべて抜きだし，①典型元素，②遷移元素，③ランタニド元素，④アクチニド元素に分類し，同時にその元素記号と電子配置を書きなさい．

8. 図3.13を参照しながら，次の各設問に答えなさい．
   (1) 周期表の第一〜第三周期において，同一周期内で比較するとグラフが右肩上がりの傾向にあるのはなぜか．
   (2) 第 n 周期から第 $n+1$ 周期に移るときに，イオン化エネルギーが急激に下がるのはなぜか．
   (3) N → O，P → S のところで，イオン化エネルギーが小さくなっているのはなぜか．

9. ナトリウムのイオン化エネルギーは $495\,\mathrm{kJ\,mol^{-1}}$ と求められている．気体状のナトリウム原子をイオン化するのに $600\,\mathrm{nm}$ の波長の光で充分かどうか答えよ．

10. 波長 $400\,\mathrm{nm}$ の電磁波の光子1個あたりのエネルギーをJおよびeVの単位で計算しなさい．また，1モルあたりのエネルギー(kJ)も計算しなさい．

11. 式(3.24)を利用して，水素の1s電子の存在確率が最大になるのは，$r = a_0$(ボーア半径)のところであることを証明しなさい．

12. 1万ボルトで加速された電子に伴う物質波の波長を求めなさい．

13. プランク定数(h)の次元と角運動量(mvr)の次元が同じであることを示しなさい．

14. ビタミンAは5個の共役二重結合をもっている．一次元の自由電子模型を用いて，ビタミンAの吸収波長を求めなさい．ただし，$l = 1.1\,\mathrm{nm}$ とする．

15. ボーアモデルでは核を固定して電子の運動のみを考慮したが，核も運動していることを計算に入れると，エネルギーレベルは何%変化すると考えられるか．

※解答は，化学同人ウェブサイトに掲載．

4章 原子が手をむすべば
── 化学結合と分子 ──

"経験はつねにただの半分しか経験ではない"
ゲーテ（ドイツの詩人：1749～1832）

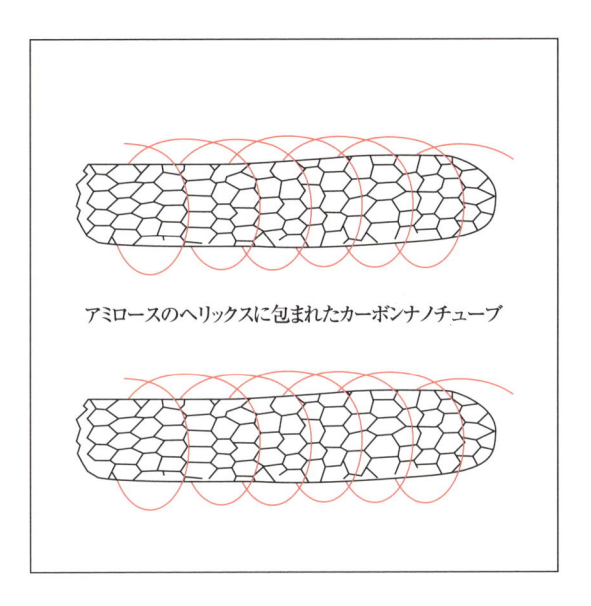

アミロースのヘリックスに包まれたカーボンナノチューブ

　私たちの周りには実にさまざまな物質があふれています．これらの物質は原子やイオンが結合してできているわけですが，それでは原子やイオンはどのように結合しているのでしょうか？　そもそも原子はなぜほかの原子と結合をつくることができるのでしょうか？　原子はプラスの電荷をもった原子核と，マイナスの電荷をもった電子で構成されています．二つの原子が接近したときには一番外側の電子どうしのクーロン斥力が最初に働くはずですから，原子どうしは反発してもおかしくないのではないかと思えてきます．もちろんこの考えは誤りで，実際は原子と原子が結合し，多様な物質を形成しています．実は，この結合は，原子核のプラス電荷，電子のマイナス電荷，そして原子の電子配置が微妙に絡みあって生まれます．原子核の周りの電子が，原子核からのクーロン引力とほかの電子からのクーロン斥力のバランスをとりながら，最も安定なエネルギー状態に落ち着いた結果が，原子どうしの結合です．その際，元の原子がどのような電子配置をもっていたかによって，結合をつくる電子の安定状態も変化します．また，原子の種類によって核電荷や電子数や電子配置が異なるので，原子どうしの結合のし方も変わります．その結果，原子の種類と数によって，非常に多くの物質が形成され，きわめて多様な性質が生まれるのです．

　物質の構成粒子は原子，イオン，分子などさまざまです．これらの構成粒子を結びつけているのが化学結合です．また，分子はいくつかの原子が結びついてできていますが，この原子を結びつけているのも化学結合です．結合のし方は物質ごとに微妙に異なるのですが，そのパターンはイオン結合，共有結合，配位結合，金属結合，水素結合などに分類することができます．

　化学結合の主役は電子であり，その電子の運動は量子力学で支配されています．多少難しい話もでてきますが，物質のなかで電子がどのような状態をとり，その結果どのような結合が生みだされるのか，さらに物質の構造や性質が電子状態によってどのように説明できるのか，化学結合を通じて学んでいきましょう．

4.1 原子と原子の結合

分子の形成

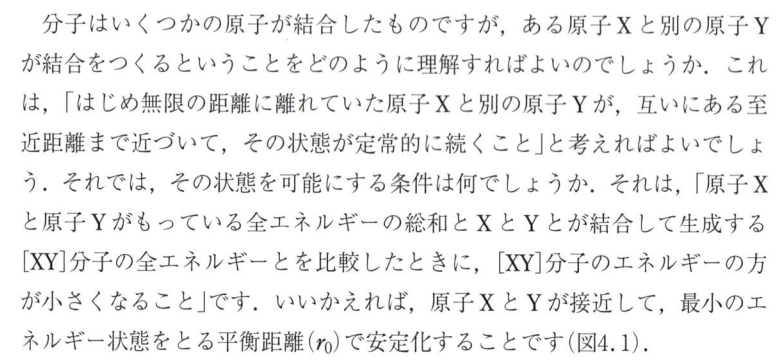

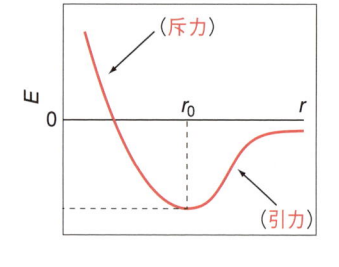

分子はいくつかの原子が結合したものですが，ある原子Xと別の原子Yが結合をつくるということをどのように理解すればよいのでしょうか．これは，「はじめ無限の距離に離れていた原子Xと別の原子Yが，互いにある至近距離まで近づいて，その状態が定常的に続くこと」と考えればよいでしょう．それでは，その状態を可能にする条件は何でしょうか．それは，「原子Xと原子Yがもっている全エネルギーの総和とXとYとが結合して生成する[XY]分子の全エネルギーとを比較したときに，[XY]分子のエネルギーの方が小さくなること」です．いいかえれば，原子XとYが接近して，最小のエネルギー状態をとる平衡距離(r_0)で安定化することです(図4.1)．

図 4.1 原子間距離とエネルギー

18世紀から19世紀のはじめにかけては，化学結合論の主流は，スウェーデンのベルセリウス(1779～1848)を中心とした電気化学的二元論でした．正の電荷をもった粒子と負の電荷をもった粒子がクーロン力で引きあうというイオン的な結合は，直感的にもきわめて理解しやすいものでした．水素分子や酸素分子といえば，現在では誰も二原子分子であることを疑わないでしょうが，その当時は，同じ原子どうしが結合するという考え方自体がなかなか受け入れられませんでした．ですから，1章でも紹介したように，「アボガドロの分子仮説」が40年近くも理解されず放置されていたのです．20世紀のはじめ頃になってようやく，G. N. ルイス(米：1875～1946)が希ガスの電子配置に注目して，「オクテット則」という定性的ですがわかりやすい考え方を提案しました(1916年)．しかし，共有結合を理解するためには，最終的には量子力学の力を借りなければならなかったのです．以上のような背景を頭にいれながら，順を追って「原子と原子の手のむすび方」について学んでいきましょう．

イオン結合

閉殻構造をもつHe, Ne, Arなどの希ガス元素は不活性できわめて安定ですから，ほかの原子も同様の電子配置をもてば安定化するであろうと考えるのは，ごく自然な発想でしょう．たとえば，ナトリウム原子は，最外殻(3s)にある価電子を追いだせば，ネオンと同じ電子配置をもつイオン(Na^+：$1s^2 2s^2 2p^6$)になって安定化するだろうと考えるわけです．ナトリウムのイオン化反応は吸熱的ですから，ナトリウムをイオン化させるには外部からエネルギーを加えてやらねばなりません．すなわち，ナトリウム原子がイオン化するためには，$495.8 \text{ kJ mol}^{-1}$のエネルギーが必要ということです．

$$Na = Na^+ + e^- \quad -495.8 \text{ kJ} \tag{4.1}$$

一方，最外殻(3s, 3p)に7個の電子をもつ塩素原子の場合，7個の電子を

4.1 原子と原子の結合

$$A\cdot + \cdot B \longrightarrow A^+ + :B^-$$

$$_{11}Na + _{17}Cl \longrightarrow Na^+ + Cl^-$$

[$1s^2 2s^2 2p^6 3s^1$] [$1s^2 2s^2 2p^6 3s^2 3p^5$] [Ne:$1s^2 2s^2 2p^6 3s^0$] [Ar:$1s^2 2s^2 2p^6 3s^2 3p^6$]

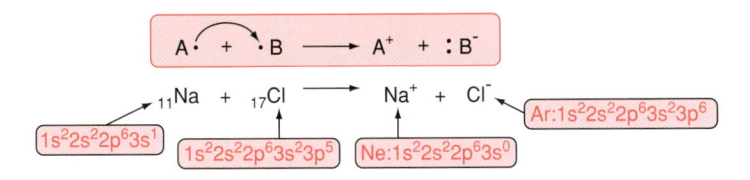

図 4.2 塩化ナトリウムの電子配置

追いだしてネオンの電子配置をとるよりも，1個の電子を受け取ってアルゴンの電子配置をもった1価の陰イオン(Cl^- : $1s^2 2s^2 2p^6 3s^2 3p^6$)になったほうが，はるかにエネルギーが少なくてすむだろうと考えられます．塩素原子は電子親和力が大きく，電子1個を受け取ることにより349.0 kJ mol^{-1}のエネルギーを放出します(発熱反応)．これを式で示せば次のようになります．

$$Cl + e^- = Cl^- + 349.0\,kJ \tag{4.2}$$

さて，式(4.1)と式(4.2)を加算してみましょう．ナトリウムと塩素が反応するためには，146.8 kJ mol^{-1}のエネルギーを加えなければならないという式がでてきます．

$$Na + Cl = Na^+Cl^- - 146.8\,kJ$$

ところが，実際のNaClの生成熱は次のような発熱反応なのです．

$$Na + Cl = Na^+Cl^- + 411.2\,kJ \tag{4.3}$$

この実験事実と上記の考察との差は，どこにその原因があるのでしょうか．ナトリウム原子が1個の電子を失い，塩素原子がその1個の電子を受け取ることにより，両原子が希ガスの電子配置をとることが安定化の原因であるという単純な考え方では，まだなにかが足りないのです．固体のナトリウムを塩素ガス中で加熱すると激しい発熱反応が起きて塩化ナトリウムの結晶が生成するのですが，この反応は，以下のような一連の五つの反応(ボルン・ハーバーサイクルという)から成り立っているのです．図4.3はそのボルン・ハーバーサイクルの概念図です．

(1)～(3)は吸熱的で，(4)は発熱的です．式(4.3)からもわかるように，反応全体は大きな発熱反応ですから，(5)は発熱的になります．それは，次のような計算からもわかります．

$$S + \frac{1}{2}D + I + E + U = -411.2\,kJ\,mol^{-1}$$

それぞれのエネルギーを代入して

(注) S, D, I, E, Uについては次ページのマージン部分を参照．

4章　原子が手をむすべば

図 4.3　NaCl のボルン・ハーバーサイクル

(1) 固体状のナトリウムが気体状のナトリウムに変化する段階
$$Na(s) \longrightarrow Na(g)$$
S(昇華熱) $= 108.8 \text{ kJ mol}^{-1}$

(2) 気体状の塩素分子が気体状の塩素原子に解離する段階
$$(1/2)Cl_2(g) \longrightarrow Cl(g)$$
D(塩素分子の解離熱)
$= 239.2 \text{ kJ mol}^{-1}$

(3) 気体状のナトリウム分子が気体状のナトリウムにイオン化
$$Na(g) \longrightarrow Na^+ + e^-$$
I(イオン化エネルギー)
$= 495.8 \text{ kJ mol}^{-1}$

(4) 気体状の塩素原子が気体状の塩化物イオンに変化する段階
$$Cl(g) + e^- \longrightarrow Cl^-$$
E(電子親和力)
$= -349.0 \text{ kJ mol}^{-1}$

(5) 両イオンから $Na^+Cl^-(s)$ が生成する段階
$$Na^+(g) + Cl^-(g)$$
$$\longrightarrow Na^+Cl^-$$
U(格子エネルギー) $= ?$

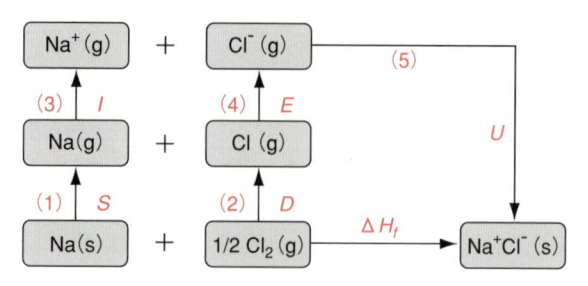

(S：昇華熱，D：解離熱，I：イオン化エネルギー，E：電子親和力，U：格子エネルギー)

$$108.8 + 119.6 + 495.8 + (-349.0) + U = -411.2$$
$$\therefore \quad U = -786.4 \text{ kJ mol}^{-1}$$

となり，大きな値がえられます．格子エネルギー(U)とは，バラバラのナトリウムイオンと塩化物イオンが多数会合して，規則正しいイオンの結晶格子(クラスター)をつくるときに放出されるエネルギーのことです．結晶中では Na^+ と Cl^- は互いにクーロン引力で引きあって結合していますが，三次元配列のイオン結晶をつくるときは，引力ばかりでなく斥力も働いてきます(図4.4)．したがって，格子エネルギーは，多数のイオンの斥力項と引力項をすべて合計したものに相当します．

　図4.3に示した NaCl 生成のプロセスをエネルギーの相関関係から簡略的に眺めれば，図4.5のようになります．ナトリウム原子と塩素原子をバラバラのイオンにするには相当なエネルギーを必要としますが，結晶構造をつくって安定化するときに大きな格子エネルギーがえられるために，反応全体は発熱となるのです．

共有結合

　水素分子(H_2)，窒素分子(N_2)，酸素分子(O_2)のような二原子分子や，そ

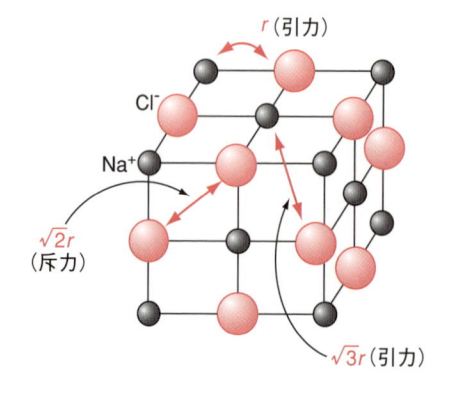

図 4.4　NaCl 結晶内に働くクーロン力

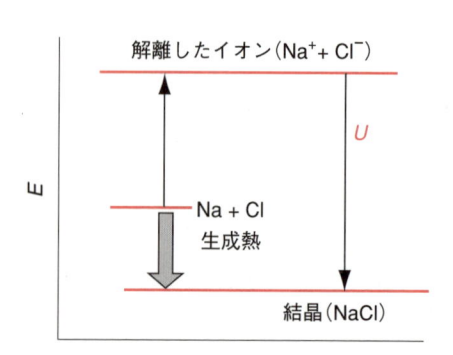

図 4.5　NaCl 生成の模式図

の他多くの有機化合物中の原子間の結合を，上記のようなイオン結合で説明することはできません．もっとも簡単な水素分子について考えてみましょう．2個の水素原子のうちの1個が電子を失って水素の陽イオン(H^+：プロトン)に，もう1個が電子を受けとって水素の陰イオン(H^-：ハイドライドイオン)になり，両者がイオン結合で結ばれると考えるのは，明らかに矛盾した考え方で無理があります．まったく同一の二つの原子が，一方は陽イオンに，もう一方は陰イオンに同時になるという根拠がないからです．先にも紹介したように，20世紀のはじめまでは，二原子分子という概念そのものが否定されていたのです．しかし，現実には水素分子は安定に存在しているわけですから，二つの水素原子が接近して分子を形成するということは，結局二つの原子間の引力が斥力よりも大きくなっていることを意味しています．このような水素分子の結合の安定性を理解するためには，最終的には量子力学の力を借りねばならなくなります．まずはその前に，ルイスの考えた「オクテット則」を学習しておきましょう．これは，共有結合に対する，定性的ではありますが直感的にわかりやすい考え方です．ルイスの考え方の基本的な根拠は，希ガス原子の最外殻の電子配置にあります．希ガス原子(18族)の最外殻の電子配置は，ns^2np^6 でした．一番外側の軌道は8個の電子で満たされています．希ガス原子は非常に安定ですから，それと同じ電子配置になれば安定化するだろうと考えたわけです．2個の原子が互いに電子を1個ずつだしあって共有電子対をつくり，この共通電子対を2個の原子が共有することによって安定な結合をつくるという考え方です(図4.6)．

水素分子 H_2 の場合は，2個の水素原子がそれぞれ1個ずつ電子をだしあって共有電子対を1組つくり，みかけ上は最外殻に電子が2個ある状態，つまり $1s^2$ のヘリウムの電子配置(閉殻構造)をとることにより安定化します．このように，共有電子対を共有することによって分子全体として安定化するわけです．互いに足りないところを補いあって，共存共栄しましょうというのが共有結合の精神です．構造式では，共有電子対1組を1本の価標(−)で書き表します．よって，水素分子の構造式は H−H と示されます．

水分子(H_2O)の場合も同様で，H原子とO原子のの結合では，H原子とO原子がそれぞれ1個ずつ電子をだしあって共有電子対をつくり，それを共有しています．2個のH原子はどちらもO原子から電子を1個借りてきて，みかけ上は最外殻が $1s^2$ の電子配置(閉殻)をとり，安定しています．一方，O

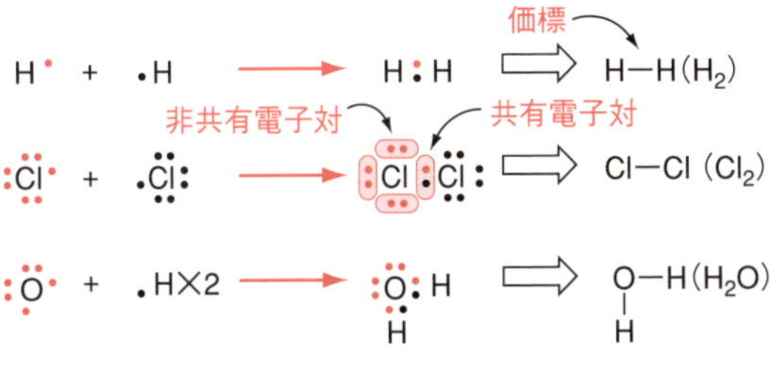

オクテット

もともとは音楽の「八重奏」を表す言葉．オクトはギリシャ語で「8」の意味．

図 4.6 ルイスの点電子式

原子は2個のH原子から1個ずつ合計2個の電子を借りて，最外殻が8個の電子，すなわち，$2s^2 2p^6$ の閉殻構造とり，やはり安定化しています．電子の貸し借りによって，みかけ上，HはHeと同じ電子配置，OはNeと同じ電子配置になるので，水分子全体として安定化しているわけです．結局，水分子では2本のO－H共有結合ができます．なお，O原子の最外殻にある電子のうち，共有結合に関与しない残りの4個の電子は2個ずつペアを組んで2組の電子対になっていますが，これらは原子間で共有されずに孤立したままです．このような電子対を非共有電子対または孤立電子対といいます．

H_2 や H_2O では，原子はそれぞれ一対(2個)の電子からなる共有結合で結ばれていました．この結合を単結合と呼びます．原子は複数の電子対を共有することもできます．たとえば，二酸化炭素(CO_2)は，中心の炭素原子が左右の酸素原子と2対(4個)の電子を共有しています．2個の酸素原子はどちらも炭素原子から電子を2個借りてきて，みかけ上は最外殻が $2s^2 2p^6$ の閉殻構造をとり，安定しています．一方，炭素原子は2個の酸素原子から2個ずつ合計4個の電子を借りて，最外殻が $2s^2 2p^6$ の閉殻構造とり，やはり安定しています．OとCの間では2組の共有電子対が共有されているので，この結合を二重結合と呼びます．したがって，二酸化炭素の構造式はO＝C＝Oのようになります．

さらに，窒素やアセチレン(H－C≡C－H)のような分子では，3組の共有電子対が共有されており，これを三重結合と呼びます(図4.7)．

ほかの原子との間に共有電子対をつくるために，ある原子が供出できる不対電子の数を原子価といいます．原子価は原子からでている手(これを結合手といいます)の数を表しており，構造式中の価標の数と同じです．

各原子がほかの原子に供出できる不対電子の数は，3章で学んだ原子の基底状態の電子配置からだけでは説明できません．たとえば，ベリリウムや炭素の電子配置を見てみると，ベリリウムの基底状態では不対電子は0ですし，炭素の場合は不対電子は2個しかありません．

しかし，実際にはベリリウムの原子価は2であり，炭素の原子価は4です．これは，後で説明しますが，軌道の混成という概念から説明されます．第三周期のP, S, Clなどではd軌道も利用できるようになりますので，複数の原子価をとることが可能です．P原子は3価と5価が，S原子は2価と4価

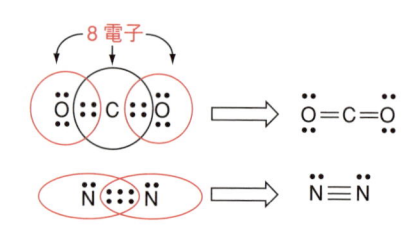

図4.7　点電子式で示された多重結合

と6価が，Cl原子は1価，3価，5価，7価が可能です．

【例題4.1】 オクテット則に従わない共有結合分子も多数存在する．次の化合物において，中心に位置する原子の共有電子対がいくつあるか数えなさい．
 (1) $BeCl_2$　　(2) BF_3　　(3) PCl_5　　(4) SF_6

金属結合

　周期表の元素のなかで，非金属元素は約20%程度しか存在しません．大部分は金属元素で占められています．これら金属はどのような結合様式で巨大な分子を形成しているのでしょうか．たとえば，金属リチウムの場合を考えてみましょう．リチウム原子は2s軌道に1個の電子をもっていますが，Li_2, Li_3, …, Li_n と原子が集合してくると，図4.8のように，多くの2s軌道の一次結合からなる分子軌道が密につまったエネルギーバンドをつくります．結合性軌道に収容されている電子と空のバンドとのエネルギー差は非常に小さいため，結合性軌道にある電子はわずかなエネルギーを与えられただけで金属内を自由に動きまわることができます．いいかえれば，それぞれの分子軌道は金属全体に広がっており，その軌道にある電子は金属全体に存在確率をもっています．このような電子を自由電子といい，この自由電子による金属内の結合を金属結合と呼んでいます．それではベリリウム金属の場合はどうでしょうか．二原子分子のベリリウム(Be_2)は存在しないのですが，金属ベリリウムそのものは確かに存在しています．ベリリウムに限らず，2族のアルカリ土類金属では，最外殻の電子配置は ns^2 ですから，結合性および反結合性軌道は完全に満たされ，結合が形成されないように思われます．実際には np 軌道からなる np バンドの下部と ns バンドの上部との間に重なりが生じるため，ns バンドが完全に満たされる前に np バンドへ流入し，安定な金属結合をつくると解釈されています(図4.8)．金属結合の特徴は結合に方向性のないことで，金属の展性や延性という性質に関係しています．金属結合は，

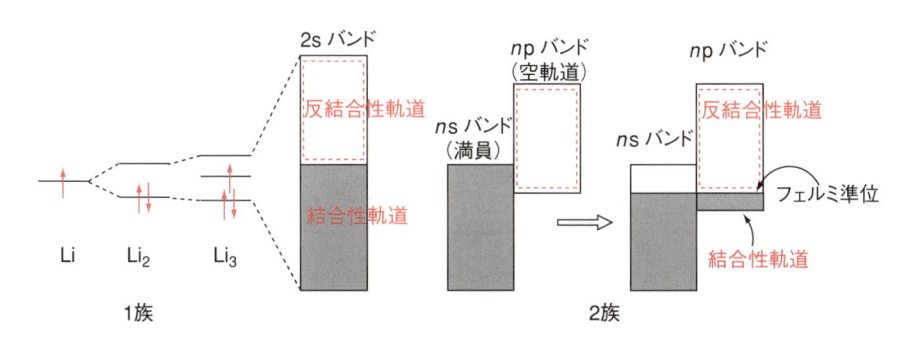

図 4.8　1族，2族元素の金属結合の模式図

結局非局在化した電子(自由電子)と正イオンとの相互作用によるものですから、一般に、結合に関与する電子数が多いほど結合エネルギーは大きくなっています。たとえば、第三周期の Na, Mg, Al の結合エネルギーを比べると、順に107, 145, 327 kJ mol^{-1} となっています。ただし、水銀(Hg)の結合エネルギーは小さく、65 kJ mol^{-1} しかありません。これは、水銀の最外殻の電子配置は5d^{10}6s^2 と閉殻構造になっており、結合に関与する電子を提供しにくいためであると考えられます。

半導体，絶縁体

固体は、電気伝導度の観点から分類すると、電気伝導体、半導体、絶縁体に分けられます。この違いは、図4.9に示されるように、電子状態のバンド構造に由来します。

金属のような電気伝導体は、伝導帯電子がすぐ上の空のバンドへ移動しやすいために電気の良導体になります。絶縁体は、下のバンドに電子がぎっしり詰まっていて身動きできないだけでなく、上にある空のバンドとの間に大きなギャップ(6 eV 程度)があり、上のバンドに電子が飛び移ることができないため電流が流れないのです。

真性半導体は、下のバンドが電子で詰まっているのは絶縁体と同じですが、上の空のバンドとのギャップが小さく、ごくわずかなエネルギーで電子が上のバンドに飛び移り、電気伝導性を示します。

一方、真性半導体に電子受容性の不純物(価電子がたりないホウ素など)をわずかに添加すると、下のバンドのすぐ上に不純物準位ができます。下のバンドの電子は不純物準位に容易に飛び移ることができ、下のバンドに電子の抜け跡(正孔＝ホール)が多数できます。その影響によって正孔の周りの電子が集団で動くので、正孔はみかけ上プラスの電荷をもった電子のようにふるまい、電気伝導性に寄与します。プラスの電荷(positive charge)をもった正孔が電流を運ぶので、こういった物質は p 型半導体と呼ばれています。

また、真性半導体に電子供与性の不純物(ヒ素など)を添加すると、上のバ

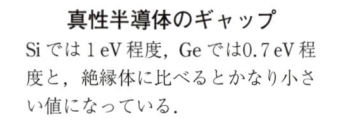

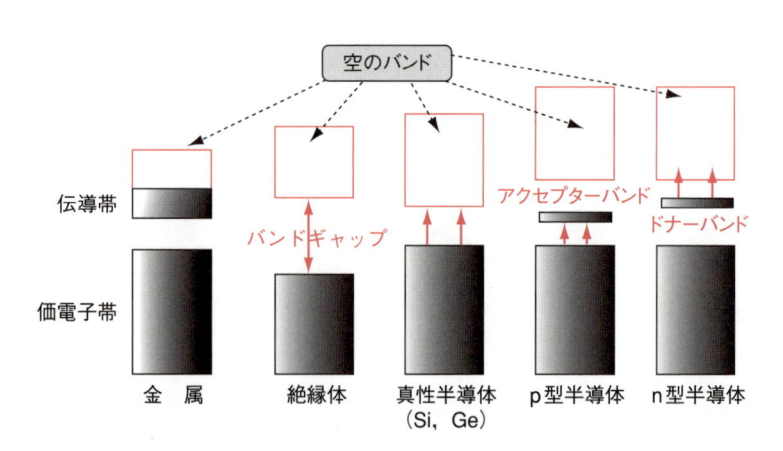

真性半導体のギャップ
Si では1 eV 程度、Ge では0.7 eV 程度と、絶縁体に比べるとかなり小さい値になっている。

図 4.9 バンド構造の模式図

ンドのすぐ下に不純物準位ができ，余分な電子がここに収まります．この不純物準位の電子は，上のバンドに容易に飛び移ることができます．この場合は，電気伝導に寄与するのはマイナスの電荷(negative charge)をもった電子なので，n 型半導体と呼ばれています．

4.2 分子の形を理解する

VSEPR 法

共有結合に対するルイスの考え方には限界がありますが，直観的で定性的な理解には大いに役立ちますし，VSEPR 理論や混成(ハイブリッド)理論，さらには共鳴(レゾナンス)理論という概念に発展していきます．この項では，難しい数式を使わなくてもその分子構造をある程度予測できる方法であるVSEPR 法を学習することにしましょう．分子の中心に位置する原子の回りにある電子対の数がわかれば，それらの電子対の間の反発が最小になるような構造を考えることが基本です．「百聞は一見にしかず」ですから，まずは具体例を見ていきましょう．

VSEPR
Valence Shell Electron Pair Repulsion. 日本語では，原子価殻電子対反発．

《例1：電子対が2組または3組の場合》

水素化ベリリウム(BeH_2)はベリリウムの価電子が2個で，2個の水素から供出された2個の電子と結合しているので，2組の電子対からなっています．この電子対の反発が最小になる配置のしかたは，電子対が180°離れた直

(a) 電子対：2

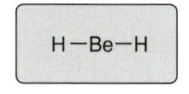

H—Be—H

(b) 電子対：3

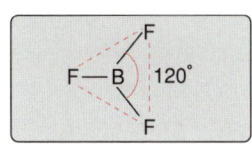

F—B, 120°, F, F

(c) 電子対：4

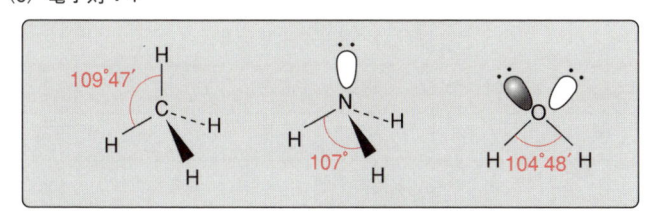

109°47′ C(H,H,H,H)   N(H,H,H) 107°   O(H,H) 104°48′

(d) 電子対：5

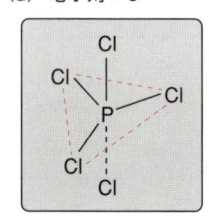

PCl (Cl,Cl,Cl,Cl,Cl)

(e) 電子対：6

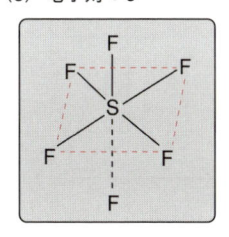

SF (F,F,F,F,F,F)

図 4.10 電子対と分子の形

(注) このタイプに属する化合物にも折れ曲がった構造をもつものがある.

線型しかありません(図4.10a). このタイプの化合物には BeF_2, $MgCl_2$, $CaCl_2$ などが知られています(注).

電子対が3組の分子の代表例としては, 三フッ化ホウ素(BF_3)が挙げられます. 各電子対は同一平面上で120°離れています(図4.10b).

《例2：電子対が4組の場合》

三原子分子以上になると, 結合角が問題になってきます. その分子が直線なのか, 曲がっているのか, あるいは平面なのかということです. 身近な化合物として, 水(H_2O), アンモニア(NH_3), メタン(CH_4)を例にとってみましょう. 図4.6で見たように, 水分子中の酸素原子の回りには全部で8個の電子, すなわち4組の電子対が存在します. アンモニア分子中の窒素原子の回りにも, 同様に8個の電子があり, やはり4組の電子対があります. メタン分子中の炭素原子についても同様です. 4組の電子対が反発しあって互いに離れようとする場合, 各電子対は正四面体の頂点にあるような位置に落ち着くのが最も合理的と考えられます(図4.10c). もしそうだとすると, 結合角は109°47′になるはずですが, そうなっているのはメタンだけです. 実際には, 水分子の結合角は104°48′, アンモニアの結合角は107°です. 水分子において, 酸素分子の非共有電子対どうしの反発は, 結合電子対どうしの反発よりも大きいと考えれば水分子の結合角について説明が可能です. 一般的には, 電子対どうしの反発の大きさは, 次のような順番になっています.

非共有電子対↔非共有電子対＞非共有電子対↔結合電子対
＞結合電子対↔結合電子対

《例3：電子対が5組または6組の場合》

五塩化リン(PCl_5)の場合, 中心に位置する原子の回りには10個の電子(5個はリン原子から, 残りの5個は塩素原子から)があります. 5組の電子対

表4.1　VSEPRモデル

結合の数	電子対の数	電子対分布の形	結合角	混成軌道
2	2	直線状	180°	sp
3	3	三角平面	120°	sp^2
2	4	正四面体	109°47′	sp^3
3	4	正四面体	109°47′	sp^3
4	4	正四面体	109°47′	sp^3
5	5	三角両錐	180°, 120°, 90°	dsp^3
6	6	八面体	180°, 90°	d^2sp^3
7	7	五角両錐	180°, 90°, 72°	d^3sp^3

4.2 分子の形を理解する

をなるべく離すように配置すると三角両錐になりますが，結合角がすべて等しくなるような配置の方法はありません（図4.10d）．

六フッ化硫黄（SF_6）の場合は，6組の電子対があり，この場合は図4.10(e)のように四角両錐（八面体）が考えられます．

以上のように，VSEPR理論は，中心に位置する原子の電子対の総数に着目して，それらの電子対間の反発をできるだけ小さくするような配置のしかたを考察するもので，単純で実践的です．しかしながら，分子の形と軌道との関係や原子のエネルギーレベルとの関係については何も述べていませんし，二重結合や三重結合をもつ分子には適用できません．ですから，多重結合をもつ分子も含めて，直感的に構造が予測できるような理論が必要になってきます．その理論としては，まず「原子価結合法」が，次に「分子軌道法」が登場します．いずれも量子力学に根拠をおいてはいますが，前者は共有結合を原子軌道どうしの重なりに重点をおいて考えているのに対し，後者は個々の原子の軌道よりも分子全体の軌道，すなわち「分子軌道」に重点をおいた考え方です．それでは，原子価結合法における原子軌道の重なりをどのように理解したらよいでしょうか．それは，図4.11に示すように，原子軌道上の電子のスピンの向きが互いに逆平行（↑↓：**一重項状態**）になるということです．スピンの向きが平行（↑↑：**三重項状態**）であるとスピンとスピンの反発が生じて共有結合が出来ないと理解しておきましょう．

水素分子の共有結合を **H：H** と表現していたものを，原子価結合法では **H↑↓H** として理解することになります．3原子分子以上の場合も同様ですが，直線なのか折れ曲がっているのかなど，実際の分子の形を説明するためには原子軌道の混成という概念が以下必要になってきます．

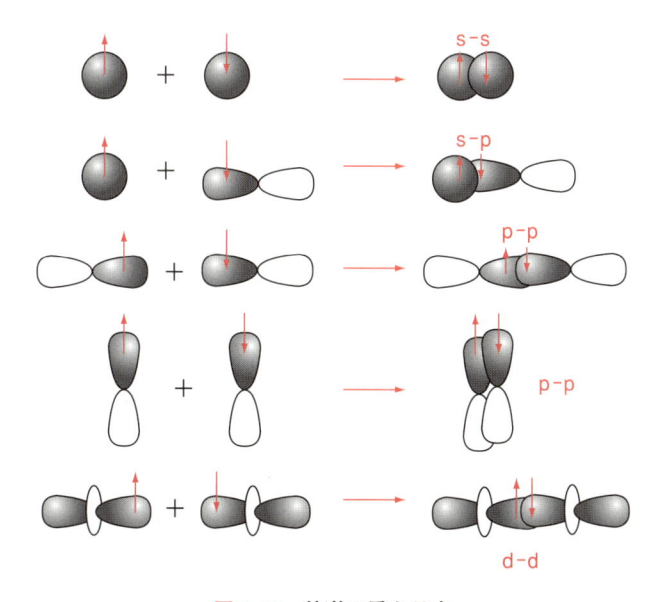

図 4.11 軌道の重なり方

【例題4.2】 Xeは希ガス原子(最外殻の電子配置：$5s^2 5p^6$)ですが，いくつかの安定な固体化合物(XeF_2, XeF_4, XeF_6)をつくります．このうちのXeF_2(融点：140℃)について，どのような電子状態で結合をつくり，どんな構造をもつのか予測しなさい．

混成軌道

ベリリウムの電子配置は$1s^2 2s^2$です．軌道は満員で不対電子はありませんから，このままでは結合がつくれません．いったい，どのようにして化合物をつくっているのでしょうか．BeH_2を例に見てみましょう．ベリリウム原子が水素原子2個と共有結合をつくるためには，2s軌道の電子1個を2p軌道にもち上げて(エネルギーが必要)，手(原子価)を2個に増やして(不対電子を2個にして)やればよさそうです．しかし，そうすると直線分子であることの説明がうまくいきません．そこで考えだされたのがsp混成軌道なのです．2p軌道の一つをx軸方向の$2p_x$軌道にとって，この軌道と2s軌道が重なりあえば，x方向に伸びた直線形のsp混成軌道ができ，この等価な軌道と水素原子の1s軌道が重なり，H–Be–Hという直線分子が生成すると考え

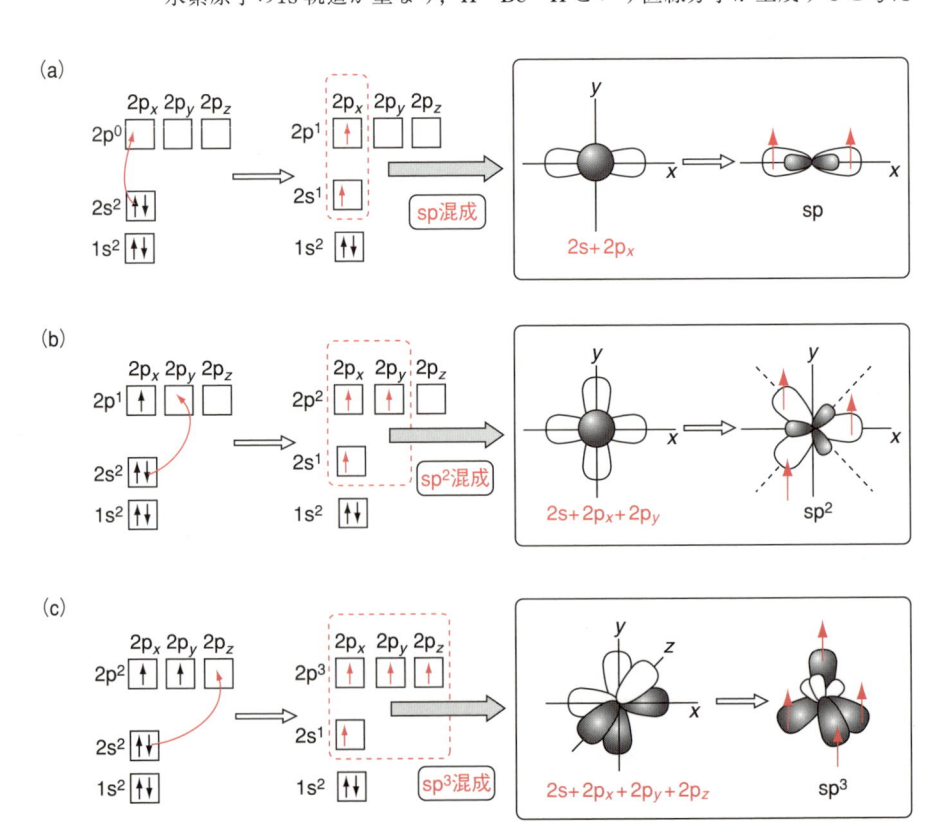

図4.12 電子の励起と混成軌道

たのです(図4.12a).

次はBF₃を見てみましょう.ホウ素の電子配置は$1s^22s^22p^1$ですから,原子価を3に広げるためには,ベリリウムと同様に,電子をもち上げればよさそうです.図4.12(b)のように2s軌道の電子1個を2p軌道にもち上げて励起させ,s軌道1個とp軌道2個を混成して均等なsp^2混成軌道をつくっています.このため,BF₃は三角平面型の分子となっています.

続いて,CH₄を例に見てみましょう.炭素の原子軌道は$1s^22s^22p^2$ですから,原子価は2のように見えます.CH₂(カルベン)型の不安定な化合物も存在しますが,通常はメタン分子のように安定な4価の化合物をつくります.炭素の場合も,やはり2s軌道の電子1個を2p軌道に励起してから,s軌道1個とp軌道3個を混成することにより,sp^3という正四面体型の軌道をつくり上げています(図4.12c).

以上の例のほかには,たとえばd軌道が関与した場合は,図4.13のように三角両錐型や八面体型の軌道をつくります.

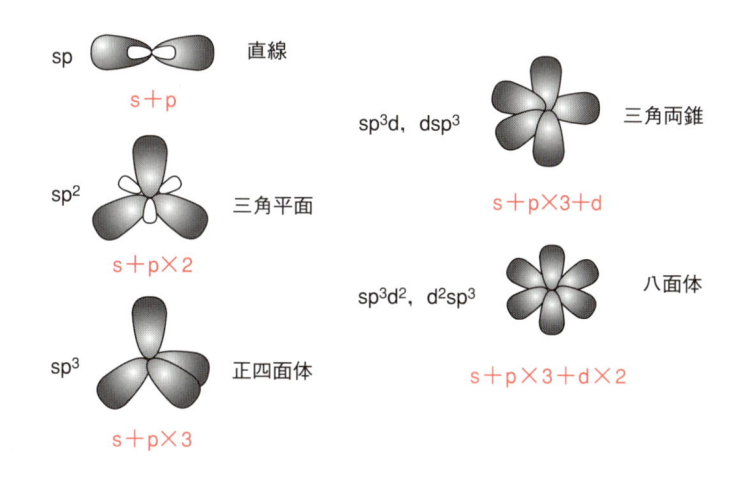

励 起
電子を上の軌道にもち上げることを「励起させる」という.

図4.13 混成軌道の種類

分子軌道法

共有結合に対するルイスの考え方の基本は,原子と原子が互いに電子をだしあって電子対を共有することにありました.この考え方の根拠は,化学的に非常に安定な希ガス元素の最外殻の電子配置にあり,イオン結合や共有結合の直観的で定性的な理解には大いに役立ちました.しかしながら,共有電子対を共有すればなぜ安定な結合になるのかという説明がありませんし,一つの電子を二つの原子が共有したり,二つの電子を三つの原子が共有する場合もあり,化学結合はそれほど単純には説明できないのです.ルイスの時代は電子を粒子としてとらえる考え方が主流でしたが,現代では電子のふるまいを波動としてとらえる量子力学の考え方に変わってきたのです.原子の軌道が互いに重なりあって新しい軌道がつくられ,その結果安定な結合ができるという考え方です.この軌道を分子軌道と呼びます.

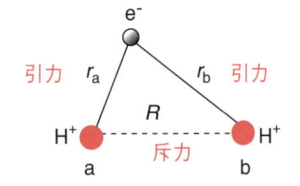

図4.14 H$_2^+$中に働くクーロン力

早速，分子内の結合の様子を量子力学を使って調べてみましょう．最も簡単な，2個の水素原子と1個の電子からなる水素分子イオン H$_2^+$ から始めます．図4.14のように，この分子のなかには $+e$ の電荷をもつ水素の原子核が2個と，$-e$ の電荷をもつ電子が1個あります．原子核にはa，bと番号をつけておきます．陽子の質量は電子の約1800倍もありますので，原子核は止まっているとして電子の動きのみを考えます（ボルン・オッペンハイマー近似）．このとき，水素分子イオンに対するシュレーディンガーの波動方程式は次のように書けます．

$$-\frac{\hbar^2}{2m_e}\nabla^2\Psi - \frac{e^2}{4\pi\varepsilon_0}\left(\frac{1}{r_a}+\frac{1}{r_b}-\frac{1}{R}\right)\Psi = E\Psi \quad \left(\hbar=\frac{h}{2\pi}\right) \quad (4.4)$$

ここで，r_a，r_b は電子と原子核との距離を，R は水素原子核間の距離を，m_e は電子の質量を表します．$-(\hbar^2/2m_e)\nabla^2\varphi$ は電子の運動エネルギーを，$1/r_a + 1/r_b$ は原子核と電子との間のクーロン引力ポテンシャルを，$-1/R$ は核どうしのクーロン斥力ポテンシャルを表しています．シュレーディンガー方程式を解くと，エネルギー E と波動関数 Ψ が求まります．

簡単な近似では原子の波動関数の線形結合を用いて分子の波動関数を表すことが可能です．たとえば水素分子の場合は，2個の水素原子の1s原子軌道（ϕ_{1sa} と ϕ_{1sb}）を利用して，次のように2個の分子軌道を組み立てます．

$$\Psi_1 = N(\phi_{1sa} + \phi_{1sb}) \quad (4.5)$$
$$\Psi_2 = N(\phi_{1sa} - \phi_{1sb}) \quad (4.6)$$

2個の原子軌道からは2個の分子軌道（同位相：Ψ_1 と反位相：Ψ_2）ができます．Ψ_1 のように結合をつくるのに都合の良い（位相があっている）波動関数を結合性軌道，Ψ_2 のように電子が反発しあって結合をつくらない（位相があわない）波動関数を反結合性軌道と呼んでいます（図4.16）．結合性軌道 Ψ_1 を用いて計算された水素分子のポテンシャル曲線は，図4.15の E_a のように極小値が現れますから，電子を共有している感じがわかると思います．一方，反結合性軌道 Ψ_2 を用いた場合は，図4.15の E_b のように核間距離が小さくなるにつれて発散し，結合はつくりえないことが納得できると思います．

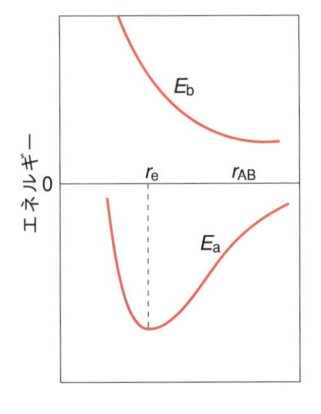

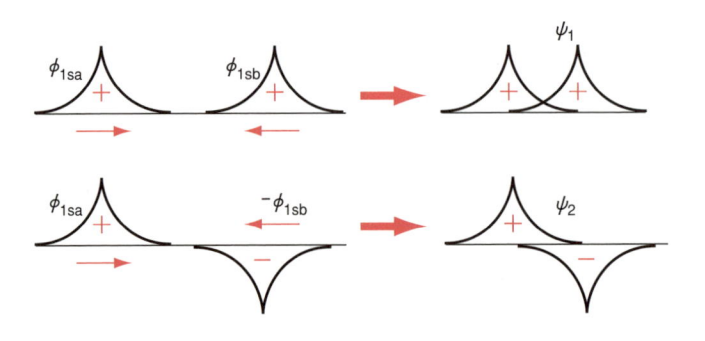

図4.15 H$_2$分子のポテンシャル曲線

図4.16 結合性軌道と反結合性軌道

σ結合とπ結合

反結合性軌道の波動関数 Ψ_2 は，結合性軌道の波動関数 Ψ_1 よりも高いエネルギー状態にあります．もともとのH原子の1s軌道のエネルギーに比べて，Ψ_1 のエネルギーは低く，Ψ_2 のエネルギーは高くなっています（図4.16）．それぞれの波動関数は2個まで電子を収容できるので，水素分子では Ψ_1 に電子が2個入っておしまいです．これは，2個の水素原子がバラバラな状態よりも，結合して分子を形成した方がエネルギー的に低くなり安定することを意味します．この安定化エネルギーのことを，結合解離エネルギーと呼び，水素分子の場合は1 molあたり432 kJと見積もられています．

図4.17には種々の原子軌道から生じる分子軌道のパターンが示されています．(a)～(c)では，生じた分子軌道が結合軸に沿って円筒状に広がりをもっています．このように結合軸のまわりの回転に対して対称になっている分子軌道をσ軌道と呼び，結合性軌道の方をσ，反結合性軌道の方をσ*と書きます．また，σ軌道によって生じた結合をσ結合といいます．これに対し(d)の場合は，結合軸に垂直な2個の2p原子軌道が側面どうしで重なりあって，結合軸の上下に広がる分子軌道を形成します．このような分子軌道をπ軌道と呼び，結合性軌道をπ，反結合性軌道をπ*で表し，π軌道によって生じた結合をπ結合といいます．一般にπ結合はσ結合に比べて重なりが小さく，弱い結合になります．

構成原子の最外殻にある価電子だけを考えると，同様にほかの分子の結合が簡明に議論できます．同種の原子からなる等核二原子分子の場合は，分子軌道のエネルギーの順序は一般に図4.18のようになり，下のエネルギー準位から順に電子を詰めていくと，それぞれの分子の電子配置がえられます．た

(a) 1s + 1s

(b) 2s + 2p（結合軸に平行）

(c) 2p + 2p（結合軸に平行）

(d) 2p + 2p（結合軸に垂直）

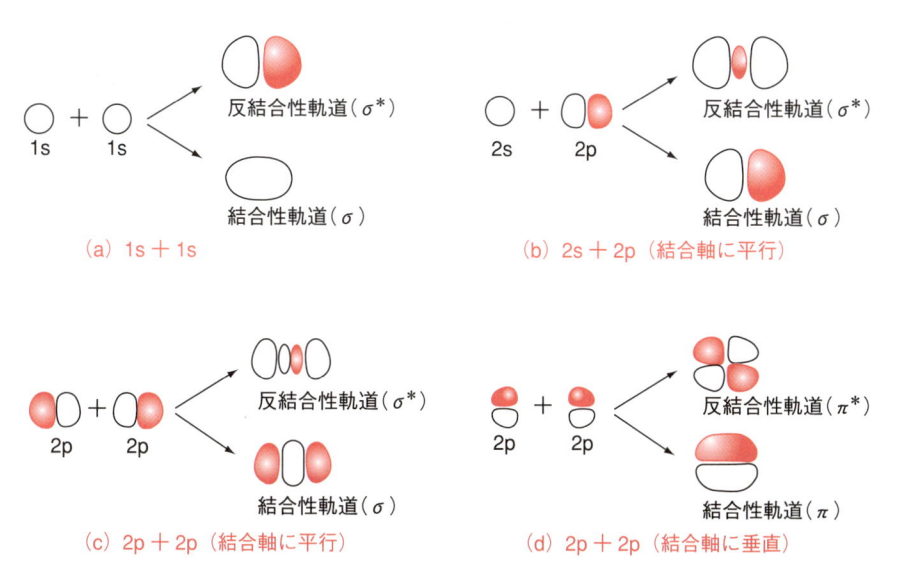

図 4.17　原子軌道と分子軌道

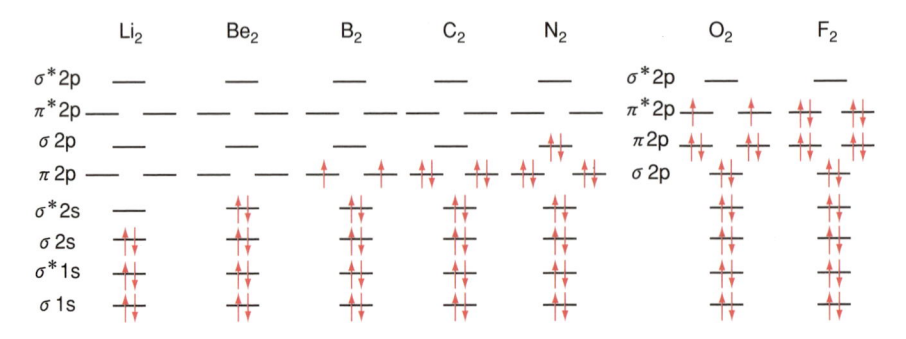

図 4.18 等核二原子分子の電子配置

だし, 分子軌道のエネルギーの順序は同一というわけではなく, 酸素分子以降では, エネルギーが近接した2s軌道の影響で, σ_{2p} と π_{2p} の順序が逆転しています.

同種の原子どうしの結合

最も簡単な分子(H_2^+)から見ていきます(図4.19). H原子の1s軌道とH^+の1s軌道が接近して新しい2個の分子軌道(結合性軌道のσ_{1s}と反結合性のσ^*_{1s})が形成されます. 水素原子の電子が1s原子軌道よりエネルギーの低い結合性のσ_{1s}分子軌道に収容されると, その差に相当する結合エネルギーを獲得できるため, (H_2^+)分子は存在しうると考えられます. 実際に, H_2^+は 269 kJ mol^{-1} の結合エネルギーをもっています. 同様の考え方は水素分子にも当てはめられ, 結合エネルギーはさらに大きくなります.

一方, ヘリウム原子どうしが結合して二原子分子をつくることができるかどうか考えてみましょう.

ヘリウム原子はもともと1s軌道に2個の電子をもっているわけですから, もし分子をつくるとすれば, 合計4個の電子を二つの分子軌道に分配しなければなりません. 一つの軌道には2個までしか電子を分配できませんから, 安定な結合性分子軌道に2個と不安定な反結合性分子軌道に2個の電子を分配せざるをえません. そうすると, 安定な軌道に入ることにより獲得するエ

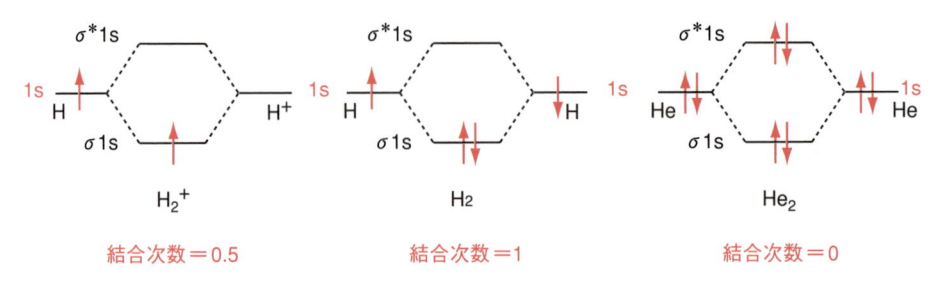

図 4.19 H_2^+, H_2, He_2 の電子配置

ネルギーと同じだけのエネルギーを，不安定な軌道に入ることにより失うことになり，差し引きした結合エネルギーは0になってしまいます．よって，He_2のような分子は存在しえないことになります．同様に，図4.18に記されている分子のなかでは，Be_2という分子も存在しえないことがわかるでしょう．

以上のような考察から，どの分子は存在可能でどの分子は存在不可能かを予測できます．図4.19や表4.2に書かれている結合次数というのは，結合性軌道にある電子数から反結合性軌道にある電子数を引き，それを2で割った値を示しています．結合次数1というのは，電子2個分に相当するので単結合です．同様に，次数2の酸素分子は二重結合，次数3の窒素分子は三重結合ということになります．

表4.2 二原子分子の電子配置と性質

二原子分子	結合電子数	反結合電子数	磁性	結合次数	結合の名称	結合距離(pm)	結合エネルギー (kJ mol^{-1})
H_2^+	1	0	常磁性	0.5	半結合	106	268
H_2	2	0	反磁性	1	単結合	74	432
He_2	2	2		0			
Li_2	2	0	反磁性	1	単結合	267	101
Be_2	2	2		0			
B_2	2	0	常磁性	1	単結合	159	291
C_2	4	0	反磁性	2	二重結合	124	590
N_2^+	5	0	反磁性	2.5	2.5重結合	112	840
N_2	6	0	反磁性	3	三重結合	110	942
O_2	6	2	常磁性	2	二重結合	121	494
O_2^-	6	3	常磁性	1.5	1.5重結合	135	395
F_2	6	4	反磁性	1	単結合	141	155

異なる原子どうしの結合

異なる原子どうしの結合の場合も，基本的には同じ考え方で分子軌道を組み立てます．ここで，原子Aの原子軌道をϕ_A，原子Bの原子軌道をϕ_Bとすると，結合性の分子軌道は

$$\phi_1 = C_1\phi_A + C_2\phi_B = C_1\left(\phi_A + \frac{C_2}{C_1}\phi_B\right)$$

と書けます．しかし，各原子の原子軌道のエネルギーは異なりますのでC_1

$\neq C_2$ ですから，この結合は分極していることになります．$C_1 > C_2$ なら原子Aの方に電子が引きつけられていることを意味しています．いいかえれば，電子Aの電気陰性度が原子Bより大きいことを示しており，このような分子は極性をもっています．この極性の大小を決める尺度のことを「双極子モーメント」といいます．たとえば，塩化水素分子HClでは，HよりもClのほうが電気陰性度が大きいため，共有電子対はCl側にかなり引き寄せられます．その結果，Cl原子は相対的にマイナスの電荷を，H原子はプラスの電荷を帯びることになります．双極子モーメントは，分子内に電荷の偏りδがあるとき，電荷間の距離ベクトルをrとして，$\mu = \delta r$で定義され，単位はD (Debye単位：$1D = 10^{-18}$ esu cm $= 3.33564 \times 10^{-30}$ C m)が用いられます．表4.3には代表的な異核分子の双極子モーメントの値を示してあります．CO_2分子では共有電子対がわずかにO原子側に引き寄せられ，O原子は－の電荷を帯び，C原子は＋の電荷を帯びることになりますが，分子は直線形で分子全体では無極性なので，双極子モーメントは0になります．メタン分子(CH_4)の場合も対称的な正四面体構造をとっているので，やはり電荷の偏りは打ち消され双極子モーメントは0になります．一方，H_2O分子はH－O－Hの角度が105°の折れ線型になっているため，＋の電荷の重心と－の電荷の重心がずれて極性をもちます．アンモニア分子(NH_3)も同様に極性分子になります．原子間の電気陰性度の差だけではなく，分子の形も極性か無極性かを決める要因になります．

表4.3 各種異核分子の双極子モーメント

分子	μ/D
HF	1.83
HCl	1.11
HBr	0.83
HI	0.45
CO	0.11
CO_2	0
SO_2	1.63
HCN	2.99
H_2O	1.85
H_2S	0.98
NH_3	1.47
CH_4	0

配位共有結合

いままで説明してきた共有結合は，二つの原子からそれぞれ1個ずつの電子が供出され，これら2個の電子を二つの原子で共有するというかたちでした．しかし，2個の電子が一方の原子からのみ供給され，その電子を二つの原子が共有する結合形式もあり，それを配位共有結合と呼びます．この結合は，一方の原子の電子対を含む原子軌道とほかの原子の空の軌道との一次結合によってより低いエネルギー状態の分子軌道がつくられ，この軌道に2個の電子が入って安定化するというものです．電子対を供給する側の原子をドナーと呼び，電子対を受け取る側の原子をアクセプターと呼びます．ドナーのエネルギーレベルがアクセプター側より高い場合と低い場合がありますが，いずれの場合も，より安定な結合性分子軌道に電子が収まって結合を形成する点は同じです(図4.20)．

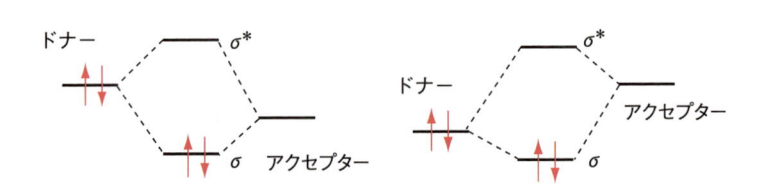

図 4.20 配位共有結合

4.2 分子の形を理解する　81

一般に，非共有電子対をもつ分子（あるいはイオン）は空の軌道をもつプロトンや金属イオンと配位結合を形成しやすい傾向にあります．とくに，不完全電子殻をもつ遷移金属イオンは，特徴的な色を示す多様な錯体をつくります．金属イオンに配位する原子団やイオンまたは分子を配位子（リガンド）といい，原子の種類や酸化数によって，結合する配位子の数はほぼ決まっています．配位子の構造のなかに電子対を供与できる原子団が2個以上ある場合，金属と環（キレート）を形成することがあり，生じた化合物のことをキレート

不完全電子殻

d-ブロックやf-ブロックの遷移元素は内殻の軌道（d軌道やf軌道）に電子が完全に満たされる前に，外殻のs軌道に電子が満たされていく元素が多い．d軌道なら10個，f軌道なら14個の電子が収容できるが，それが満たされていない電子殻を不完全電子殻という．

表4.4　錯体の代表例

配位数	混成軌道	分子構造	錯体の具体例	関与する軌道
2	sp	直線型	$[Ag(NH_3)_2]^+$	5s, 5p
4	dsp^2	平面四角型（正方形型）	$[Ni(CN)_4]^{2-}$ $[PtCl_4]^{2-}$	3d, 4s, 4p
4	sp^3	正四面体型	$[Zn(NH_3)_4]^{2+}$	4s, 4p
5	dsp^3	三角両錐型	$Fe(CO)_5$	3d, 4s, 4p
6	sp^3d^2	八面体型	$[Ni(NH_3)_6]^{2+}$ $[Co(NH_3)_6]^{3+}$ $[Fe(H_2O)_6]^{3+}$ （高スピン錯体）	4s, 4p, 3d
6	d^2sp^3	八面体型	$[Fe(CN)_6]^{3-}$（低スピン錯体）	3d, 4s, 4p

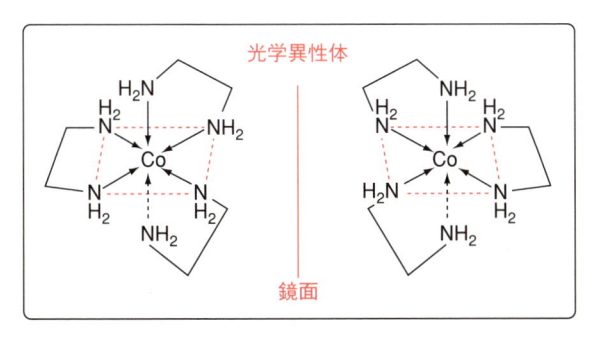

図4.21　錯体の異性体

シスプラチン

1845年にはすでに合成されており、120年後の1965年に抗がん作用をもつことが発見されてから一躍有名になった錯体。塩化物イオンがDNAのグアニン窒素と入れ替わって、新たな4配位錯体を形成するため、DNAの複製を阻害するといわれている。

カーボプラチン

化合物と呼びます。ここでは、配位数と分子構造および関与する混成軌道の表をつくって、種々の錯体の具体例を整理しておきましょう。

錯体のなかには、興味深いことに、分子式は同じでも構造の異なる異性体が存在します。図4.21のように、構造異性体と立体異性体（幾何異性体と光学異性体）に分類されます。このなかで、プラチナの錯体であるシスプラチン[cis-Pt(NH$_3$)$_2$Cl$_2$]はユニークな抗癌剤として有名ですが、副作用が強くその改良誘導体（カーボプラチン）がつくられています。

4.3 分子と分子の結合

ファンデルワールス力

常温・常圧で気体である水素、酸素、二酸化炭素などの分子も、単独の原子で安定に存在している希ガス類も、冷却や圧縮によって液体になったり固体になったりします。これは分子や希ガス原子の間に弱い引力が働いて凝集するからです。この弱い引力のことを一般にファンデルワールス力と呼んでいます。電気的に中性な分子や希ガス原子にファンデルワールス力が働く原因は原子や分子内の電子の"ゆらぎ"と考えられており、次の三つ相互作用に分類されます（図4.22）。

① 双極子―双極子相互作用（永久双極子をもつ分子間の相互作用：配向力）
② 双極子―誘起双極子相互作用（永久双極子をもつ分子ともたない分子間の相互作用：誘起力）
③ 誘起双極子―誘起双極子相互作用（双極子モーメントをもたない分子間に働く力：分散力）

分子間に働くファンデルワールス引力は、その力によるポテンシャルエネルギーのかたちで表され距離の6乗（r^6）に反比例します。水素分子の結合エネルギーが432 kJ mol^{-1}であるのに対して、アルゴン分子間の引力は1 kJ mol^{-1}程度ですからいかに弱い結合であるかがわかるでしょう。

ファンデルワールス力によって分子が弱く結合してできた結晶を分子性結晶といいます。二酸化炭素の固体であるドライアイス、防虫剤に使われるナフタレンやパラジクロロベンゼンなどがこれにあたります。ファンデルワールス力は非常に弱いため、分子結晶は軟らかく、融点・沸点も一般に低くなります。

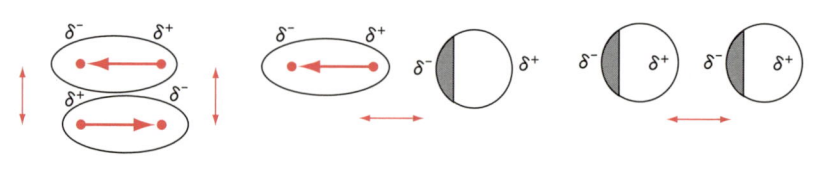

双極子-双極子相互作用　　双極子-誘起双極子相互作用　　誘起双極子-誘起双極子相互作用

図4.22 電子の相互作用

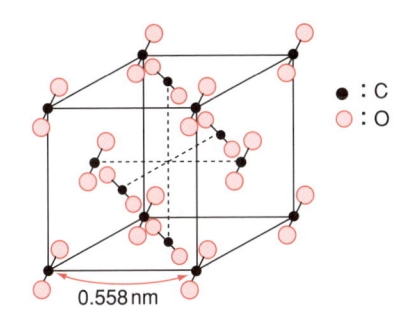

図 4.23 分子性結晶

水素結合

電気陰性度がとくに大きい O，N，F などの元素と H を含む分子どうしが，水素原子を間に挟むかたち（Y⋯H−X）でファンデルワールス力によって結合する場合，比較的強い結合になることがあります．ファンデルワールス力のなかでも双極子—双極子相互作用が強いこのような結合を水素結合と呼んでいます．たとえば，水 H_2O やフッ化水素 HF は図4.24のような水素結合をつくります（点線が水素結合）．このような分子では，電気陰性度の大きな O や F があるため極性が大きく，したがってファンデルワールス力が強まります．さらに，この極性によって電子を O や F に奪われかけた H が，隣の分子の O や F にある非共有電子対に向かって配位結合する傾向がでてきます．このため，水素結合は分子間力による結合と配位結合の中間の性質をもつことになります．水素結合の強さはほかのファンデルワールス力の10倍程度，共有結合の1/10程度です．したがって，水素結合をもつ分子は，類似化合物に比べるとかなり高い沸点・融点をもちます．たとえば水分子は，同じ16族（酸素族）の化合物のなかでは，沸点と融点が異常に高く異質な化合物といえます．15族のアンモニアや17族のフッ化水素にも同様のことがいえます．

図 4.24 水素結合

また氷の結晶では，水素結合によって水分子がピラミッド状に並び，ダイヤモンドと似た結晶構造をとります．この結果，氷の結晶内では隙間が多くなり，固体の方が液体よりも密度が小さくなります．水分子は，一般的傾向とは逆の特異な性質をもっているのです．硫化水素分子（H_2S：融点-86℃）が金属の亜鉛やマグネシウムのように六方最密構造（6章参照）をとるのと好対照です．

水素結合はタンパク質やDNA分子の立体構造に深く関与し，生命現象ではきわめて重要な役割を果たしています．代表的な水素結合（分子間および分子内）の例を図4.24に示しましたが，これ以外にもさまざまなタイプの水素結合がありますので，表4.5にまとめておきます．

表4.5 水素結合のタイプとその結合エネルギーの大きさ

水素結合のタイプ (X—H ⋯ Y)	結合エネルギー ($kJ\ mol^{-1}$)	具体例
F—H ⋯ F	29.3	HF
O—H ⋯ Cl	20.9	o-クロロフェノール
O—H ⋯ N	29.3	ROH ⋯ ピリジン
O—H ⋯ O	18.0〜25.1	ROH ⋯ HOR, H_2O, RCOOH
N—H ⋯ O	9.6〜21.5	$CH_3CONHCH_3$（アセトアミド），核酸塩基
N—H ⋯ N	14.1〜18.4	CH_3NH_2, NH_3, 核酸塩基
C—H ⋯ N	10.9	HCN ⋯ HCN
O—H ⋯ π	8.4〜16.8	ROH ⋯ C=C
O—H ⋯ S	13.3	PhOH ⋯ $(C_2H_5)S_2$
S—H ⋯ O	12.6	$(CH_3)_2CO$ ⋯ HSPh
S—H ⋯ N	13.3	Pyridine ⋯ HSR
S—H ⋯ S	3.0〜4.2	RSH ⋯ SR_2

セミナー〈5〉

21世紀の黒いダイヤ
——カーボンナノチューブ——

　炭素といえば，まず何を思い浮かべるでしょうか．鉛筆の芯でしょうか，それとも木炭でしょうか．炭素は，身近にどこにでもある物質ですが，最近にわかに脚光をあびてきました．炭素原子がほかの原子と結合して多種多彩な化合物を形成することは有機化合物の種類の多さからもわかります．ところが最近では，炭素原子どうしが結合して実に多様な興味深い物質をつくることが次つぎと明らかになってきました．もともと炭素の同素体としては，グラファイト(黒鉛)やダイヤモンドが古くから知られていました．ところが，1985年にサッカーボールによく似た C_{60}(バックミンスターフラーレン)がクロトーとスモーリーによって発見されるや，その類縁体でより炭素数の多い C_{70}, C_{76}, C_{78}, C_{80}, C_{90}, C_{96} が続々と発見されました．どのフラーレンも五員環と六員環からなるカゴ型化合物です．さらに1991年には，そのフラーレンのなかに金属が取り込まれた「メタロフラーレン(M_xC_{60}, M は Na, K, Rb, Cs, La, Sc など)」が発見され，その超伝導性が従来の有機超伝導体の臨界温度を大幅に超えていることが判明したのです．また，同じ年に日本の飯島澄男博士がフラーレンを一次元に伸ばしたような「カーボンナノチューブ」を発見していますし，ナノチューブの一端が開いた構造の「カーボンナノホーン」や途中で太さが変化する七員環をもつカーボンナノチューブも発見されました．これらの電気的および磁気的な物性は非常に興味深く，今後どのような発見がなされるか目のはなせない非常に刺激的な分野が切り開かれつつあります．

　フラーレンやカーボンナノチューブは，グラファイトと同様にすべての炭素が sp^2 混成軌道をとっており，基本的にはベンゼンと同様 π 電子で結ばれているのですが，フラーレンは球状構造のため完全な π 結合ではありません．ですから，通常の二重結合と同様に化学反応性は高く，種々の誘導体がつくられています．カーボンナノチューブは二次元状のグラファイトがのり巻き構造になったものです．直径は 0.7～1.6 nm とさまざまであり，ナノスケールの分子デバイスとしての応用が期待されています．

炭素の同素体

	グラファイト(a)	ダイヤモンド(b)	フラーレン(c)	メタロフラーレン(d)	カーボンナノチューブ(e)
金属性	○				○(アームチェアー型)
半導体性		○	○		○(ジグザグ型)
超伝導性		○		○	○

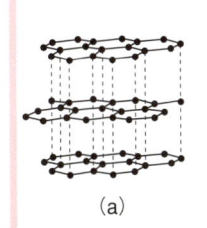

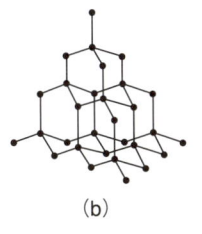

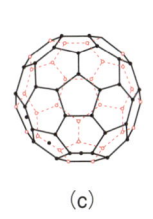

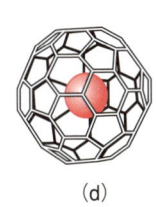

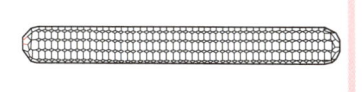

図 4.25　炭素の同素体

章末問題

1. ルイスのオクテット則に従って次の化合物の点電子式を書き，非共有電子対の数を答えなさい．また，極性をもつものを選びなさい．
   (1) メタン CH_4 (2) 二酸化炭素 CO_2 (3) 水 H_2O (4) 窒素 N_2 (5) フッ化水素 HF
   (6) メタノール CH_3OH (7) ホルムアルデヒド $HCHO$

2. 硫黄と塩素はさまざまな割合で種々の化合物を生成する．VSEPR 理論から，次の分子の形を予想しなさい．
   (1) S_2Cl_2 (2) SCl_2 (3) SCl_4

3. $[Rh(Py)_3Cl_3]$ で表される錯体（八面体型）の幾何異性体は何種類可能か（Py はピリジンの略号）．

4. LiH と CO の双極子モーメントはそれぞれ 1.964×10^{-29}，0.37×10^{-30} C m で，結合距離はそれぞれ 159.6，112.8 pm である．イオン結合性はそれぞれ何％に相当するか求めなさい．

5. N_2 分子は反磁性，O_2 分子は常磁性である．このことから，NO 分子が反磁性か常磁性かを判断しなさい．

6. 1,2-ジクロロエチレンには二つの異性体が存在する．一方は極性があり，他方は無極性である．それぞれの立体構造を示し，どちらの沸点が高いかも答えなさい．

7. モースは二原子分子の（断熱）ポテンシャルエネルギー E を，原子核間距離 r の関数として表す実験式を提案した（モースポテンシャル）．

   $$E(r) = D\{e^{-2a(r-r_0)} - 2e^{-a(r-r_0)}\}$$

   ただし，D, a, r_0 は分子に固有な定数である．この式を使って，次の問に答えなさい．
   (1) $dE/dr = 0$ から平衡原子核間距離を求めなさい．
   (2) 結合エネルギー（バラバラの原子状態のエネルギーと，平衡原子核間距離におけるポテンシャルエネルギーの差）を求めなさい．
   (3) ポテンシャルエネルギー $E(r)$ の曲線グラフを描き，図4.1と比較しなさい．

8. 次に示す平均結合エネルギーを用いて，次の反応の反応熱（ΔH）を求めなさい．
   C－C：348，C－H：414，Cl－Cl：242，C－Cl：327，H－Cl：431（単位は kJ mol^{-1}）
   $$C_2H_6 + Cl_2 \longrightarrow C_2H_5Cl + HCl$$

9. C－C 単結合の長さは 1.54 nm である，プロパン（C_3H_8）の両端の炭素間の距離を求めなさい．

10. O_2^+，O_2，O_2^-，O_2^{2-} の電子配置を書き，それぞれの結合次数を計算しなさい．また，この結果から，これらの物質の結合距離と結合エネルギーの大小を予想しなさい．

11. CO 分子と N_2 分子の価電子数はともに 10 なので，CO 分子のエネルギー構造は，N_2 分子と同じであると仮定して，CO 分子の電子配置および結合次数を求めなさい．

12. 結合軸を x 方向にとったとき，$3d_{xy}$ 軌道と，$3s$, $3p_x$, $3p_y$, $3p_z$ の各軌道が結合をつくるか否かを説明しなさい．

13. HF 分子の価電子に対する分子軌道を考え，結合の様子を説明しなさい（結合軸を z 軸にとると，H の 1s と F の $2p_x$, $2p_y$ の重なりはプラスとマイナスが相殺することに注意）．

※解答は，化学同人ウェブサイトに掲載．

5章 ミクロの世界をマクロの目で
──化学熱力学の考え方──

"一生は結構短い道のりである．私は道程の半ばにいる．
私にできるやり方で，終わりまで行きつきたい"

S. カルノー（フランスの物理学者・数学者：1796〜1832）

　原始時代においても，道具を使ったりつくったりする能力は，人類がほかの動物に対して優位にたつための重要な要素であったことでしょう．そのなかでも，火を利用する技術は，寒冷な気候に打ち勝ち，人びとの生命を守り生活を維持するために不可欠であったでしょうし，人類が原始的な状態から徐々に文明社会へと移行していくための必須の条件であったことは疑いもない事実です．

　しかし，火を動力として活用できるようになるまでには，非常な困難と時間が必要でした．やかんで水を沸騰させたときに，ふたがもちあがるような現象は，非常に古くから人びとの目にとまっていたはずです．遠くギリシャ時代にも，水を沸騰させ，その蒸気の力を利用して風車のようなものを発明した人たちがいたことは記録に残っていますが，これがワットの蒸気機関として実用的なレベルに到達するまでにはかなりの時間がかかりました．ワットが蒸気機関を開発したのは，なんと18世紀のことです．火を単に暖房や調理に利用する段階を超えて，燃焼でえられた熱をさらに動力（仕事）として有効に活用するためには，種々の技術的な難問を解決すると同時に，熱そのものに対する理解を深める必要があったのです．

　化学反応には必ず熱の出入りがあります．発熱反応もあれば吸熱反応もあります．ある物質とある物質を反応させたら，目的の生成物がえられるかどうかを知る手がかりはないものでしょうか．反応の方向性は，これから学ぶ化学熱力学が教えてくれます．船の航海には羅針盤が必要なように，化学反応では自由エネルギー変化の符号が重要になってきます．そして，この自由エネルギー変化というものを理解するには，熱や仕事，さらにエントロピーなどの基礎的な事項を少し学ぶ必要がありますが，基本的には原子や分子の集団的なふるまいをわれわれの五感に感じられるような関数（温度，圧力，体積など）におきかえて徐々に理解していけばよいのです．

5.1 熱力学第一法則とエンタルピー

状態関数

高校で物理や化学を勉強した人なら誰でも"理想気体の状態方程式"は覚えていると思いますが，この $PV = nRT$ という式を見て何を連想するでしょうか．この式は，個々の気体原子や分子の種類や微視的(ミクロ)なふるまいには関係なく，われわれの目で観測できる巨視的な性質としての体積の膨張や収縮に関する状態方程式です．この式にでてくる三つの変数〔圧力(P)，体積(V)，温度(T)〕を状態関数といいます．P，V，T のうちの二つを決めれば，残りの一つは自動的に決まり，気体の状態が指定されたことになります．状態関数には，この P，V，T のほかに，内部エネルギー(記号は E または U)，エンタルピー(H)およびエントロピー(S)，自由エネルギー(G)などがこれからでてきますが，この節では，まず内部エネルギー(E)とエンタルピー(H)から話をはじめていくことにします．上の状態方程式の例からもわかるように，状態関数には次のような特徴があります．

① いくつかの状態関数を決めると残りの状態関数は自動的に決定される．
② 状態関数の変化は始めと終わりの状態のみによって決定され，途中の経路に無関係である．

系と外界

物理現象でも化学現象でも，対象とする物質が変化を生じる領域を「系」といい，この系に外から作用する領域のことを「外界」といって区別します．ビーカーやフラスコのなかで食塩を水に溶かした系，魔法瓶にお湯が入った系などがあります．あるいは，われわれ人間を含めた生物の個体そのものも一つの系と考えることもできますし，細菌とか細胞なども一種の系ということになります．この系と外界との間で，物質と熱のやり取りがある場合とない場合をはっきり区別するために，熱力学では系を次の三つに分類します．

① **孤立系**：物質も熱も通さない境界で外界と隔てられている系
② **閉鎖系**：熱は通すが物質は通さない系
③ **開放系**：物質も熱も通す系

上記の説明を図解して示すと，図5.1のようになります．完全に断熱された魔法瓶のようなものは孤立系とみなします．地球は物質のやり取りがほと

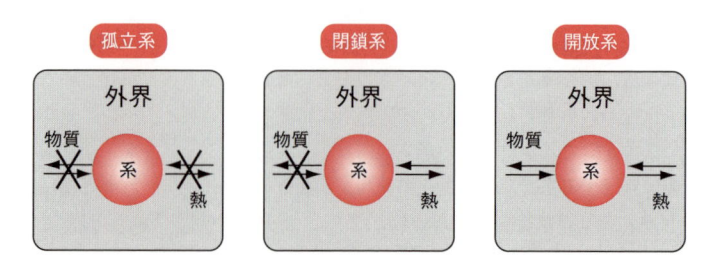

図 5.1　系の分類

んどないものと考え閉鎖系として，われわれの体や細胞は開放系として扱います．

内部エネルギーとエンタルピー変化

化学反応では，通常，系と外界との間で少なくとも熱のやりとりはあるので，閉鎖系か開放系を念頭において話を進めます．系と外界との間で交換される熱(Q)を反応熱といいますが，系が外界から熱を吸収する(吸熱反応)場合は$Q>0$とし，逆に系が外界に熱を放出する(発熱反応)場合は$Q<0$とする約束になっています．

さて，一定のエネルギー状態にある系に熱(Q)が与えられ，系が外界に対して仕事(W)をしたとすると，このときの系の内部エネルギー変化(ΔE)は式(5.1)のように表されます．

$$\Delta E = Q - W \tag{5.1}$$

仕事Wがマイナスになっているのも，熱の場合と同様，系が外界にした仕事だからです．系が外界から仕事をされたのなら，$\Delta E = Q + W$となります．式(5.1)はまた，$Q = \Delta E + W$と書き直してもよいわけですが，この式を言葉でいうと，「系が吸収した熱は，系の内部エネルギーと仕事に変化した」となります．

実は，この式(5.1)は熱力学第一法則(エネルギー保存則)そのものを表現しているのです(図5.2)．ここで，内部エネルギーというものがでてきましたが，これは分子の熱運動(並進，回転，振動など)に関係した運動エネルギーと考えておけばよいでしょう．この内部エネルギーも状態関数で，はじめと終わりの状態のみによって決まります．

さて，ある系が外界に対してする仕事のなかで，理論的に取り扱いやすいものに，気体が外圧(P)に逆らって膨張する仕事(体積変化)があげられます．このとき，仕事Wは次のように表わされます．

$$W = \int P dV \tag{5.2}$$

もし系の体積に変化がなければ，$dV = 0$ですから式(5.1)から次の式(5.3)がえられます．

$$\Delta E = Q_V \tag{5.3}$$

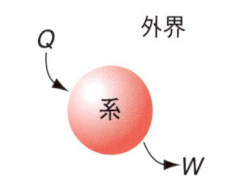

図5.2 熱力学第一法則のモデル

この熱量のことを定容反応熱といい，Q_Vで表します．この式は，「内部エネルギーの変化(ΔE)は，一定容積の下で系が吸収した熱量(Q_V)に等しい」という意味です．Q_Vの測定は困難ではありませんが，化学反応は定容積で行うよりも定圧下で行う方が多いので，新しい状態関数として，エンタルピー(H)を次のように定義します．

$$H = E + PV \tag{5.4}$$

ここで，式(5.1)と式(5.2)から

$$Q = \Delta E + P\Delta V$$

が導けます．この式に，$\Delta E = E_2 - E_1$ と $\Delta V = V_2 - V_1$ を代入して整理すると

$$Q = (E_2 - E_1) + P(V_2 - V_1) = (E_2 + PV_2) - (E_1 + PV_1)$$
$$= H_2 - H_1 = \Delta H$$

となります．すなわち，系が吸収した熱量はエンタルピー変化(ΔH)に等しいという意味になります．

次に，式(5.4)を全微分すると

$$dH = dE + PdV + VdP \tag{5.5}$$

となり，さらにこの式の両辺を積分の形に書き直すと

$$\Delta H = \Delta E + \int PdV + \int VdP \tag{5.6}$$

この式に，$\Delta E = Q - \int PdV$ の関係式を代入すると，式(5.7)がえられます．

$$\Delta H = Q + \int VdP \tag{5.7}$$

一定の圧力の下で行われる化学反応では，$dP = 0$ですから，結局，次のようになります．

$$\Delta H = Q_P \tag{5.8}$$

この熱量のことを定圧反応熱といい，Q_Pで表します．この式は「定圧下で行われる反応の反応熱は，エンタルピー変化に等しい」ということを表しています．

次に，Q_PとQ_Vの関係を導きましょう．式(5.4)から，圧力が一定のときは

$$\Delta H = \Delta E + P\Delta V$$
$$\therefore \quad Q_P = Q_V + P\Delta V \tag{5.9}$$

理想気体とみなされる気体の反応では，状態方程式から，$P\Delta V = (\Delta n)RT$ですから

$$Q_P = Q_V + (\Delta n)RT \tag{5.10}$$

この式は，多量の気体が発生したり消滅したりしない限り，Q_PとQ_Vとはほとんど差がないことを示しています．そのことは，次の例題からもわかります．

【例題5.1】 ベンゼンを25℃，1気圧下で完全燃焼させたときの燃焼熱(ΔH)は-3268 kJ mol^{-1}であった．このときの定容反応熱はいくらか．

【解】 ベンゼンの燃焼の反応式は

$$C_6H_6(液) + 7.5\,O_2(気) \longrightarrow 3H_2O(液) + 6CO_2(気)$$

この際，生成する気体と反応する気体のモル変化(Δn)は

$$\Delta n = 6(生成系) - 7.5(反応系) = -1.5$$
$$\therefore\ Q_V = Q_P - (\Delta n)RT = -3268 - (-1.5) \times (298 \times 8.31 \times 10^{-3})$$
$$\fallingdotseq -3268 + 3.7 \fallingdotseq -3264 \text{ kJ mol}^{-1}$$

ヘスの法則と反応エンタルピー

エンタルピーは一つの状態量ですから，反応の前後の状態さえ判明すれば，その反応の道筋に関係なく，反応熱(ΔH)はつねに一定の値を取ります．注目する反応が1行程で終了しようと数行程かかろうと，定温定圧下での反応熱は同じであるということを1840年に実験的に証明したのが，G. H. ヘス(露：1802～1850)でした．

簡単な例として，炭素(グラファイト)を燃焼させる反応を見てみましょう．

$$C(s) + O_2(g) \longrightarrow CO_2(g) \qquad \Delta H = -393.5 \text{ kJ mol}^{-1}$$

この反応は，次のように二段階で行うこともできます．

$$C(s) + 1/2\,O_2(g) \longrightarrow CO(g) \qquad \Delta H_1 = -110.5 \text{ kJ mol}^{-1}$$
$$CO(g) + 1/2\,O_2(g) \longrightarrow CO_2(g) \qquad \Delta H_2 = -283.0 \text{ kJ mol}^{-1}$$

このとき，$\Delta H_1 + \Delta H_2 = -110.5 + (-283.0) = -393.5 = \Delta H$となります．この「反応のエンタルピーの加成性」のことを「ヘスの法則」といいます(図5.3)．この法則の便利なところは，普通の条件下では直接実験できない反応のエンタルピーも既知のデータから容易に求められることです．たとえば，炭素の同素体であるグラファイトをダイヤモンドに変えるときの生成熱を実験的に求めようとするのは大変困難ですが，どちらも燃焼熱が求められていますので，容易に計算できます．

$$C(グラファイト) + O_2(g) \longrightarrow CO_2(g) \qquad \Delta H_1^\circ = -393.5 \text{ kJ mol}^{-1}$$
$$C(ダイヤモンド) + O_2(g) \longrightarrow CO_2(g) \qquad \Delta H_2^\circ = -395.4 \text{ kJ mol}^{-1}$$

したがって，グラファイトをダイヤモンドに変えるときの生成熱ΔH°は，グラファイトの燃焼熱からダイヤモンドの燃焼熱を引き算すれば求まります．

$$\Delta H^\circ = -393.5 - (-395.4) = 1.9 \text{ kJ mol}^{-1}$$

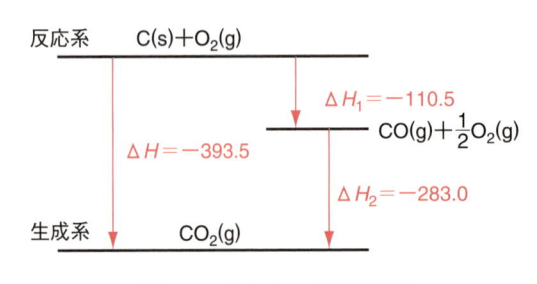

図5.3 グラファイトの燃焼

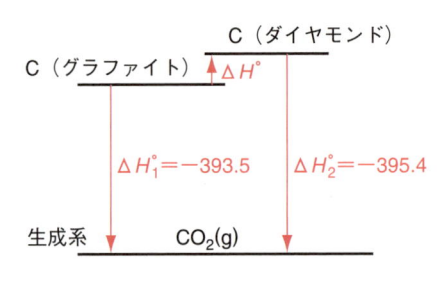

図5.4 グラファイトとダイヤモンドのエネルギー比較

ほんのわずかですが，常温常圧ではグラファイトのほうが安定なのです．これを図で表すと，図5.4のようになります．

標準生成エンタルピー

標準状態(25℃，1気圧 $= 1.01325 \times 10^5$ Pa)にある成分元素の単体から標準状態にある1 molの化合物を生じるときの生成熱のことを，標準生成エンタルピーといい，ΔH_f°で表します．単体としては，標準状態でもっとも安定なものを用い，単体のΔH_f°を0とします．たとえば，炭素ではグラファイト(黒鉛)を，硫黄では斜方硫黄を単体に選びます．具体的に塩化水素(HCl)，炭酸カルシウム($CaCO_3$)，グリシン(NH_2CH_2COOH)などについて，反応式を見てみましょう．

ΔH_f° という記号の意味
下付きのfは，英語のformation(生成)の頭文字をとったもので，上付きの°は標準状態を意味している．

$$\frac{1}{2}H_2(g) + \frac{1}{2}Cl_2(g) \longrightarrow HCl(g) \quad \Delta H_f^\circ (HCl) = -92.3 \text{ kJ mol}^{-1}$$

$$Ca(s) + C(s) + \frac{3}{2}O_2(g) \longrightarrow CaCO_3(s)$$

$$\Delta H_f^\circ (CaCO_3) = -1207 \text{ kJ mol}^{-1}$$

$$2C(グラファイト) + \frac{5}{2}H_2(g) + \frac{1}{2}N_2(g) + O_2(g)$$

$$\longrightarrow NH_2CH_2COOH$$

$$\Delta H_f^\circ (グリシン) = -537.2 \text{ kJ mol}^{-1}$$

表5.1は，代表的な無機および有機化合物の標準生成エンタルピーです．

燃焼のエンタルピー

有機化合物の場合，燃焼の標準エンタルピー(燃焼熱)は，とくに重要なデータで，たとえば1 molの炭化水素が充分な酸素と反応して二酸化炭素(気体)と水(液体)を生成するときのエンタルピー変化をいいます．日常的には，都市ガスやプロパンガスなどの燃焼熱をわれわれは利用しているわけですから，どの程度の熱量なのかある程度知っていると便利です．表5.2には比較的身近な化合物の燃焼の標準エンタルピーをまとめてあります．

表 5.1 標準生成エンタルピー (kJ mol^{-1})

化合物	ΔH_f°	化合物	ΔH_f°
$CaCO_3(s)$	-1207	$C_2H_2(g)$	228
$CaO(s)$	-635	$C_2H_4(g)$	53
$CO(g)$	-111	$C_2H_5OH(l)$	-277
$CO_2(g)$	-394	$C_2H_6(g)$	-84
$Fe_2O_3(s)$	-824	$C_3H_8(g)$	-105
$H_2O(g)$	-242	$C_6H_6(g)$	83
$H_2O(l)$	-286	$C_6H_6(l)$	49
$H_2S(g)$	-21	$CH_3COOH(l)$	-484
$HCl(g)$	-92	$CH_3OH(l)$	-239
$N_2O(g)$	82	$CH_4(g)$	-75
$Na_2CO_3(s)$	-1131	α-グルコース	-1273
$NaCl(s)$	-411	グリシン(s)	-537
$NaHCO_3(s)$	-951		
$NH_3(g)$	-46		
$NO_2(g)$	33		
$SiO_2(s)$	-910		
$SO_2(g)$	-297		
$SO_3(g)$	-396		

表 5.2 燃焼の標準エンタルピー (kJ mol^{-1})

$C(gr)^*$	-394	$CH_3COOH(l)$	-874
$CH_4(g)$	-891	$CH_3OH(l)$	-726
$C_2H_6(g)$	-1411	$C_2H_5OH(l)$	-1367
$C_3H_8(g)$	-2220	$C_6H_6(l)$	-3268
$C_5H_{12}(g)$	-3526	$H_2(g)$	-286

*gr はグラファイト

結合のエンタルピー

　分子の反応性を予想したり理解したりする際に，化学者は種々の化学結合の強さを比較することがあります．強い結合は，当然その結合を切るのに大きなエネルギーを必要とします．1 mol の AB という気体状の分子があったとして，この分子を気体状の原子に開裂するのに必要なエネルギーを，標準状態で測定した値が結合のエンタルピーです．一般に，種々の結合のエンタ

ルピーは，その結合を含む化合物の生成エンタルピーやその構成元素の結合エンタルピーなどから求めることになります．たとえば，多くの有機分子に含まれている C−H 結合を取り上げてみましょう．次の反応式（メタンの分解反応）のエンタルピー変化が求まれば，その1/4を C−H 結合のエンタルピー変化と考えればよいわけです．

$$\mathrm{CH_4(g)} \longrightarrow \mathrm{C(g)} + 4\mathrm{H(g)} \qquad \Delta H = 4\Delta H_\mathrm{b}(\mathrm{C-H})$$

水素分子の結合のエンタルピーは解離熱〔$\mathrm{H_2(g)} \rightarrow 2\mathrm{H(g)}$〕から，ガス状の炭素の生成熱は C（グラファイト）の昇華熱から求まりますから

$$\Delta H = 2 \times （水素の解離熱）+ \mathrm{C}（グラファイト）の昇華熱 - \Delta H_\mathrm{f}^\circ（メタン）$$
$$= 2 \times 436 + 717 - (-75) = 1664 \text{ kJ mol}^{-1}$$

C−H 結合のエンタルピー変化は，ΔH を4で割ればえられます．

$$\Delta H_\mathrm{b}(\mathrm{C-H}) = \frac{1664}{4} = 416 \text{ kJ mol}^{-1}$$

ここで注意しなければならないことは，この値はあくまでもメタン分子の場合で，すべての有機分子に適用できるわけではないことです．ですから，多数の有機分子の C−H 結合のエンタルピー変化を求め，それらを平均したものを用いることになります．

多くの結合のエンタルピー変化は以上のような手順で求められています．C−H 結合の平均エンタルピーは 413 kJ mol^{-1} と見積もられています．表5.3に代表的な結合のエンタルピー（平均結合エネルギー）をまとめておきましょう．表5.3の数値は多くの異なる分子からえられた平均値です．

表 5.3 結合のエンタルピー (kJ mol^{-1})

C−H	413	N−H	391
C−C	348	S−H	339
C=C	615	N−N	161
C≡C	812	N=N	418
C=O	724	N≡N	946
C−O	351	S−S	213
O=O	495	C−N	292
O−H	463	C−Cl	328
H−H	436	C−Si	313

【例題5.2】 エタノール（気体）の生成エンタルピー変化（-235 kJ mol^{-1}）と C−H，C−C，O−H の各結合エネルギーを利用して，C−O の結合エネルギーを求めなさい．

【解】 まず，エタノール（気体）の原子（気体）への解離反応の式を書くと

$$\mathrm{CH_3CH_2OH(g)} \longrightarrow 2\mathrm{C(g)} + 6\mathrm{H(g)} + \mathrm{O(g)}$$

水素の解離：$\mathrm{H_2(g)} \longrightarrow 2\mathrm{H(g)} \qquad \Delta H(\mathrm{H_2}) = 436 \text{ kJ mol}^{-1}$
酸素の解離：$\mathrm{O_2(g)} \longrightarrow 2\mathrm{O(g)} \qquad \Delta H(\mathrm{O_2}) = 495 \text{ kJ mol}^{-1}$
グラファイトの昇華：$\mathrm{C}（グラファイト）\longrightarrow \mathrm{C(g)}$
$$\Delta H(\mathrm{C}) = 717 \text{ kJ mol}^{-1}$$

また，エタノール（気体）が生成する反応は

$$2\mathrm{C(s)} + 3\mathrm{H_2(g)} + \frac{1}{2}\mathrm{O_2(g)} \longrightarrow \mathrm{CH_3CH_2OH(g)}$$

$$\Delta H_f^\circ = -235 \text{ kJ mol}^{-1}$$

したがって，エタノールの解離反応のエンタルピー変化を ΔH とすると

$$\Delta H = 2 \times 717 + 3 \times 436 + \frac{1}{2} \times 495 - (-235) = 3225 \text{ kJ mol}^{-1}$$

エタノールが完全に個々の原子に解離したとすると，五つ C−H 結合，一つの C−C 結合，一つの O−H 結合，一つの C−O 結合が解裂したことになるので，表5.3のそれぞれの結合エネルギーを ΔH から差し引くと

$$\begin{aligned}\text{C−O 結合のエネルギー} &= 3225 - 5 \times 413 - 348 - 463 \\ &= 349 \text{ kJ mol}^{-1}\end{aligned}$$

エンタルピー変化と温度の関係

同じ質量の物質の温度を 1 ℃ 上昇させるのに必要な熱量(熱容量)は，物質によって違っていることをわれわれは経験的に知っています．同じ質量の水と鉄の温度をそれぞれ10℃から20℃まで上げるのに，水は鉄の9倍以上の熱量が必要です．単位質量の物質の温度を 1 ℃(K)上昇させるのに必要な熱量のことを比熱といい，1 mol の物質の温度を 1 ℃(K)上昇させるのに必要な熱量のことをモル熱容量といいます．水の比熱は非常に大きく，約 $4.184 \text{ J g}^{-1}\text{ K}^{-1}$ ですが，水のモル質量は 18.0 g mol^{-1} ですから，水のモル熱容量は，$4.184 \times 18.0 \fallingdotseq 75.3 \text{ J mol}^{-1}\text{ K}^{-1}$ になります．物質の温度を 1 ℃ 上昇させるといっても，何℃から1℃上昇させるかによって熱容量の値は違ってきます．そこで，熱力学では，物質が吸収した微少な熱量を dQ，このときの温度上昇を dT として，熱容量(C)を次のように定義します．

$$C = dQ/dT \tag{5.11}$$

熱量 Q は状態量ではなく，変化のプロセスに依存します．熱力学では，2種類の熱容量，すなわち，定容(定積)熱容量(C_V)と定圧熱容量(C_P)を用います．

系が吸収した熱量は，定容条件下では内部エネルギー変化(ΔE)に，定圧条件下ではエンタルピー変化(ΔH)に等しいので，定容熱容量と定圧熱容量は次式で与えられます．

$$C_V = (\partial E/\partial T)_V \tag{5.12}$$
$$C_P = (\partial H/\partial T)_P \tag{5.13}$$

逆に，上の式を用いれば，内部エネルギー変化(ΔE)またはエンタルピー変化(ΔH)は，それぞれの熱容量から求められます．

$$\Delta E = \int C_V dT \tag{5.14}$$

$$\Delta H = \int C_P dT \tag{5.15}$$

ここで、エンタルピーの定義式 ($H = E + PV$) を利用して、理想気体1 mol を想定すると、$PV = RT$ より、$H = E + RT$ となります。これを T で微分すると、定圧熱容量と定容熱容量との間の重要な関係式が導かれます。

$$C_P = C_V + R \tag{5.16}$$

膨張する（外界に仕事をする）分だけ、C_P はつねに C_V より大きくなります。単原子分子の理想気体1 molの内部エネルギーは$3RT/2$で与えられます。したがって

$$C_V = \frac{3}{2}R = 12.5 \, \text{J mol}^{-1} \text{K}^{-1}$$

となるので、式(5.16)より

$$C_P = \frac{5}{2}R = 20.8 \, \text{J mol}^{-1} \text{K}^{-1}$$

となります。C_V と C_P の比（比熱比）を γ とおくと

$$\gamma = \frac{C_P}{C_V} = \frac{5}{3} = 1.667$$

となります。常温付近では、二原子分子で $C_V = 5R/2$、三原子分子で $C_V \simeq 3R$ ですので、γ の値はそれぞれ1.40、1.33となり、実測値とよく一致します。γ の値は、一般的には多原子分子になるほど小さくなっていきます。

熱容量は温度によって変化するので、多原子分子の定圧熱容量は、ある温度範囲で、近似的に次のように与えられています。

$$C_P = a + bT + cT^2 \quad (a, b, c \text{ は各気体に特有の定数}) \tag{5.17}$$

表5.4には代表的な気体、液体、固体のモル定圧熱容量の値が示されています。単原子分子より多原子分子のほうがずっと大きくなっています。これは、分子が大きく複雑になればなるほど、内部回転や振動モードが増え、それだけ熱容量が大きくなっているためと考えられます。

表5.4のなかで、固体元素の熱容量がほぼ同じ値であることに気づいたで

表5.4 各種単体および化合物のモル定圧熱容量（J mol^{-1} K^{-1}）

気体				液体		固体	
He	20.9	HCl	29.6	H_2O	75	H_2O	37.7
Ar	20.9	O_3	39.2	CH_3OH	82	Al	24.3
CO	29.3	CO_2	37.2	C_2H_5OH	113	Fe	24.8
H_2	28.6	NH_3	35.6	酢酸	123	Cu	24.6
N_2	29.0	CH_4	35.1	C_6H_6	136	Ag	25.5
O_2	29.1	C_2H_6	52.9	$n\text{-}C_8H_8$	254	Pb	26.4

しょうか．この類似性は，1819年にフランスのデュロン(1785〜1838)とプティ(1791〜1820)が発見したもので，「固体元素のモル比熱(その当時は，原子熱＝原子量×比熱)は，常温近辺では少数の例外を除いて，約 $25\,\mathrm{J\,K^{-1}}$ ($6.0\,\mathrm{cal\,K^{-1}}$)である」という"デュロン・プティの法則"としてよく知られています．この法則を使えば，比熱がわかれば原子量が算出できるので，その当時は非常に便利な法則だったのです．原子の三次元振動の自由度より，$C_V = 3R ≒ 25\,\mathrm{J\,K^{-1}}$ になることが理論的にも裏づけられています．

5.2　熱力学第二法則とエントロピー

変化の方向性

水を入れたコップを室温で長時間放置しておくと，やがて蒸発してコップは空になります．水の入った洗面器に赤インクを一滴たらせば，やがてなかの水は全体が薄赤色に染まりますが，決してこの逆の現象が起きることはありません．また，熱い物体と冷たい物体を接触させれば，温度の高い方から低い方に熱移動がおきて，やがてどちらも同じ温度に落ち着きます．温度の低い方から高い方に熱の移動が自然に(自発的に)起こることは決してありません．圧力は高い方から低い方へ，濃度も大きい方から小さい方へ移動するように，自然現象は一方通行で不可逆です．「覆水盆に帰らず」というように，こぼれたミルクをもとのコップに完全に戻すことはできません．

熱力学の第一法則は，物理現象や化学現象の方向性については何の情報も与えてくれません．第一法則は，系と外界との間の熱と仕事のやりとりと内部エネルギーの変化の量的関係をごく簡潔に記述した法則に過ぎませんから，あるプロセスが自発的に起こるのかどうかを判定することはできません．化学反応でよく用いられるエンタルピー変化と反応の方向性との関係はどうなっているのか見ていきましょう．

エンタルピー変化だけでは反応の方向性は決まらない

まずは，プロパンの燃焼反応と，鉄の酸化反応を見てみましょう．

$$C_3H_8(g) + 5O_2(g) \longrightarrow 3CO_2(g) + 4H_2O(l) \quad \Delta H° = -2220\,\mathrm{kJ\,mol^{-1}}$$

$$2Fe(s) + \frac{3}{2}O_2(g) \longrightarrow Fe_2O_3(s) \quad \Delta H° = -824.2\,\mathrm{kJ\,mol^{-1}}$$

鉄は非常に錆びやすい金属であることは，日常的な経験からもよくわかる現象です．これら二つの反応はいずれもも大きな発熱反応で，左から右に自然にいきやすい反応です．いずれの反応も，生成物が反応物よりも低いエネルギー状態にあって，その差に相当するエネルギーが系外に発生しています．

ところが，生成物が反応物よりも高いエネルギーをもっていても，自発的に進むプロセスはいくつもあります．先にも述べたように，水を入れたコップを空気中に放置しておけば，やがて水は蒸発します．このときのエンタルピー変化の符号は＋で吸熱的です．

$$H_2O(l) \longrightarrow H_2O(g) \qquad \Delta H° = +44.3 \text{ kJ mol}^{-1}$$

硝酸ナトリウム(NaNO₃)を水に溶かす反応も吸熱的で，水温は下がります．

$$NaNO_3(s) \longrightarrow Na^+(aq) + NO_3^-(aq) \qquad \Delta H° = +25.8 \text{ kJ mol}^{-1}$$

洋服ダンスに虫よけのナフタレンを入れておくと，徐々に小さくなりやがて昇華してなくなってしまいます．この昇華という現象も吸熱的ですが，自発的に起きる反応です．

$$C_{10}H_8(s) \longrightarrow C_{10}H_8(g) \qquad \Delta H° = +72.6 \text{ kJ mol}^{-1}$$

以上に紹介した例でもわかるように，変化の方向を熱の出入り(エンタルピー変化)だけで判断することはできないのです．

エントロピー(S)の登場

　形あるものは，いつかは壊れていきます．秩序あるものもやがて無秩序な状態に自発的に変化していきます．このような変化の方向を定量的に決定するために，エントロピー(S)という状態関数が，熱力学第二法則の主役として導入されました．エントロピーを導入したのは，クラウジウス(独：1822〜1888)といわれていますが，その出発点はS.カルノー(仏：1796〜1832)の「カルノーサイクル」にあります．

　カルノーは，理想気体を用いて熱機関(高温 T_1 の熱源から熱 Q_1 を吸収し仕事を行い，低温 T_2 の熱源に熱 Q_2 を渡すというプロセスを循環的に行う装置)に可逆的な仕事をさせ，その効率(η)を次のように定義しました．

$$効率(\eta) = \frac{Q_1 - Q_2}{Q_1} = \frac{T_1 - T_2}{T_1} \tag{5.18}$$

可逆変化
系の変化が充分に緩慢で，いかなる瞬間においても系と外界とが平衡状態にある変化のこと．

もし $Q_2 = 0$ とすると，効率＝1，すなわち100％の効率ということになります．吸収した熱 Q_1 をすべて仕事に変換している状態です．しかし，それは不可能であることを熱力学第二法則は主張するのです．式(5.18)は

$$\frac{Q_2}{Q_1} = \frac{T_2}{T_1} \quad \therefore \quad \frac{Q_1}{T_1} = \frac{Q_2}{T_2}$$

となります．この式は熱を絶対温度で割ったものです．この式をより一般化したのがクラウジウスで，次のようにエントロピーを定義しました．

> **エントロピーの定義**：一つの系が絶対温度 T において，微少の熱量 dQ_r を可逆的に吸収したとき，$dS = dQ_r/T$ とおき，この dS をその系のエントロピーの増加という(dQ_r は微分量であるので，その瞬間の系の温度 T は一定と考える)．

クラウジウス

たとえば，系が状態1から状態2まで可逆的に有限の変化をした場合は，各瞬間のdQ_r/Tの代数和，すなわち積分をとればエントロピー変化(ΔS)が求まります．

$$\Delta S = \int_1^2 \frac{dQ_r}{T} \tag{5.19}$$

等温変化であれば，Tを積分の外にだして

$$\Delta S = \frac{Q_r}{T}$$

となります．エントロピー変化は正負いずれの値もとりえます．系が可逆的に熱を吸収すれば，$\Delta S > 0$でエントロピーは増加しますが，熱を放出すれば，$\Delta S < 0$でエントロピーは減少します．

可逆的な断熱変化であれば，熱の出入りはなく$dQ_r = 0$ですから，$\Delta S = 0$で，エントロピーは変化しません．また，エントロピーの単位は$J\,K^{-1}\,mol^{-1}$です．

【例題5.3】 氷の融解熱は6004 J mol^{-1}であり，水の蒸発熱は40,664 J mol^{-1}である．それぞれのエントロピー変化を求めなさい．

【解】 融解および蒸発の相変化は，等温で可逆的なプロセスとみなせるので，融解熱および蒸発熱をそれぞれの融点および沸点(絶対温度)で割れば，エントロピー変化が求められる．

$$\Delta S(融解のエントロピー変化) = \frac{6004}{273} = 22\,J\,K^{-1}\,mol^{-1}$$

$$\Delta S(蒸発のエントロピー変化) = \frac{40,664}{373} = 109\,J\,K^{-1}\,mol^{-1}$$

(注)氷から水に変化するときのエントロピー変化より，水から水蒸気に変化するときのエントロピー変化の方が大きくなっています．このことは，氷→水→水蒸気という変化において，分子の規則正しい構造が温度の上昇とともに崩れて乱雑さが増大(エントロピーが増大)していることを示しています．

可逆変化におけるエントロピー変化($\Delta S_{全} = 0$)

理想気体n molが，圧力Pで可逆的にV_1からV_2に膨張したときの系と外界の全エントロピー変化を求めてみます．等温変化ですから，$\Delta E = 0$，$Q_r = W$になります．したがって，系のエントロピー変化を$\Delta S(系)$とすると次のようになります．この式は，体積の増加につれて系のエントロピーが増大することを示しています．

$$Q_\mathrm{r} = W = \int_1^2 PdV = nRT \ln \frac{V_2}{V_1} \quad \therefore \quad \Delta S(k) = nR \ln \frac{V_2}{V_1} \qquad (5.20)$$

さて，この可逆等温膨張における外界というのは，系の温度を可逆的に一定に保つ装置のようなものですから，系が膨張するにつれて系に熱を供給しているものと考えられます．したがって，系が Q_r だけの熱を吸収するということは，外界がそれと等量の熱を失っていることを意味します．それゆえ，全エントロピー変化(ΔS)は，系と外界のエントロピー変化を合計したものになりますから，次のように全エントロピー変化は0になります．

$$\Delta S_\text{全} = \Delta S(k) + \Delta S_\text{外界} = \frac{Q_\mathrm{r}}{T} - \frac{Q_\mathrm{r}}{T} = 0$$

不可逆変化におけるエントロピー変化($\Delta S_\text{全} > 0$)

図5.5に示すように，ある理想気体が，断熱材で覆われた体積 V_2 の容器内で，隔壁を挟んで分離された左側の体積 V_1 のなかに閉じ込められ，右側の空間は真空になっているものとします．この隔壁を少しでも開けてやれば，気体は真空領域になだれ込んで，全体の体積は V_2 まで膨張します．この逆の現象(自発的濃縮)は決して起こりえないので，この現象は不可逆です．この不可逆膨張の際，気体は真空に対して仕事をしませんから，$W = 0$ です．容器は断熱されていますから，膨張中に外界から熱を吸収することはありません．ですから，外界のエントロピー変化はありません．

$$\Delta S_\text{外界} = \frac{0}{T} = 0$$

一方，系のエントロピー変化は，不可逆膨張でも初めと終わりの状態の差は可逆等温膨張の場合と同じであるとして，式(5.20)を使います．すなわち

$$\Delta S_\text{系} = nR \ln \frac{V_2}{V_1} \quad (V_2 > V_1)$$

$$\Delta S_\text{全} = \Delta S_\text{系} + \Delta S_\text{外界} = nR \ln \frac{V_2}{V_1} > 0 \qquad (5.21)$$

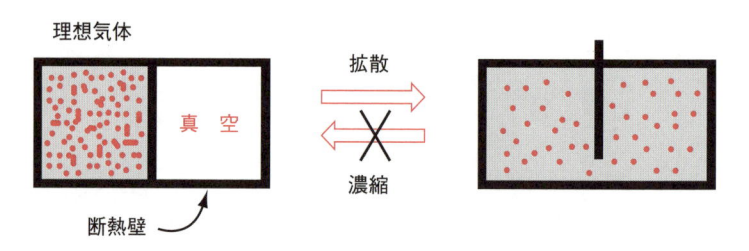

図5.5 不可逆等温膨張

よって，全エントロピー変化＞0です．

【例題5.4】 温度 T_1 の高温の熱源から温度 T_2 の低温の熱源に熱量 Q が移動した場合の全エントロピー変化を求めなさい．

【解】 低温の熱源は熱量 Q を受け取るので，エントロピーの増加は Q/T_2 となり，高温の熱源は熱量 Q を失うので，エントロピーの減少は Q/T_1 となる．$T_1 > T_2$ であるから，全エントロピーは増大する．

$$\Delta S_\text{全} = \frac{Q}{T_2} - \frac{Q}{T_1} > 0$$

エントロピーの分子論的意味

カルノーからクラウジウスをへて経験的に確立されたエントロピーという概念は，確かにわかりにくい面もありますが，原子や分子のようなミクロな粒子のふるまいから考えていくと，より理解しやすくなると思います．歴史を振り返ると，19世紀の半ば頃は，原子や分子の概念も，またその存在すらも疑いの目で見られていた時代ですから，ミクロな立場で物理的あるいは化学的現象を解釈しようとする科学者は少数派でした．そういう時代に孤軍奮闘した人がボルツマン(オーストリア：1844～1906)です．現在のわれわれは，多分に彼の思考の恩恵を受けているのです．

さて，自発的な変化には必ず「エントロピーの増大」が伴うことを先に述べました．これを分子論的にいいかえると，「エントロピーが増大するということは，確率の小さい状態から確率の大きい状態に変化することである」となります．

図5.5をもう一度見てください．簡単のため，体積 V_2 が V_1 の2倍であるとして全エントロピーの増加を求めると，次のようになります．

$$\Delta S_\text{全} = nR \ln \frac{V_2}{V_1} = nR \ln \frac{2V_1}{V_1} = nR \ln 2 \tag{5.22}$$

ボルツマンはプランクの考え方を発展させ，分子論的立場からこの体積膨張というマクロな現象をとらえようと試み，その結果，エントロピー(S)と微視的な状態の数(W)との関係式として，次のような式を導いたのです．

$$S = k_\text{B} \ln W \tag{5.23}$$

ここで，k_B はボルツマン定数で，$k_\text{B} = 1.381 \times 10^{-23} \, \text{J K}^{-1}$ です．この不可逆膨張において，左側の容器に閉じ込められていた理想気体が，最終的には左右の容器内に拡散して平衡状態になったわけですから，左右の容器には理想気体分子が半分ずつ入っている確率が最も高いと考えられます．理想気体が1 mol あったとして，アボガドロ数を N とすると左右の容器には $N/2$ 個

ボルツマン

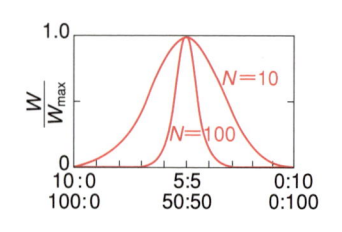

図 5.6 二つの容器への分配確率

ずつの分子が含まれている計算になります．

個々の分子を区別して考える古典論の立場から考えると，N個の分子のうちn個が左側の容器にある場合の数W_2は（N個のコインを投げてそのうちn個が表を向く場合の数と同様に）

$$W_2 = {}_N\mathrm{C}_n = \frac{N!}{n!(N-n)!}$$

となりますから，$n = N/2$の場合は

$$W_2 = {}_N\mathrm{C}_{N/2} = \frac{N!}{[(N/2)!]^2}$$

になりますので，結局W_2は，スターリングの公式$[\ln N! \fallingdotseq (N\ln N) - N]$を用いて，近似的に次のような簡単な形になります．

$$W_2 \fallingdotseq 2^N \fallingdotseq 10^{N/3.3}$$

分子の個数がわずか33個でも，$W_2 = 10^{10}$程度の大きさになりますし，分子の個数が100個になると，さらに大きく$W_2 = \sim 10^{30}$と莫大な数になります．いいかえれば，図5.6に示されるように，Nが大きくなればなるほど二つの容器へ同数の分子が分配される確率が大きくなり，釣り鐘型の確率曲線はどんどん細く鋭く立っていきます．一方，N個の分子のすべてが片方の容器に片寄る場合の数W_1は，$W_1 = {}_N\mathrm{C}_N = 1$ですから，式(5.23)を用いて全エントロピー変化(ΔS)を求めると

$$\Delta S = k_\mathrm{B}\ln W_2 - k_\mathrm{B}\ln W_1 = k_\mathrm{B}\ln 2^N - k_\mathrm{B}\ln 1 = Nk_\mathrm{B}\ln 2 = R\ln 2$$
$$(k_\mathrm{B} = R/N)$$

となり，式(5.22)と同じ結果($n = 1$)がえられます．

等温相変化とエントロピー変化

固体が融解して液体に，また液体が蒸発して気体に変化するという相変化において，二相が定圧下，一定の温度で共存している状態は平衡状態であると考えられます．固体から液体，液体から気体へと変化すると，物質を構成している原子や分子の運動の自由度が大きくなっていきます．固体の融解熱も，液体の蒸発熱も，どちらも外界から熱を供給されますから吸熱的です．したがって，融解熱(ΔH_m)をそのときの融点(T_m)で，蒸発熱(ΔH_v)を沸点(T_b)で割れば，融解のエントロピー変化(ΔS_m)と蒸発のエントロピー変化(ΔS_b)がそれぞれ求まります．融解熱も蒸発熱もプラスですから，融解のエントロピー変化も蒸発のエントロピー変化もともにプラスになり，エントロピーは増大します．融解よりも蒸発の方が分子の運動の自由度が大きく増加するので，蒸発のエントロピー変化の方がより大きくなることは納得できる

5.2 熱力学第二法則とエントロピー

と思います．次に，比較的身近な化合物や単体の例をみてみましょう．

融解・蒸発のエントロピー変化

表5.5は各種化合物や単体の融点と融解熱ですが，融解のエントロピー変化（ΔS_m）にはばらつきがあり規則性は見あたりません．

$$\Delta S_m = \Delta H_m / T_m$$

一方，水素結合をもつ水やエタノールなどの例外を除いて，ほとんどの液体の蒸発のエントロピー変化（ΔS_b）は，次のように，ほぼ一定です（表5.6）．

セミナー〈6〉

偉大な魂は共鳴する
――天才ボルツマンの苦悩――

「原子・分子」という概念は，現代のわれわれにとっては当たり前のことですが，ボルツマン（Ludwig Boltzmann）が活躍した19世紀末は反原子論的な空気が強く，ウィーン大学の哲学および物理学教授であったマッハや，ライプチヒ大学の物理化学教授であったオストワルドのような権威者たちがボルツマンの前に大きな障壁として立ちはだかっていました．化学の世界では，19世紀の後半にメンデレーエフによる元素の周期表がすでに発表されていたことを考えると多少奇妙にも見えます．しかし，その当時，原子論を採用する物理学者は少数派であり，原子論が化学者ばかりでなく物理学者との共有財産になったのは20世紀に入ってからです．「目にみえないミクロな原子の性質」を利用して「目に見えるマクロな物質の性質」を予言したり説明したりする統計力学的な手法を発展させたのがボルツマンでした．彼は，熱力学第二法則はつまるところ確率的な法則（$S = k_B \ln W$）であることを見抜いたのです．「ボルツマン定数」，「マクスウェル・ボルツマン分布」，「シュテファン・ボルツマンの法則」，「ボルツマン因子」，「ボルツマン統計」などなど，この偉大な科学者の業績はまさに壮大な建造物なのです．

1844年に税務官吏の長男として生まれ，経済的にも家庭的にも何不自由なく育ちましたが，15歳のときに父親を失っています．野心家で競争心も強く猛勉強家のボルツマンは，早くから目立った存在であったといわれています．23歳で大学講師の資格をとり，おもにグラーツ大学および故郷のウィーン大学で長く教鞭をとりました．

ボルツマンの広範な学識と教養は驚くべきもので，実験物理学，理論物理学，数学，哲学といったさまざまな分野の講義を行うと同時に，家庭では毎週音楽会を開き，自らピアノを弾くほど音楽にも造詣が深かったのです．とくに，ベートーベン（Ludwig v. Beethoven: 1770～1827）の音楽に深く傾倒し，強い影響を受けたことを自ら認めています．さらに興味深いことに，ボルツマンは詩にも関心が強く，抑圧的な体制に抵抗しつつ，苦闘しながら一生を終えた詩人で劇作家のシラー（独：1759～1805）に強く共鳴し，自ら「シラーによって私は成長した．彼がいなければ，私は決して存在することができなかったのだ」と述べているほど激しく共感したのです．反原子論者との執拗な戦いのなかで，シラーはボルツマンの心の支えであったのかもしれません．なお，蛇足ながらつけ加えますと，シラーの詩「歓喜へ」はベートーベンの偉大な作品「第九交響曲」の終楽章のテーマに用いられているのです．まさに，「偉大な魂は共鳴する」のです．

もともと躁鬱質のボルツマンは，精神が高揚しているときは快活で機智とユーモアに富み，非常に社交的な紳士であったようです．また，ボルツマンの講義や講演会はつねに満員で，その講義は「水晶のように明晰」で，その巨大な学識と卓越した教授能力は稀有のものといわれています．しかし，落ち込んだときは極端に押し黙ってしまうところがあったようですし，晩年には，視力の衰えと同時に，激しい喘息のような発作に非常に苦しみ，それが原因かどうか不明ですが，1906年に自ら命を絶ってしまったのです．原子論の勝者が，なぜ自ら命を絶たなければならなかったのでしょうか？

表5.5 融解のエントロピー変化

化合物／単体	融点(K)	融解熱(kJ mol^{-1})	ΔS_m(J mol^{-1} K^{-1})
H_2O(氷)	273.2	6.01	22
エタノール	158.7	5.02	31.6
ベンゼン	278.7	9.95	35.7
エーテル	156.9	7.27	46.3
n-ペンタン	143.5	8.42	58.7
水銀	234.3	2.33	9.94

表5.6 蒸発のエントロピー変化

化合物／単体	沸点(K)	蒸発熱(kJ mol^{-1})	ΔS_b(J mol^{-1} K^{-1})
n-ペンタン	309.4	27.6	89.2
ベンゼン	353.3	34.1	87.2
エーテル	307.8	29	94.4
水銀	629.8	59.3	94.1
エタノール	351.7	40.5	115
H_2O	373.2	40.7	109

$$\Delta S_b = 88 \pm 5 \text{ J mol}^{-1}\text{K}^{-1}$$

この法則は，発見者である人物の名にちなんで，「トルートンの規則」と呼ばれています．気体の沸点がわかれば，蒸発熱が求められることになります．ただし，水やアルコール類のように，水素結合をもち極性の大きい気体分子は，分子間力が大きくなるためトルートンの規則からずれてきます．

5.3 カルノーサイクルを解剖する

4段階のプロセス

1784年にワットが蒸気機関の革新的な改良に成功した結果，石炭の採掘や輸送能力が大いに進展し，イギリスで製鉄業を中心に鉱工業が非常な勢いで発展していったことは歴史の教えるところです．フランスでは，石炭の運搬コストが無視できなかったことに加え，フランス革命（1789〜1799）以降の産業革命の遅れを取り戻すために，蒸気機関の効率を改善することは緊急のテーマであったようです．もともと水の動力理論の研究で著名な活躍をしたラザール・カルノーを父にもつサジ・カルノーが，「火を動力として利用する蒸気機関の効率の問題」に踏み込んでいったのは，ごく自然の流れのように思われます．さて，クラウジウスのエントロピーの源はカルノーサイクルにあるわけですから，このサイクルを少しずつ解剖していくことにより，エン

S. カルノー

5.3 カルノーサイクルを解剖する

トロピーを理解していきましょう．

カルノーサイクルは「任意の気体（理想気体）を作業物質として，高熱源（Q_1）と低熱源（Q_2）との間で，次のような4段階のプロセス〔(a)**等温膨張**（$1 \to 2$），(b)**断熱膨張**（$2 \to 3$），(c)**等温圧縮**（$3 \to 4$），(d)**断熱圧縮**（$4 \to 1$）〕を可逆的に行わせ，外界へ仕事（W）をさせるサイクル」のことをいいます〔図5.7(1)〕．図5.7(1)を模式的に表したのが図5.8です．

1 mol の理想気体の等温膨張および断熱膨張を扱うために，理想気体の状態方程式（$PV = RT$）とポアソンの公式（$PV^\gamma =$ 一定）を利用します．等温膨張と断熱膨張の P-V グラフを比較しておきましょう．図5.7(2)は状態方程式と温度（T）との関係を示したもので，図5.7(3)は断熱膨張のグラフ（曲線B）の傾きが等温膨張のグラフ（曲線A）より大きくなっていることを示したものです．曲線Aの傾きは，$PV = RT$ を微分して

$$PdV + VdP = 0 \quad \therefore \quad \frac{dP}{dV} = -\frac{P}{V}$$

一方，曲線Bの傾きは，$PV^\gamma =$ 一定より

$$\frac{dP}{dV} = -\gamma \cdot \frac{P}{V}$$

ここで，$\gamma > 1$ ですから，断熱膨張の曲線Bの方が急勾配になっていることがわかります．これで準備が整いましたので段階をおってカルノーサイクルを見ていきましょう．

(a) **等温膨張**

ある作業物質の温度 T_1 を一定にしたまま，可逆的にゆっくり膨張させる段階で，この際，高熱源から可逆的に Q_1 の熱量を受け取ります〔図5.7(1)の(a)〕．定温変化ですから内部エネルギー変化は0で，系が吸収した熱量 Q_1 はすべて作業物質が外界に対する仕事 W_{12} に変わります．すなわち，$0 = Q_1 - W_{12}$ ですから，式(5.20)より

$$Q_1 = W_{12} = RT_1 \ln(V_2/V_1) \tag{5.24}$$

(b) **断熱膨張**

外界から熱を受け取らずに，ゆっくり可逆的に膨張させるプロセスで，$Q = 0$ ですから内部エネルギーが消費されて，その分が仕事に変わったこ

ポアソンの公式の誘導

可逆断熱過程では $dq = 0$ なので
$$dE = -dw = -PdV$$
式(5.14)より，$dE = C_v dT$ なので，結局，$C_v dT + PdV = 0$ という式がえられる．これに，理想気体の状態方程式（$PV = nRT$, $n = 1$）を代入して
$$C_v dT/T + RdV/V = 0$$
さらに，状態1から2まで積分して
$$C_v \ln T_2/T_1 + R \ln V_2/V_1 = 0$$
$C_p = C_v + R$ および $\gamma = C_p/C_v$（比熱比）を代入して整理すると
$$(T_1/T_2) = (V_2/V_1)^{\gamma-1}$$
理想気体では $T_1/T_2 = P_1 V_1/P_2 V_2$ なので
$$P_1 V_1^\gamma = P_2 V_2^\gamma \ (=\text{一定})$$
が導かれる．

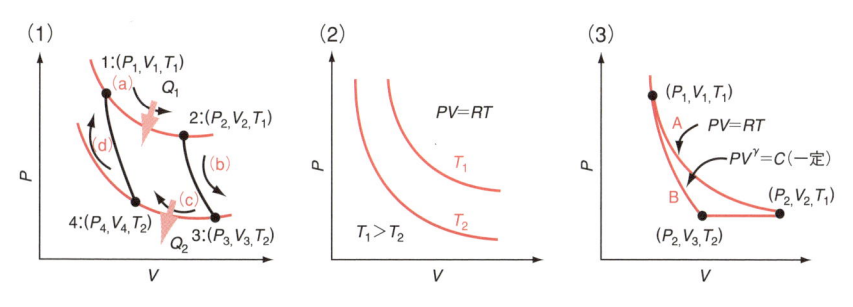

図5.7　カルノーサイクル

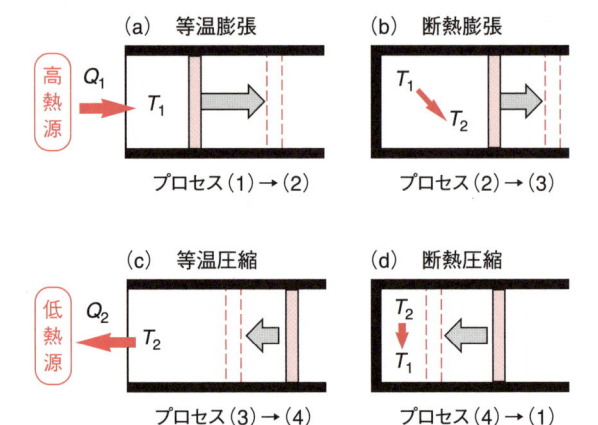

図 5.8　カルノーサイクルのモデル

とになります[図5.7(1)の(b)]．この際，系が外界に対してした仕事 W_{23} は次のように温度のみの式になります．

$$-W_{23} = \int C_V dT = C_V(T_2 - T_1) \tag{5.25}$$

(c) **等温圧縮**

(a)の場合と同様に等温過程ですが，外界からなされた仕事 W_{34} は，熱 (Q_2) として系外にだすことになりますので

$$-Q_2 = W_{34} = RT_2 \ln(V_4/V_3) \tag{5.26}$$

(d) **断熱圧縮**

(b)とまったく逆のプロセスで，$Q = 0$ ですから外界からなされた仕事 W_{41} はすべて内部エネルギーとしてたくわえられることになります．

$$W_{41} = \int C_V dT = C_V(T_1 - T_2) \tag{5.27}$$

カルノーサイクルからエントロピーへ

以上の結果，この熱機関が1サイクルで行った全体の仕事 W は，上記の全プロセスをすべて合計すると(b)と(d)のプロセスは相殺されますから

$$\begin{aligned} W &= W_{12} - W_{23} + W_{34} + W_{41} = W_{12} + W_{34} \\ &= RT_1 \ln(V_2/V_1) + RT_2 \ln(V_4/V_3) = Q_1 - Q_2 \end{aligned} \tag{5.28}$$

となります．ここで，断熱過程の(b)，(d)の場合，先に述べたポアソンの公式を用いて

$$T_1(V_2)^{\gamma-1} = T_2(V_3)^{\gamma-1} \tag{5.29}$$
$$T_1(V_1)^{\gamma-1} = T_2(V_4)^{\gamma-1} \tag{5.30}$$

式(5.29)を式(5.30)で割ると，式(5.31)がえられます．

$$\frac{V_2}{V_1} = \frac{V_3}{V_4} \tag{5.31}$$

式(5.31)を式(5.28)に代入して整理すると

$$W = R(T_1 - T_2)\ln\frac{V_2}{V_1} = Q_1 - Q_2 \tag{5.32}$$

結局，この式は，「作業物質が高温の熱源から熱量 Q_1 を受け取り低温の熱源に熱量 Q_2 を放出し，その差に相当する熱量が系の仕事に使われた」ことを示しています．したがって，このサイクルの効率(η)は式(5.18)で示したように，仕事に利用された熱量($Q_1 - Q_2$)を高熱源より吸収した熱量 Q_1 で割った式で表されます．

$$効率(\eta) = \frac{Q_1 - Q_2}{Q_1} = 1 - \frac{Q_2}{Q_1}$$

ところで，式(5.26)と式(5.31)から

$$Q_2 = RT_2\ln\frac{V_2}{V_1}$$

という式がでてきます．この式と式(5.24)から，次の関係式が導かれます．

$$\frac{Q_1}{T_1} = \frac{Q_2}{T_2} \tag{5.33}$$

したがって，このサイクルの効率(η)は T_1 と T_2 だけでも表現できることになります．

$$効率(\eta) = 1 - \frac{T_2}{T_1} = \frac{T_1 - T_2}{T_1} \tag{5.34}$$

この式は次のような重要な意味を含んでいます．

①$T_1 = T_2$ なら，熱を仕事に変えることができない

温度差のないところでは仕事はつくりだせないということです．また，温度差が確保できれば作業物質はどんな物質でもよいのです．

②効率(η)が 1 以上になることはありえない

「もらった熱量より余分に仕事をすることはできない」ことを意味しています．同時に，「$T_2 < 0$，すなわち絶対零度より低い温度はありえない」ことを示しています．

式(5.33)は，さらに重要な意味を含んでいます．式(5.33)をよく見てみましょう．クラウジウスが定義したエントロピーの源泉がここに現われています．定温で可逆的な変化を扱っているわけですから，高熱源が失うエントロピー $S_1(= Q_1/T_1)$ が，低熱源が獲得するエントロピー $S_2(= Q_2/T_2)$ に等しいことを示しています．したがって，全エントロピー変化 $\Delta S = 0$ となります．すなわち，可逆過程ではエントロピーは保存されることを示しているのです．

現実の過程(すべて不可逆)では，エントロピーは増大します．高熱源から受け取った熱(Q_1)が仕事に有効に使われずに低熱源に捨てられる分(Q_2)がどうしても増えてしまうからです．捨てられる熱が増えれば，外界にする仕

事は小さくなり，熱効率も低下します．

ここで，仕事に有効に使われる熱量と捨てられる熱量の合計を Q_2' とします．$Q_2' > Q_2$ ですから，この両辺を T_2 で割っても不等号の向きは変わらないので，$Q_2'/T_2 > Q_2/T_2$ となり，さらに両辺から Q_1/T_1 を引くと

$$Q_2'/T_2 - Q_1/T_1 > Q_2/T_2 - Q_1/T_1 = 0$$

　　　　　　不可逆過程　　　　　　可逆過程

となり，不可逆過程では，全エントロピーは増大することになるのです．

5.4　熱力学第三法則と絶対エントロピー

絶対エントロピーの定義

表5.5と表5.6からもわかるように，固体から液体に，さらに液体から気体に変化するにつれエントロピーは増加していきます．逆に，気体から液体，液体から固体の方向にたどれば，エントロピーは減少していくはずです．それでは，絶対零度に近づいていくとどうなるのでしょうか．分子論的立場から見れば，すべての物質は絶対零度では最低のエネルギー準位を占めるはずです．系のすべての分子（原子）が最低エネルギー準位を占める場合の数は一つしかありませんから，式(5.23)に $W = 1$ を代入して

$$S_0 = k_B \ln W = k_B \ln 1 = 0$$

となります．この，「あらゆる純粋な単体や化合物が完全結晶をつくっているときのエントロピーは，絶対零度においては0である」ということが熱力学第三法則の定義です．別ないい方をすれば，どんな物質でも温度が上昇すれば構成原子の運動や自由度は増加しますから，0 K より高い温度では，いかなる化合物のエントロピーも 0 より大きくなります．したがって，ある温度での絶対エントロピー（S_T）は，式(5.35)から求めます．

$$S_T = S_0 + \int \frac{dQ_r}{T} = \int \frac{C_P dT}{T} \quad (S_0 = 0) \tag{5.35}$$

表5.7　各種単体および化合物の標準状態での絶対エントロピー（J mol^{-1} K^{-1}）

固　体				液　体		気　体			
Li	28	Ag	43	Hg	76	He	126	CO	198
Na	52	C(gr)	6	H_2O	70	Ne	146	O_2	205
K	64	C(ダイヤ)	2	Br_2	152	Ar	155	O_3	238
Rb	77	CaO	40	CH_3OH	127	Kr	164	H_2O	189
Cs	83	$Ca(OH)_2$	83	C_2H_5OH	161	Xe	170	H_2S	205
Mg	33	$CaCO_3$	93	C_6H_6	173	H_2	131	CO_2	214
Cu	33	$CuSO_4$	109	$CHCl_3$	203	N_2	191	NH_3	193

「富士山は海抜3776 mである」というときの海抜とは，平均海面を0 mとして測定しているわけです．長さや質量なども，標準となる原器があって，それとの比較によって数値が決められます．内部エネルギーやエンタルピーの場合は，絶対値は決められないので，はじめの状態と終わりの状態の差（ΔEやΔH）に意味があったわけで，その数値は相対的なものです．これに対して，エントロピーは絶対零度で0であるという基準が決められているので，純物質の"絶対エントロピー"を測定することができるのです．

5.5　化学変化と自由エネルギー

自由エネルギーの定義

自発的変化の起こりやすさの目安として，エネルギーが減少する方向〔エンタルピー変化（ΔH）がマイナス〕は一つ重要な因子ではありますが，十分な条件ではないことはすでに5.2節で述べました．一方，エントロピーの増大は確かに自発的変化の起こりやすさの目安になりますが，孤立した系ではない場合は，系と外界の全エントロピー変化を求めることはしばしば困難になります．とくに化学反応の場合，注目する反応が起こりやすいかどうかを判定できることが重要ですから，「系だけの性質に基づく基準」があれば大変好都合です．そこで登場したのが，ギブズの自由エネルギーという新しい状態関数（G）です．通常の化学反応は定温定圧下で行う場合が多いので，自由エネルギーはエンタルピー（H）を用いて

$$G = H - TS$$

と定義されます．この関数は，やみくもにでてきた関数ではありません．

系が外界から熱（$\Delta H_系$）をもらったとすると，外界は$-\Delta H_系$の熱を失ったことになりますから，外界は

$$\Delta S_外 = -\Delta H_系/T$$

だけエントロピーが減少したと考えます．そうすると，全体のエントロピー変化は，$\Delta S_全 = \Delta S_系 + \Delta S_外$ですから，結局，次のようになります．

$$\Delta S_全 = \Delta S_系 - \frac{\Delta H_系}{T} \tag{5.36}$$

自発的反応なら，全エントロピー変化（$\Delta S_全$）＞0ですから

$$\Delta S_系 - \frac{\Delta H_系}{T} > 0 \quad \therefore \quad \Delta H_系 - T\Delta S_系 < 0$$

となります．したがって，定温定圧という条件下では，自発的反応は自由エネルギーが減少する方向に進行します（式5.37）．

$$\Delta G = \Delta H - T\Delta S < 0 \tag{5.37}$$

$\Delta G > 0$なら，逆向きの反応が自発的に進行しやすいことになります．また，

ギブズ

$\Delta G = 0$ ならば，その反応系は平衡状態に達していることを意味します．なお，ΔG は，はじめの状態と終わりの状態の差を意味しています．

$$\Delta G = G_2(\text{終わり}) - G_1(\text{はじめ}) \tag{5.38}$$

実際に，具体的な反応例から ΔG の符号がどのように変化するかを見てみましょう．

①$\Delta H < 0$, $\Delta S > 0$ の場合

$$N_2O(g) \longrightarrow N_2(g) + \frac{1}{2}O_2(g)$$

標準状態(25℃，1気圧)における，この反応の $\Delta H°(=-81.6\,\text{kJ mol}^{-1})$ および $\Delta S°(=+75.3\,\text{J mol}^{-1}\text{K}^{-1})$ はわかっているので，その値を代入し，

セミナー〈7〉

自由エネルギー(G)の父
――ギブズの静かな静かな生涯――

アメリカにおける偉大な科学者の一人といわれるギブズ(Josiah Willard Gibbs: 1839～1903)は，イェール大学の神学部教授の第4子として，1839年にコネチカット州ニューヘブンで生まれました．三人の姉と一人の妹に挟まれた唯一の男の子で，生来のデリケートな体質もあり，幼いときからあまり友達と交わることもなく，家に引きこもりがちであったといわれています．1854年に15歳でイェール大学に入学し，ラテン語や数学などで数々の賞を受賞し，19歳で大学を卒業しているところを見ると，やはり早熟な天才であったようです．二番目の姉と妹は早世し，母親は16歳のときに，父親も22歳のときに他界する不運にもめげず，さらに勉学を続け，1863年にはギアの設計に関する論文で，アメリカ最初の工学博士となっています．1866～67年には，二人の姉とヨーロッパ旅行にでかけ，パリやベルリンの大学で3年間，数学や物理学を学んでいます．帰国2年後の1871年には，イェール大学の数理物理学の教授に迎えられ，以後故郷を離れることなく，同大学の図書館司書をしていた義兄の家族とともに静かな生活を共有しながら，一生独身のまま生涯を終えています．

ギブズは1876年に画期的な論文「不均一物質の平衡について」を，コネチカットのローカルな雑誌に発表しています．この論文のなかから「ギブズの相律」をはじめ，熱力学の主要な概念である自由エネルギーや化学ポテンシャルなどの概念が生まれてきたのです．しかしながら，議論が抽象的で，理解しにくい物理量や数式が多かったため，1891年にオストワルドがドイツ語に，1899年にル・シャトリエがフランス語に訳すまでは，アメリカ以外ではほとんど知られることがなかったのです．

1902年には最後の重要な著作「統計力学の基本原理」を発表し，多くの熱力学的法則が，分子という莫大な数の粒子の運動の結果から解釈できることを示し，その後の量子力学の発展にも貢献したと評されています．

ギブズは，ともすれば天才に見られる常軌を逸脱した奇妙な行動や逸話もなく，数学会や物理学会に所属することもなく，またそのことに何ら影響を受けることもなく，ひとり孤高の人生を楽しんだかのように見えます．彼の孤独は，「創造的な孤独」とも解釈されています．自然の法則の内奥に深く迫りたいという内的衝動からくる知的欲求とともに，充分な成果をえたという満足感が彼の肖像にも漂っている気がします．晩年には，内外から多くの名誉会員や名誉博士号を受けるとともに，当時は科学界最大の賞であった Copley 賞を1901年にロンドン学士院から受賞しています．ノーベル賞が設定される直前のことです．

天才の内面には凡人には計り知れない部分が隠れているのかもしれませんが，ギブズは，その精神においてむしろヨーロッパ的であり，哲学者カントの内省的生活にも通じる部分があると見る人もいます．

計算します．

$$\varDelta G° = -81.6 - 298 \times 0.0753 = -104 \text{ kJ mol}^{-1}$$

このような反応は，もともと $\varDelta H < 0$, $\varDelta S > 0$ というエンタルピー的にもエントロピー的にも有利な条件ですから，計算しなくとも $\varDelta G < 0$ で自発的に進行しやすい反応であることは明らかです．

② $\varDelta H < 0$, $\varDelta S < 0$ の場合

$$2NO_2(g) \longrightarrow N_2O_4(g)$$

この反応は，エンタルピー的には有利ですがエントロピー的には不利な条件ですから，温度の影響が大きいと考えられます．標準状態では，反応物と生成物の標準生成エンタルピー変化と絶対エントロピーが求められているので，その値を代入します．

$$\varDelta H° = \varDelta H_f°[N_2O_4(g)] - 2\varDelta H_f°[NO_2(g)] = 9.16 - 2 \times 33.2$$
$$= -57.2 \text{ kJ mol}^{-1}$$
$$\varDelta S° = S°(N_2O_4) - 2S°(NO_2) = 304.2 - 2 \times 239.9$$
$$= -175.6 \text{ J mol}^{-1}\text{ K}^{-1}$$

この2式より

$$\varDelta G° = -57.2 - 298 \times (-0.1756) = -4.8 \text{ kJ mol}^{-1}$$

となります．この反応は，確かに常温近辺およびそれより低温では左から右に進みやすい反応といえますが，温度が高くなれば逆方向に進行する可能性のある反応と考えられます．

③ $\varDelta H > 0$, $\varDelta S > 0$ の場合

$$CaCO_3(s) \longrightarrow CaO(s) + CO_2(g)$$

このタイプの反応は，エントロピー的に有利ですが，エンタルピー的には不利ですから，②と同様に温度が重要な鍵を握っています．それでは，標準状態での自由エネルギー変化を調べてみましょう．

$$\varDelta H° = \varDelta H_f°[CaO(s)] + \varDelta H_f°[CO_2(g)] - \varDelta H_f°[CaCO_3(s)]$$
$$= -635.5 - 393.5 - (-1207.8) = +178.8 \text{ kJ mol}^{-1}$$
$$\varDelta S° = S°(CaO) + S°(CO_2) - S°(CaCO_3) = 39.7 + 213.6 - 92.9$$
$$= 160.4 \text{ J mol}^{-1}\text{ K}^{-1}$$
$$\therefore \varDelta G° = +178.8 - 298 \times 0.1604 = +131.0 \text{ kJ mol}^{-1}$$

この結果は，常温近辺では右方向には反応は進まないことを意味しています．$\varDelta G < 0$ にするためには，かなり高温に加熱する必要があります．

自由エネルギー変化と化学平衡

ΔG は反応が平衡状態($\Delta G = 0$)に向かう傾向を示す尺度に相当する状態関数ですから，$\Delta G = 0$ になってしまうということは，その反応系は有効な仕事ができないことを意味します．いいかえれば，自由エネルギーとは，文字どおり系が自由に使えるエネルギーのことです．定義式からもわかるように，自由エネルギーとは系が取り込んだエネルギー(すなわち，エンタルピー：H)のなかから，$T \times S$ という役に立たない部分を差し引いた残りの部分を意味しているのです．税込みの月給から税金を差し引いた手取りのサラリーのようなものです．サラリーは環境によって変化するように，自由エネルギーも温度や圧力によって変化します．定義式に少しだけ数学的な操作をほどこして式を変形していくと，非常に便利な関係式が出現します．

まず，定義式($G = H - TS$)の両辺を全微分すると

$$dG = dH - d(TS) = dH - (TdS + SdT) \tag{5.39}$$

一方，エンタルピーの定義式($H = E + PV$)も全微分すると

$$dH = dE + PdV + VdP$$

また，第一法則より，$dE = Q - PdV$ で，可逆過程では，$Q = TdS$ なので

$$dH = TdS + VdP \tag{5.40}$$

式(5.40)を式(5.39)に代入すると，次の重要な式がでてきます．

$$dG = VdP - SdT \tag{5.41}$$

定温変化なら $dT = 0$ なので，$dG = VdP$ となります．これを書きかえて

$$\frac{dG}{dP} = V \quad \therefore \quad \left(\frac{\partial G}{\partial P}\right)_T = V \tag{5.42}$$

式(5.42)は，「圧力の変化に対する自由エネルギー変化が体積である」ことを示しており，「体積の大きい物質ほど圧力による自由エネルギー変化が大きい」ということになります．温度一定の条件下で，状態1(P_1)から状態2(P_2)に変化したときの自由エネルギー変化(ΔG)は次のように表されます．

体積が一定(液体や固体)の場合：$\Delta G = V(P_2 - P_1)$

体積が変化する気体の場合：理想気体の状態方程式($PV = RT$, 1 mol)を用いると

$$\Delta G = \int_{P_1}^{P_2} \frac{RT}{P} dP = RT \ln \frac{P_2}{P_1} \tag{5.43}$$

よって，ある一定の温度(T)において，理想気体1 molの標準状態における自由エネルギーを $G°$，任意の圧力における自由エネルギーを G とすると，自由エネルギー変化と圧力の関係式が，次のようにえられます．

$$\Delta G = G - G° = RT\ln(P/1) = RT\ln P \qquad (5.44)$$

ここで，ある理想気体の間に，次のような反応が起こるとします．

$$a\mathrm{A} + b\mathrm{B} \longrightarrow c\mathrm{C} + d\mathrm{D}$$

このとき，反応物と生成物の任意の圧力を P_A, P_B, P_C, P_D とすると，反応の自由エネルギー変化は，式(5.44)より

$$\begin{aligned}\Delta G &= \Sigma G(生成物) - \Sigma G(反応物) = cG_\mathrm{C} + dG_\mathrm{D} - aG_\mathrm{A} - bG_\mathrm{B} \\ &= cG_\mathrm{C}° + dG_\mathrm{D}° - aG_\mathrm{A}° - bG_\mathrm{B}° + cRT\ln P_\mathrm{C} + dRT\ln P_\mathrm{D} - aRT\ln P_\mathrm{A} \\ &\qquad - bRT\ln P_\mathrm{B}\end{aligned}$$

これをまとめると，次のようになります．

$$\Delta G = \Delta G° + RT\ln\frac{(P_\mathrm{C})^c(P_\mathrm{D})^d}{(P_\mathrm{A})^a(P_\mathrm{B})^b} \qquad (5.45)$$

さらに，$\dfrac{(P_\mathrm{C})^c(P_\mathrm{D})^d}{(P_\mathrm{A})^a(P_\mathrm{B})^b} = Q$ （反応指数）とおくと

$$\Delta G = \Delta G° + RT\ln Q \qquad (5.46)$$

反応が平衡に達したとすると，$\Delta G = 0$ となるので，次の式がえられます．

$$\Delta G° = -RT\ln K_p \quad (K_p：圧平衡定数) \qquad (5.47)$$

この関係式は，より一般化されて希薄溶液中の反応にも適用されます．すなわち，希薄溶液中の化学平衡の場合も式(5.47)と同様に，次のような式がえられます．

$$\Delta G° = -RT\ln K_c \quad (K_c：濃度平衡定数) \qquad (5.48)$$

ここで，$K_c = \dfrac{[\mathrm{C}]^c[\mathrm{D}]^d}{[\mathrm{A}]^a[\mathrm{B}]^b}$ で，$[\mathrm{A}]$や$[\mathrm{B}]$はそれぞれのモル濃度を表しています．

平衡定数と温度との関係

標準状態での自由エネルギー変化がわかれば，間接的に平衡定数が求まるので，式(5.47)や式(5.48)大変便利な式です．同時に，温度の変化によって平衡定数がどのような影響を受けるかということも教えてくれます．

実験的には，エンタルピー変化(ΔH)やエントロピー変化(ΔS)は温度が変化してもあまり大きく変動しませんが，自由エネルギー変化(ΔG)は温度に強く影響されます．いいかえれば，平衡定数は温度が変化すれば，著しく変化する性質があるということです．

ここで，平衡定数 K と $\Delta G°$ との関係式（$\Delta G° = -RT \ln K$）と $\Delta G° = \Delta H° - T\Delta S°$ より

$$\ln K = -\frac{\Delta H°}{RT} + \frac{\Delta S°}{R} \tag{5.49}$$

ΔH も ΔS も温度の影響がないものとして，式(5.49)の両辺を T で微分すると，式(5.50)（ファントホッフの実験式）が導かれます．

$$\frac{d(\ln K)}{dT} = \frac{\Delta H°}{RT^2} \tag{5.50}$$

章末問題

1．次の各用語について簡潔に説明しなさい．
   (1) 開放系　　(2) 内部エネルギー　　(3) エンタルピー　　(4) エントロピー　　(5) 自由エネルギー
   (6) 熱機関の効率　　(7) デュロン・プティの法則

2．アルコール(C_2H_5OH) 1 mol をその成分元素の単体からつくるときの生成熱を求めなさい（表5.2の燃焼熱を参照）．

3．$H_2O(l)$，$CO_2(g)$，$CH_4(g)$ の各生成熱（表5.1参照）を用いて，メタンの燃焼熱求めなさい．

4．次の各反応の標準状態における反応熱（$\Delta H°$）を求めなさい．
   (1) $CO_2(g) + 3H_2(g) \longrightarrow CH_3OH(l) + H_2O(l)$
   (2) $CO_2(g) + 4H_2(g) \longrightarrow CH_4(g) + 2H_2O(l)$
   (3) $2Fe_2O_3(s) + 3C \longrightarrow 4Fe(s) + 3CO_2(g)$
   (4) $C_2H_4(g) + H_2O(l) \longrightarrow C_2H_5OH(l)$

5．1 mol の理想気体を25℃で 5 dm^3 から 10 dm^3 に可逆的に膨張させたとき，外部にする仕事量を求めなさい．

6．表5.4を利用して，標準状態での $Ar(g)$, $N_2(g)$, $H_2O(l)$, $Ag(s)$ の定圧モル熱容量の値から，各単体または化合物の定容モル熱容量を求めなさい．

7．1 g の安息香酸($C_7H_6O_2$)をよく断熱された熱量計中（定圧下）で燃焼させたところ，17.8℃の温度上昇が観測された．熱量計の熱容量を1.5 kJ とし，安息香酸の定圧燃焼熱と25℃における定容燃焼熱を求めなさい．

8．70℃に加熱された50 kg の銅(Cu)と80℃に加熱された20 kg の鉄(Fe)を200 kg の水(20℃)のなかに投げ込んだ．熱の損失がないものとして，水の最終温度は何℃になるかを，表5.4を参照して求めなさい．なお，有効数字は2桁とする．

9．定圧下で，温度 T_h の熱い物体（定圧熱容量：C_P）1 mol と，温度 T_c の冷たい物体（定圧熱容量：C_P）1 mol が接触したときの全エントロピー変化を求めなさい．また，全エントロピー変化は増大することを示しなさい．

10．0℃の水100 g と80℃の同量の水を混ぜたときの全エントロピー変化を求めなさい（ただし，水の比熱は 4.184 J g^{-1} K^{-1} とする）．

11．25℃において，水と酸素の圧力を1気圧から10気圧まで変化させたとき，1 mol あたりの自由エネルギー変化をそれぞれ求めなさい．

12．α-D-グルコースを25℃で水に溶かして放置すると，徐々に異性化し，やがて β-D-グルコースと平衡状態（$\alpha : \beta = 36 : 64$）になる．この異性化反応の標準自由エネルギー変化を求めなさい．

13．次の反応の平衡定数は，667 K で 1.64×10^{-2}，764 K で 2.18×10^{-2} である．

$$2\text{HI}(g) \longrightarrow \text{H}_2(g) + \text{I}_2$$

この反応の $\Delta H°$ を求めなさい．

14. 次の反応で表される炭酸カルシウムの分解反応の標準状態における $\Delta H°$，$\Delta S°$，$\Delta G°$ を求めなさい（表5.1および表5.7を参照）．

$$\text{CaCO}_3(s) \rightleftharpoons \text{CaO}(s) + \text{CO}_2(g)$$

15. 以下の各反応のエントロピー変化の符号を予測しなさい．

(1) $\text{CH}_3\text{OH}(l) \longrightarrow \text{CH}_3\text{OH}(g)$ (2) $\text{N}_2(g) + 3\text{H}_2(g) \longrightarrow 2\text{NH}_3(g)$

(3) $\text{H}^+(aq) + \text{OH}^-(aq) \longrightarrow \text{H}_2\text{O}(l)$

※解答は，化学同人ウェブサイトに掲載．

6章 物質の素顔をさぐる
―― 気体・液体・固体の性質 ――

"*I have always considered science to be a dialogue with naure.*"
I. プリゴージン（ベルギーの物理化学者：1917〜）

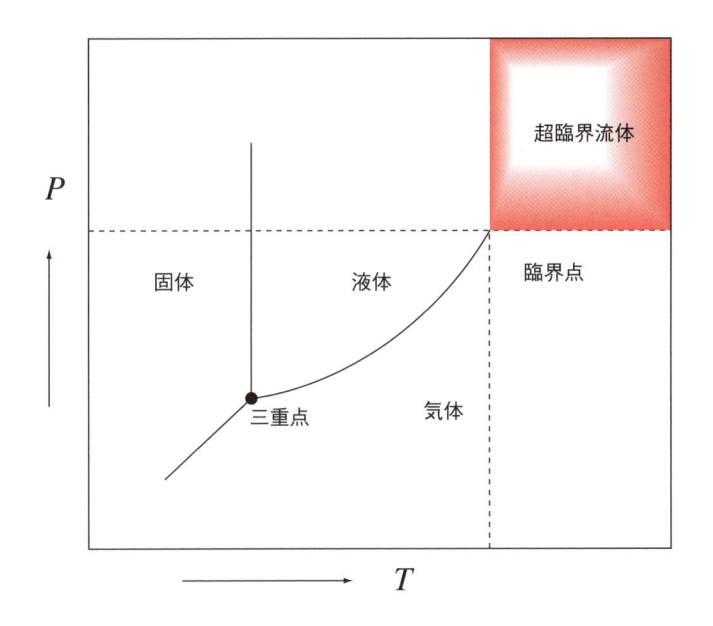

物質はたえず変化しています．宇宙も地球もたえず変化しています．物質の構造がまったく変わってしまうような変化もありますし，構造は変化しなくても，その様相や状態が変化するという現象は日常的に起こっています．気象現象はまさしくその一例です．気圧や温度は毎日変動し，雨の日もあれば風の強い日もあり，雪やあられが降る日もあります．温度や圧力によって，水は水蒸気にも氷にも，その姿を変えていきます．同じH_2O分子でありながら，このように状態が異なることは，どのように説明したらよいでしょうか．物質は条件次第でさまざまな顔をわれわれに見せてくれます．われわれは自分達の生きている環境条件を標準と考えていますから，少しでも日常からかけ離れた現象が起こると異常と思いがちです．物質は多様な顔をもち，どの顔が本当の顔かはわかりません．10年前の君と10年後の君が同じではないように，万物も流転します．変化があるから化学は面白いのです．

この章では，おもに物質の状態変化を中心に学んでいきますが，5章に引き続き平衡の考え方が重要になってきます．まず最初に，気体，液体，固体の性質や相変化を具体的に見ていきます．

さらに，最近とくに注目され，よく研究されている超臨界状態の水や二酸化炭素の特異な性質や反応，種々の利用法について少し調べておきましょう．「超」がつくからといって，日常現象からまったくかけ離れた超常現象を扱うわけではありません．空気の成分である窒素や酸素も温度の点から見ればなかば超臨界状態ともいえるのです．

6.1 物質の集合状態

物質の集合状態のまとめ(表6.1)

物質は温度，圧力などの状態変数が変化することによって，その集合状態（気体，液体，固体等）が変化します．最近では気体でもなく液体でもない超臨界状態の水や二酸化炭素などの物質がさまざまな分野で注目を集めていますし，結晶と液体の中間相(mesophase)の挙動を示す液晶はその実用範囲が拡大発展しつつあります．そこで，まず日常的にもよく見られる物質の三態に関係する一般的な特徴などを一覧表にまとめて整理しておきましょう．

6.2 気体の性質

気体の状態方程式

気体のことを英語では"**gas**"といいますが，この用語は17世紀のベルギーの医師で科学者でもあるファン・ヘルモント(1579〜1644)がギリシャ語の"*chaos*"（混沌）から命名したといわれています．何やらつかみどころもなく，たいていは無色で手に取って見るわけにもいきませんから一見扱いにくそうですが，歴史的には早くから科学者の格好の研究対象だったのです．気体分子は，固体や液体の分子と違って自由に空間を飛び回っており，個々の分子はほかの分子にほとんど影響されずに勝手に運動していると考えられますから，その気体が何であろうと集団としての挙動はむしろ観察しやすかったと考えられます．

日常生活を考えてみれば，いたるところで気体がわれわれの生活を支えていることがわかります．空気は呼吸のためばかりでなく，タイヤや圧搾機などに日常的に利用されていますし，都市ガスやプロパンガス，冷蔵庫の冷媒ガス，麻酔用のガスなどさまざまなガスがわれわれの生活に不可欠なのです．

さて，17世紀から18世紀にかけて気体の化学や物理は大いに進展しました．とりわけ，元素の近代的概念の創始者でもあるイギリスのロバート・ボイル(1627〜1691)は，ファン・ヘルモントの気体の実験，ドイツのフォン・ゲーリケ(1602〜1686)の空気ポンプと真空の実験，イタリアの物理学者で数学者のトリチェリ(1608〜1647)の実験(1643年)などに刺激されて，気体の圧縮率の研究から有名な「ボイルの法則」を1660年に打ち立てたのです．少し遅れてフランスのマリオット(1620〜1684)も独立に同じ法則を見いだしていたので「ボイル・マリオットの法則」と呼ぶ場合もあります．ボイルの法則は，「一定温度の下で気体の体積(V)は圧力(P)と反比例関係にある($PV = $ 一定)」ことを証明した重要な法則です．グラフで表現すると図6.1の(a)，(b)，(c)のようにいくつかの表示法が可能です．

一方，それから120年以上も遅れて，「定圧下で一定質量の気体の体積は温度の上昇とともに大きくなる」という現象を最初に見いだしたのがシャルル(1746〜1823)といわれ，「シャルルの法則」(図6.2)として定着しています．

表6.1 物質の集合状態

節	状態	性質	関連事項や応用例等
6.2	気体	分子間の距離は固体や液体の場合に比べて極端に大きく，同じ物質量でも体積はずっと大きくなる．たとえば液体の水や氷は1 molで18 cm^{3}ほどの体積だが，水蒸気では100℃，1気圧で3.1×10^4 cm^{3}と約1700倍にもなる．この結果，気体の密度は固体や液体よりもずっと小さくなり，各分子の運動はきわめて激しく，ほとんど自由に飛び回っている．形だけではなく，体積も自由に変化する．	①気体の状態方程式（ボイルの法則，シャルルの法則，ゲイ・リュサックの法則，アボガドロの法則） ②ヘンリーの法則 ③ドルトンの分圧の法則 ④グラハムの法則 ⑤クラペイロンの式 ⑥ジュール・トムソン効果
6.3	液体	分子間の距離は固体の場合とそれほど大きな差はないが，各分子はかなり自由に移動してその相対的な位置をたえず変化させ，流動性を示すようになる．このため液体全体の形は不定で自由に変形するが，固体の体積とほとんど違わない一定の体積を維持することができる．	①トルートンの規則　②ラウールの法則 ③ヘンリーの法則　④分配率 ⑤沸点上昇 ⑥表面張力 ⑦粘度 ⑧屈折率
6.4	固体	大部分の固体では，分子は規則正しく周期的に配置され，互いにしっかりと結合して平衡位置に固定されている．熱エネルギーによる振動などによって，分子がその平衡位置から多少ずれることはあっても，大きく移動することはない．その結果，固体は一定の形と体積をもち，圧力を変えても大きく変形しにくい．周期構造をとらない固体は非晶質またはガラス状態という．	①ブラッグの式 ②凝固点降下 ③デュロン・プティの法則 ④比熱 ⑤結晶系
セミナー〈8〉	超臨界流体	密閉した容器に液体を入れ加熱していくと，温度の上昇とともに，液体の密度は熱膨張により低下し，蒸気の密度は蒸気圧の増大により増大し，やがて両者の密度が等しくなり，完全に混じりあって区別のつかない均一な状態になる．	①抽出分離（CO_2, H_2O） ②反応，合成，分解反応の媒体（CO_2, H_2O） ③材料，加工，製造（CO_2） ④金属表面加工（CO_2） ⑤グリーンケミストリー（環境保全と両立可能な合成経路開発）
セミナー〈9〉	液晶	結晶状態では分子の配向はそろっており位置も固定しているが，液晶状態では分子の配向はそろっているものの位置は乱れている．液晶となる有機結晶を加熱していくとまず位置が乱れて液晶となり，さらに加熱すると配向が乱れて液体に変化する．	《分子配列による分類》 ①ネマチック液晶 ②スメチック液晶 ③コレステリック液晶 　以上のような液晶は温度変化によって出現することからサーモトロピック液晶とも呼ばれる． 《液晶の条件》 ①細長い分子 ②分極構造 ③融点はあまり高くない

6章 物質の素顔をさぐる

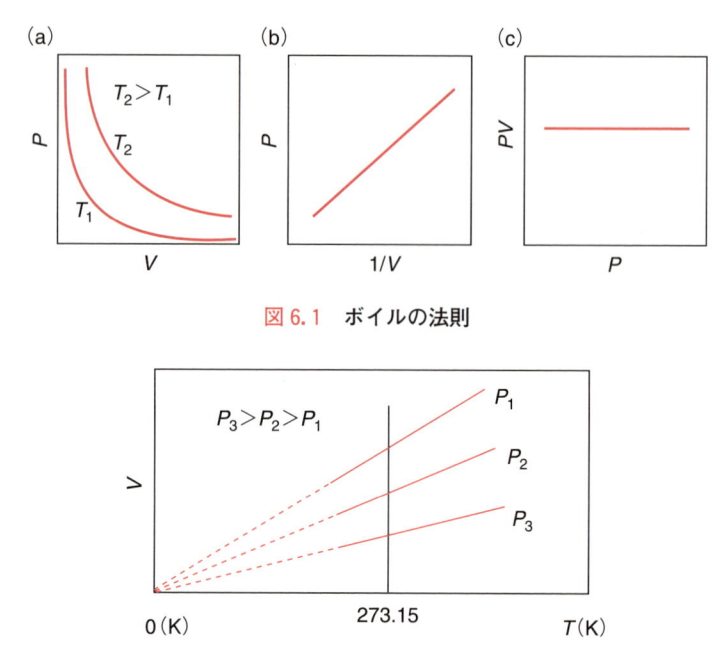

図6.1 ボイルの法則

図6.2 シャルルの法則

しかし，現在用いられているように「温度が1℃上昇するごとに，すべての気体の体積は1/273ずつ膨張する」という気体の膨張率を実験で正確に求めたのはゲイ・リュサック（1778〜1850）です．1章でも紹介したように，ゲイ・リュサックは「気体反応の法則」も発見しており，また化学以外でも大いに活躍した多才な人物です．

ところで，高校の化学の教科書では，上記の二つの法則を合体して，ボイル・シャルルの法則とし，さらに一般化した形で気体の状態方程式（$PV = nRT$）を説明しています．しかし，どういうわけか，ゲイ・リュサックの「気体反応の法則」に触発されてだされた「アボガドロの法則」（1811年：2章参照）のことは気体の状態方程式の説明の箇所でまったく触れられていません．

もともと気体の法則には，①ボイルの法則，②シャルルの法則のほかに，③アボガドロの法則も関係しています．気体のモル数（n）を含めた四つの変数（P, V, T, n）の関係式として，体積（V）を中心として考えれば，次の①，②，③の三つの式から気体の状態方程式は自然に導かれます（図6.3）．

$$
\begin{aligned}
&\boxed{\text{①ボイルの法則}} : V = k_1 \times (1/P) \\
&\boxed{\text{②シャルルの法則}} : V = k_2 \times T \\
&\boxed{\text{③アボガドロの法則}} : V = k_3 \times n
\end{aligned}
\Biggr\} PV = nRT
$$

図6.3 気体の状態方程式の導出

気体分子運動論から状態方程式へ

気体分子は空間を勝手気ままな方向にさまざまな速度で素早く運動していると考えられますから，個々の分子の行動をとらえることはできません．したがって，集団としての平均的なふるまいを考察するしかありません．いま，質量 m の気体分子 n 個が一定の温度で長さ l の立方体の容器のなかで運動していると想定します（図6.4）．この際，①気体分子の体積は無視できるほど小さく，②気体分子間では互いに相互作用はないものとし，さらに③分子がほかの分子や壁に衝突するときは完全な弾性体としてふるまうと仮定します．

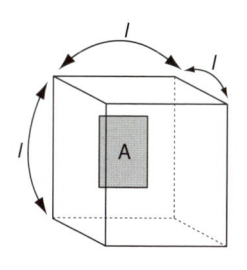

図 6.4 気体の分子運動

分子の速度を v とし，その x, y, z 方向の成分速度を v_x, v_y, v_z とします．まず，一つの分子が x 方向の壁面Aに及ぼす力を求めます．運動量の変化から

$$mv_x - (-mv_x) = 2mv_x \tag{6.1}$$

A面に衝突する回数は，1秒あたり $v_x/2l$ 回ですから，1秒あたりの運動量変化は

$$2mv_x \frac{v_x}{2l} = \frac{mv_x^2}{l} \tag{6.2}$$

となります．ここで，分子の平均二乗速度は

$$\overline{v_x^2} = \frac{v_{x1}^2 + v_{x2}^2 + v_{x3}^2 + \cdots + v_{xn}^2}{n} \tag{6.3}$$

ですから，面Aでの1秒あたりの n 個の分子の運動量変化は次の式で表されます．

$$n \frac{\overline{mv_x^2}}{l} \tag{6.4}$$

面Aに及ぼす力は1秒あたりの運動量変化と考えられますので，式(6.4)が n 個の分子が面Aに及ぼす力となります．面Aに対する圧力(P)は，力を面積で割った値に相当しますから，次の式になります．

$$P = n \frac{\overline{mv_x^2}}{l} \times \frac{1}{l^2} = \frac{nm\overline{v_x^2}}{l^3} = \frac{nm\overline{v_x^2}}{V}$$

圧力は各面(x, y, z)で等しいはずですから

$$\frac{nm\overline{v_x^2}}{V} = \frac{nm\overline{v_y^2}}{V} = \frac{nm\overline{v_z^2}}{V} \quad \therefore \quad \overline{v_x^2} = \overline{v_y^2} = \overline{v_z^2}$$

ここで

$$\overline{v^2} = \overline{v_x^2} + \overline{v_y^2} + \overline{v_z^2} = 3\overline{v_x^2} \quad \therefore \quad \overline{v_x^2} = \frac{\overline{v^2}}{3}$$

結局，次のような式がえられます．

$$P = \frac{nm}{V} \cdot \frac{\overline{v^2}}{3} \quad \therefore \quad PV = \frac{nm\overline{v^2}}{3} \tag{6.5}$$

n個の分子の運動エネルギーの合計は，$E = n \times (m\overline{v^2})/2$ですから，式(6.5)は

$$PV = \frac{2}{3}E \tag{6.6}$$

となります．このときの運動エネルギーは，絶対温度に比例する関係式$E = 3RT/2$(エネルギー等分配則：運動の1自由度に対して分配されるエネルギーは，1分子については$kT/2$で表されるので，1 mol では$E = RT/2$となり，移動(並進)の自由度のみの分子ではx, y, zの三方向に三つの自由度があるので，$E = 3RT/2$となる)で表されますから，これと式(6.6)より，1 molの気体に関して

$$PV = RT$$

すなわち「ボイル・シャルルの法則」が導かれます．

一方，「アボガドロの法則」は，以下のような考察から導かれます．二種類の気体A，Bに関して，同圧，同体積という条件であれば，$P_A = P_B$, $V_A = V_B$ですから，当然$P_A V_A = P_B V_B$になります．したがって，式(6.5)から

$$\frac{n_A m_A \overline{v_A^2}}{3} = \frac{n_B m_B \overline{v_B^2}}{3} \tag{6.7}$$

となります．一方，同温では運動エネルギーは等しいので，$m_A v_A{}^2/2 = m_B v_B{}^2/2$ですから，これと式(6.7)を比較して，$n_A = n_B$という結論がえられます．この結果を文章で表せば，「同温，同圧下では，同体積中に同数の分子を含む」という結論になり，「アボガドロの法則」が理論的に導かれたことになります．

気体の諸性質

まずは，気体分子の速度(根平均二乗速度)を求める式を導きましょう．上で説明したように，分子の運動エネルギーとエネルギー等分配則から

$$E = \frac{nm\overline{v^2}}{2} = \frac{M\overline{v^2}}{2} = \frac{3}{2}RT \quad (M：分子量)$$

よって，気体分子の根平均二乗速度は次のように示されます．

$$\sqrt{\overline{v^2}} = \sqrt{\frac{3RT}{M}} \tag{6.8}$$

すなわち，分子の平均速度は絶対温度の平方根に比例し，分子量の平方根に反比例します．0℃における各種気体の速度について計算した結果が表6.2です．また，さらに温度を上げて100℃にした場合の酸素分子の根平均二乗速度がどの程度速くなるか計算してみます．

$$\sqrt{\overline{v^2}} = \sqrt{\frac{3\times(8.3144\,\mathrm{J\,K^{-1}mol^{-1}})\times(373\,\mathrm{K})}{0.032\,\mathrm{kg\,mol^{-1}}}} = 539\,\mathrm{m\,s^{-1}}$$

$$(1\,\mathrm{J} = 1\,\mathrm{kg\,m^2\,s^{-2}})$$

表6.2 分子の速度

	$\sqrt{\overline{v^2}}$ m/s
He	1305
H_2	1838
N_2	483
O_2	462
CO_2	393

次に，気体の拡散・流出速度について説明しましょう．2種の気体がその境界面から互いに混ざっていく現象を拡散といい，小さな穴を通って気体が空いた空間にでていく現象を流出といっています．それらの速度についてはグレアム（スコットランド：1805～1869）の法則が知られています．この法則は，「気体の拡散（流出）速度は，気体の分子量(M)の平方根に反比例する」というもので，次式のように表されます．

$$\frac{気体1の拡散速度}{気体2の拡散速度} = \frac{\sqrt{M_2}}{\sqrt{M_1}} \tag{6.9}$$

これは式(6.8)からも自然に誘導できます．

次は，ドルトンの分圧の法則です．分圧の法則とは，「混合気体の全圧は，各成分気体が単独で存在するときの分圧の和に等しい」というものです（図6.5）．

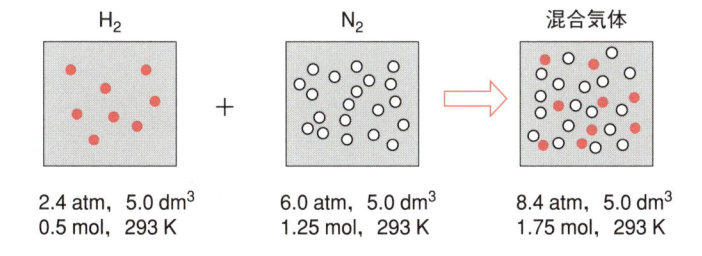

H_2
2.4 atm, 5.0 dm³
0.5 mol, 293 K

N_2
6.0 atm, 5.0 dm³
1.25 mol, 293 K

混合気体
8.4 atm, 5.0 dm³
1.75 mol, 293 K

図6.5 分圧の法則

実在気体の補正状態方程式

ここまでの説明では，気体分子は「剛直で相互作用もせず，分子自身の体積も無視する」というかなり厳しい仮定の下で議論してきたわけですが，現実にはそのような理想的な気体は存在しません．現実の気体は高温で低圧の場合にのみ理想気体と同様な挙動を示します．現実の気体では，分子の体積が小さいといっても数が増せば無視できなくなりますから，Vの代わりに分

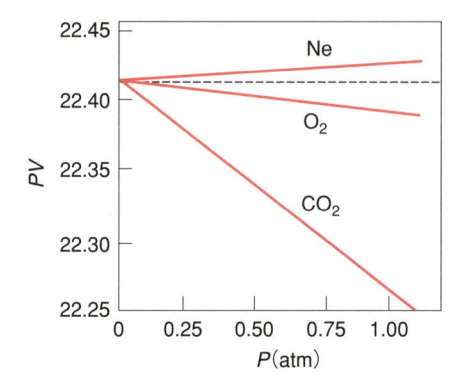

図6.6 実在気体の P と PV の関係

子の体積分を補正した $(V - nb)$ を用います．圧力項でも，分子間の引力を無視できませんから，実際に測定された圧力 P の代わりに分子間引力で減少した分の圧力を加えて補正する必要があります．そのため，P を $\{P + a(n/V)^2\}$ におきかえます．この二つの補正を用いて理想気体の状態方程式を書きかえると，次のようなファンデルワールスの状態方程式になります．

$$\left\{P + a\left(\frac{n}{V}\right)^2\right\}(V - nb) = nRT \tag{6.10}$$

$n = 1\,\text{mol}$ として式(6.10)をさらに書きかえると，次式がえられます．

$$PV = RT - \frac{a}{V} + b\left(\frac{a}{V^2} + P\right) \tag{6.11}$$

理想気体の場合と比べ，二つの補正項が加わったことになります(図6.6)．定数 a, b は気体によって異なります．a は分子量に比例する定数なので，分子量の小さな気体では，第一補正項 $(-a/V)$ の影響はほとんど無視できます．a の値が大きい場合は，P の値が小さい間は第一補正項の影響で PV の値は減少傾向にありますが，P の値が大きくなってくると第二補正項 $[+b(a/V^2 + P)]$ の影響が強くなり，PV の値は上昇してきます．

臨界状態

　二酸化炭素，アンモニア，n-ブタンのような気体は，冷却または圧縮すると容易に液体になりますが，ヘリウムや水素のような気体を液化することは簡単ではありません．ある気体を液化するためには，その気体に特有な温度以下で圧縮しなければなりません．この温度を臨界温度といいます．どんな気体でも，その臨界温度より低い温度で適当な圧力を加えれば液化します．液化が起るために必要な圧力を臨界圧といいます．メタンは室温近辺ではいくら圧縮しても液化しませんから，海外から輸入する液化天然ガス(ほとんどメタン)を日本まで輸送するためには，その臨界温度 $(-82.1℃)$ 以下に保冷して $4.64\,\text{MPa}$ (46.4 気圧)以上に加圧しておかなければなりません．メタ

ンガスに比べると，ガスライターや卓上ガスコンロなどに使われている n-ブタンガスの場合は19℃，2気圧程度で容易に液化できますからずいぶん楽です．

さて，図6.7を見てみましょう．図6.7(a)はアンドリュース(アイルランド：1813～1885)が1869年に提出した二酸化炭素の実測 PV 曲線(等温線)で，図6.7(b)はファンデルワールス曲線の模式図です．実測図では，低温の等温線には水平部分が現れます．286 K の等温線を見てみると，図6.7(a)の点 A 近辺では二酸化炭素は気体であり，圧力が増すにつれ体積は AB に沿って減少していき，点 B で液化が始まります．圧力は一定のまま体積は急激に減少し点 C において全部が液化します．それから先は圧力をいくら増しても体積はわずかに減少するだけで等温線はほとんど P 軸と平行になります．

等温線の水平部分は温度の上昇とともに短くなり，やがて304 K になると点 B と点 C が重なり変曲点 D が現れます．この点を臨界点といいます．臨界点における温度，圧力および1 mol の体積をそれぞれ臨界温度(T_c)，臨界圧力(P_c)，臨界体積(V_c)といいます．次に，ファンデルワールスの状態方程式の定数 a, b を臨界定数から求めてみましょう．まず，式(6.10)($n=1$)を V に関して整理します．

$$V^3 - \left(b + \frac{RT}{P}\right)V^2 + \frac{aV}{P} - \frac{ab}{P} = 0 \tag{6.12}$$

この式は V に関して三次式ですから，任意の P, T に対して3個の解(E, F, G)をもつことになります(図6.7b)．臨界点では解は一つですから，$(V-V_c)^3 = 0$ が成立するはずです．したがって，この式を展開して式(6.12)と各項の係数を比較すれば，$V_c = 3b$, $T_c = 8a/27Rb$, $P_c = a/27b^2$ がえられますから，臨界定数がわかれば定数 a, b を求められます．

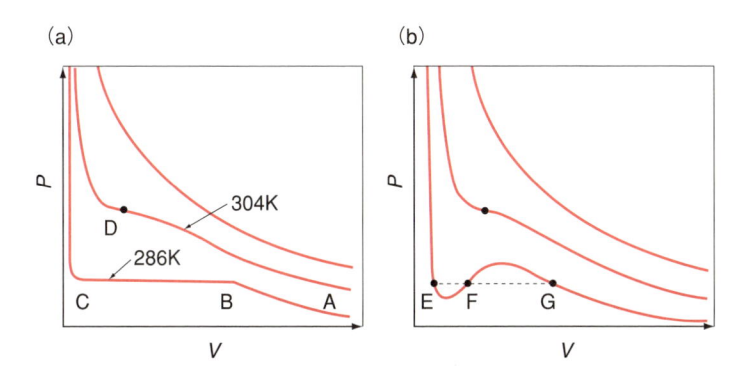

図 6.7 二酸化炭素の実測 PV 曲線とファンデルワールス曲線

6.3 液体の性質

身近にある液体

気体分子をその臨界点以下の温度で加圧すれば液体になりますし，固体分子を加熱していくとやがて液体になります．液体は気体と固体の中間状態にあります．なんの制約もなければ，液体は気体と同様にたえず動いているので決まった形をを示しません．しかしながら，「水は方円の器に随う」という

セミナー〈8〉

水・二酸化炭素・メタノールの特異な性質
――超臨界流体の多様な可能性――

本章の扉部分に水の温度・圧力の状態図（模式図）が描かれていますが，物質は温度や圧力の条件次第で，気体，液体，固体とさまざまな状態に変化します．超臨界とは，この図中に示されている臨界点の温度（臨界温度：T_c）と圧力（臨界圧力：P_c）を超えた領域のことで，赤く色づけされた部分に相当します．この領域にある物質のことを超臨界流体といいます．気体でも液体でもなく，高密度で特異な性質を示す，非常に活性の高い流体のことです．最近，環境問題に対する配慮から，超臨界流体としての水や二酸化炭素やメタノールなどに注目が集まり，それらの利用研究がとても活発になってきました．以下に具体例を示します．

①超臨界水（T_c：374.1℃，P_c：22.1 MPa）

水は極性が大きく，常温付近での誘電率は約80で，イオン積も10^{-14}程度であることがわかっていますが，圧力を25 MPa程度に固定して温度を上げていくと，臨界点近辺では誘電率は約5〜10になり，イオン積も大きく減少することが確かめられています．このことは，常温ではイオン性の無機物質をよく溶かし，極性の小さな有機物は溶かさない水が，「有機物はよく溶かすけれども無機物は溶かさない」という逆転した性質に変身することを意味しています．このような性質を利用して，水素化や脱水素反応，アルコールの脱水反応，縮合型ポリマーの加水分解（ポリエチレンテレフタレート：PETの分

解）反応，酸化剤共存下での難分解性有機化合物（ダイオキシン，PCBなど）の迅速分解などの有機化学反応場として超臨界水を使用しています．このような利用法が環境問題にも明るい展望をもたらしています．

②超臨界二酸化炭素（T_c：31.0℃，P_c：7.3 MPa）

超臨界流体としての利用では先輩格の二酸化炭素は，天然有機化合物の有効成分（植物油，香気物質，生薬など）の抽出（たとえばコーヒーからカフェインを，タバコからニコチンを抽出除去する技術）に広く利用されてきました．加えて最近では，二酸化炭素を超臨界流体クロマトグラフィーとして利用し，ガスクロマトグラフィーなどでは不可能な不揮発性物質や熱に不安定な物質の分析に威力を発揮しています．また，超臨界の二酸化炭素には水素が高濃度に溶解する性質を利用して，不斉水素化反応や種々の有機合成反応に応用されているほか，材料加工，メッキなど多方面にその利用例が広がっています．

③超臨界メタノール（T_c：239.4℃，P_c：8.1 MPa）

超臨界流体としてのメタノールでは，その水素結合の約90％は壊れ，単独のメタノール分子は活性化されており，無触媒条件下でも下記に示すような反応を示します．この反応を用いれば，PETボトル樹脂をほぼ完全に原料にリサイクル可能という報告がでています．

$$\text{-[OC-C}_6\text{H}_4\text{-CO-O-CH}_2\text{CH}_2\text{O]}_n\text{- } + n\text{CH}_3\text{OH}$$

$$\longrightarrow n\text{H}_3\text{C-OC-C}_6\text{H}_4\text{-CO-O-CH}_3 + n\text{HOCH}_2\text{CH}_2\text{OH}$$

諺のとおり，一定の容器に入れれば固体と同様にはっきりした形と表面をもちます．液体は気体とは異なり分子がかなりぎっしりと詰まっており，一定の体積を保ち，ほとんど圧縮できません．

さて，われわれの住む地球は「水の惑星」と呼ばれるように液体である水が地球表面の4分の3を覆っています．水以外で自然界に液体の状態で多量に存在するものといえば石油くらいしかありません．臭素や水銀は常温で液体ですが，単体として天然に存在することはほとんどありません．われわれの身近に見られる液体（ほとんどが有機化合物）の大部分は人間がつくりだしたものです．また，水といっても天然の水は何かしらほかの物質を溶解した溶液状態，懸濁状態，コロイド状態のいずれかの状態にあるのが普通です．この節では「水」を含めて，種々の液体に共通するさまざまな性質を簡潔に整理しておくことにしましょう．

表面張力

液体の分子は気体と違って，相互に接近しているため互いに強い引力で引きあっています．液体の内部にある分子はどの方向からも同等の力で引かれていると考えられますが，液体の表面にある分子は液体内部の分子から下方に引かれるため，表面張力が生じます．ガラス毛細管を水面に立てると，水は管内を上昇してその液面は凹面状にへこみます．これは水分子とガラス表面の分子との引力が強いためで，水の表面張力と水柱の重さがつりあうところまで上昇して停止します．水銀にガラス管を立てた場合は逆で，水銀原子相互の凝集力の方がガラス表面の分子との引力より大きいため，凸面状になり，むしろ下降します（図6.8）．

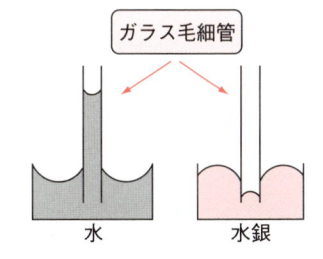

図6.8 表面張力

液体の粘性

水やアルコールはさらさらした流動性の大きい液体ですが，それに比べてグリセリン，水あめ，蜂蜜などの粘ちょうな液体が流動性に乏しいことは日常的に経験する現象です．粘度の研究は，フランスの生理学者ポアズイユ（1799～1869）による毛細管内を流れる血液の流量の研究に端を発しています．液体が流れるときに液体内部に摩擦が生じます．この摩擦の大きさを示す尺度が粘度です（表6.3）．

液体の沸点と蒸気圧

液体の蒸気圧の対数（$\ln P$）と絶対温度（T）との間の関係式として，次のクラペイロン・クラウジウスの式がよく知られています（式6.13）．

$$\ln P = -\frac{\Delta H_v}{RT} + C \quad (\Delta H_v：モル蒸発熱，C：定数) \tag{6.13}$$

この式の導き方は，液体と気体の相平衡のところででてきます．高い山では

表6.3 各種化合物の25℃における粘度（単位：10^{-3} Pa s）

化合物	粘度
アセトン	0.31
エチルアルコール	1.084
ジエチルエーテル	0.224
水	0.89
水銀	1.528
濃硫酸	23.8
ひまし油	700
グリセリン	1334

気圧が下がりますので，水の沸点も低くなります．富士山の山頂では，水の沸点は90℃より低くなるので圧力釜がないとご飯がうまく炊けません．一般に「1000 m 高くなるごとに，水の沸点は約 3 ℃下がる」と記憶しておくと便利です．参考までに高度と水の沸点の関係を図6.9に示しておきましょう．

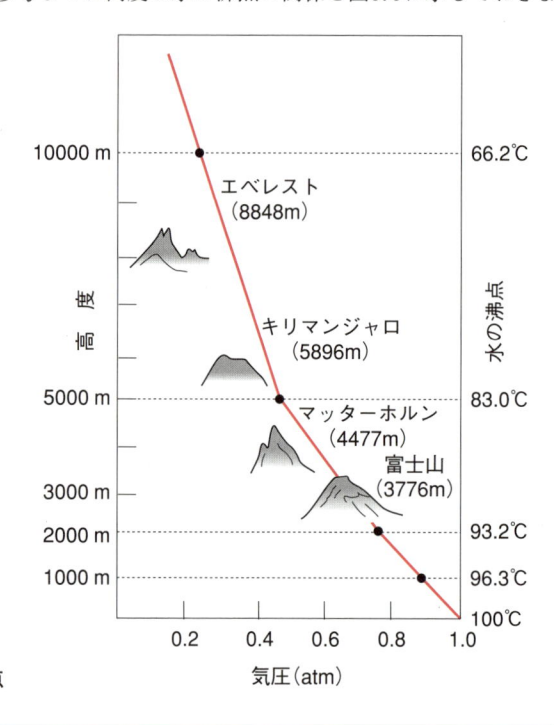

図 6.9 高度と水の沸点

【例題6.1】 海抜5000 m の大気の圧力は54.05 kPa 程度である．水の蒸発熱を40.7 kJ mol^{-1} として，この高度での水の沸点は何度(℃)になるか求めなさい．ただし，気体定数(R)は8.314 J K^{-1} mol^{-1} とする．

【解】 大気圧 P_1 のときの水の沸点を T_1 とし，大気圧 P_2 のときの沸点を T_2 とすると，式(6.13)より

$$\ln P_1 = -\frac{\Delta H_v}{RT_1} + C \quad \ln P_2 = -\frac{\Delta H_v}{RT_2} + C$$

辺々引き算すると

$$\ln P_1 - \ln P_2 = \frac{\Delta H_v}{R}\left(\frac{1}{T_2} - \frac{1}{T_1}\right) \quad \therefore \quad T_2 = \frac{1}{\left(\dfrac{R}{\Delta H_v}\right)\ln\dfrac{P_1}{P_2} + \dfrac{1}{T_1}}$$

ここに，$P_1 = 101.33$ kPa, $P_2 = 54.05$ kPa, $T_1 = 373$ K, $\Delta H_v = 40.7$ kJ mol^{-1} を代入し，整理すると，$T_2 = 356$ K となるので，求める沸点は，$356 - 273 = 83$ ℃ となる．

6.4 固体の性質

一般的性質

ガラスのような非晶質を除けば，ほとんどの固体は結晶です．固体中では，分子，原子またはイオンが液体中や気体中よりも強い相互作用で近接しており，規則性の高い三次元構造をとっています．ですから，一般には固体は液体や気体に比べてずっと密度が大きいのです．水やアンチモンは例外的で，液体よりも固体の方が密度が小さくなります．この水の特異な性質が地球上の生物の命を支えているといっても過言ではないのです．氷の密度が水よりも大きければ，氷はどんどん沈み，ほとんどの池や湖が全面的に凍りついてしまい，水棲の生き物は生きていけないことでしょう．氷は軽いので水に浮かび表面を覆ってしまうため，外の気温がかなり下がったとしても，少し大きな湖なら全面的に凍結することは稀です．

さて，一般に結晶性の固体は一定圧力の下で温度を上げていくと，ある一定の温度で融けて液体になり，結晶が融けている間はその温度(融点：melting point)を保ちます．液化が完了した後は温度は上昇していきます(図6.10は氷の例)．ガラスのような非晶質(無定形物質)は明確な融点をもたず，加熱を続けていくと徐々に軟化し，流動性の液体になります．結晶性の固体に不純物が含まれていると，融点は降下しますので融点測定は純度の検定に用いられます．融点は重要な物理定数の一つです．結晶性物質 1 mol を完全に融解させるのに必要な熱量をモル融解熱といいます．

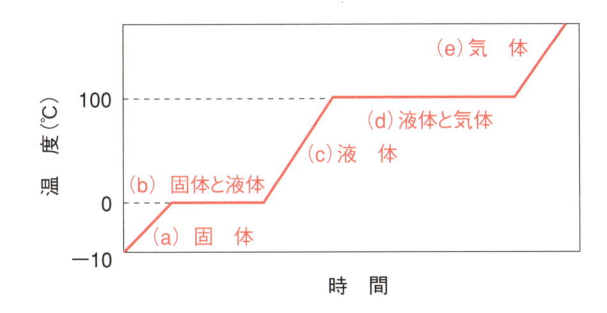

図 6.10 水の状態変化

結晶系

結晶性固体(おもに無機系結晶)は多数知られていますが，この結晶をその形によって大きく七つに分類します．結晶軸の角度およびその長さによる幾何学的分類(対称要素を利用)に基づいて，次の表6.4のように分類されています(図6.11)．上記の分類は，19世紀の多くの結晶学者によって積み上げられた知識と彼らの鋭い洞察力から生まれた見事な推論でしたが，この推論は20世紀に入って結晶内部の構造を実際に見ることのできるX線回折技術の開発によって確実なものになったのです．レントゲン(独：1845～1923)によって発見されたX線をラウエ(独：1879～1960)やブラッグ父子(英：父1862

表 6.4 結晶系

晶系	軸間の角度	軸の長さ	対称要素	具体例
立方	$\alpha = \beta = \gamma = 90°$	$a = b = c$	3回回転軸	Au, Ag, Cu, NaCl
正方	$\alpha = \beta = \gamma = 90°$	$a = b \neq c$	4回回転軸	Sn, PbO, TiO$_2$
六方	$\alpha = \beta = 90°,\ \gamma = 120°$	$a_1 = a_2 = a_3 \neq c$	6回回転軸	Mg, Zn, Be, Cd, Ca
三方	$\alpha = \beta = \gamma \neq 90°$	$a = b = c$	3回回転軸	As, SiO$_2$
斜方	$\alpha = \beta = \gamma = 90°$	$a \neq b \neq c$	2回回転軸	S, I$_2$, AgNO$_3$
単斜	$\alpha = \gamma = 90°,\ \beta \neq 90°$	$a \neq b \neq c$	2回回転軸	CuCl$_2$, ショ糖, S
三斜	$\alpha \neq \beta \neq \gamma$	$a \neq b \neq c$	なし	B(OH)$_3$, CuSO$_4$

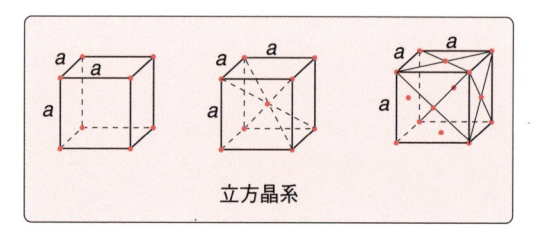

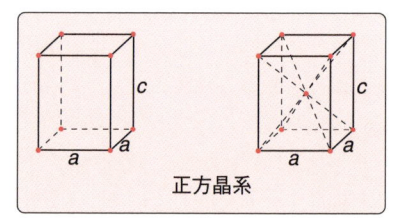

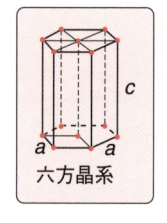

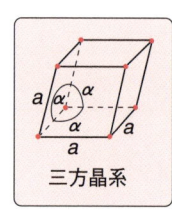

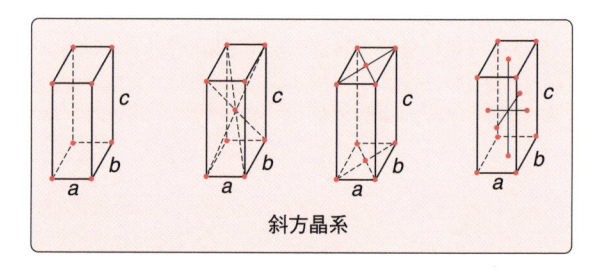

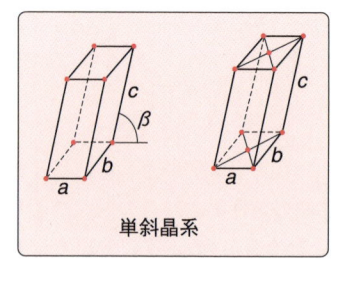

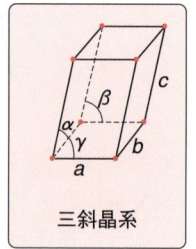

図 6.11 七つの結晶系

~1942, 子 1890~1971)らが結晶に応用することによって明らかになったのです.

一定波長のX線(波長の短い電磁波)を結晶のさまざまな面に照射し, X線が強まる角度を測定する方法がX線回折法です. 図6.12のように, 間隔 d で並んだ結晶の各面にX線が角度 θ で入射した場合を考えます. 第一の面で反射されたX線と, 次の面で反射されたX線の行路差は $2d\sin\theta$ になります. よって, 反射されたX線が干渉して強めあう条件は, 行路差が波長の整数倍, すなわち, $2d\sin\theta = n\lambda$ ($n = 0, 1, 2, \cdots$)のときです. この関係式を「ブラッグの反射条件」といいます. 角度 θ が求まれば間隔 d が求まり, 表6.4の軸間の角度や軸の長さ(格子定数)が決まるのです.

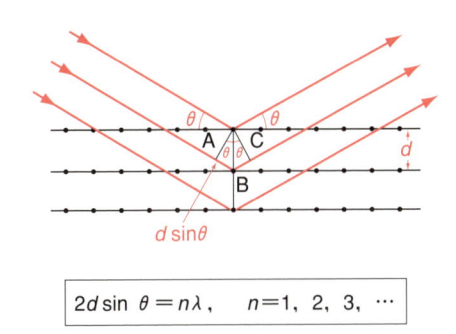

$$2d\sin\theta = n\lambda, \quad n = 1, 2, 3, \cdots$$

図6.12 X線回折法の原理

結晶の種類

4章で種々の化学結合について学習してきましたが, 結晶の種類はこの化学結合に大いに関係があります. イオン, 原子, 分子を結びつけている結合力を中心に各結晶の性質や特徴をそれぞれ比較すると, 表6.5のように分類整理できます.

表6.5 結晶の種類と性質

結晶の種類	構成単位	結合様式/結合の方向性	性質	実例
イオン結晶	イオン	クーロン力/方向性なし	高い融点と沸点, 電気絶縁性(融解状態では伝導性)	NaCl, CsCl, CaF$_2$, TiO$_2$, ZnS
共有結合結晶	原子	軌道の重なり/方向性あり	高い融点と沸点, 電気絶縁性	ダイヤモンド, グラファイト, Si, Ge
金属結晶	金属陽イオンと自由電子	クーロン力, 軌道の重なり/方向性なし	融点と沸点(高低あり), 電気伝導性, 展性, 延性など	Li, Na, Al, Fe, W
分子結晶	分子	ファンデルワールス力, 静電気引力, 水素結合/方向性あり	低い融点, 昇華性	ドライアイス, ナフタレン, ヨウ素

セミナー〈9〉

固体と液体の中間相
──液晶の発見──

　19世紀の終わりごろ，オーストリアの植物学者ライニッツァー（1857～1927）は植物中のコレステロールの役割を研究する一環として，種々のコレステロール誘導体を合成していました．たまたま，そのうちの安息香酸エステル（安息香酸コレステリル：下図）の結晶の融点を測定したときに，奇妙な現象に遭遇したことが液晶発見のきっかけといわれています．この結晶はまるで二つの融点をもつような挙動を示したのです．まず145.5℃でいったん白濁し，そのまま加熱していくと178.5℃で完全に透明になるという現象の発見でした．ライニッツァーから相談を受けた物理化学者のレーマン（独：1855～1922）は，最初の濁った状態は結晶に似て複屈折を示すとともに流動性も示すことから，「液晶」という名称を提案したのです．結晶が完全に液体になる前の，ある温度範囲でのみ存在する状態なので中間相（mesophase）とも呼ばれています．一般に液晶になりやすい化合物は，棒状の細長い分子や芳香環のような円板状の構造をもつ分子です．結晶は規則正しい三次元構造をもち，位置も配向もそろった状態にありますが，一般の物質では，熱を加えていくと熱運動が激しくなり，やがて融解して液体になると結晶格子は壊れ，位置も配向もばらばらになります．ところが，液晶状態では位置が乱れても分子の配向は保存されているのです．

　液晶には，結晶を加熱したりあるいは液体を冷却したりした場合に液晶性を示すものと，溶液状態で液晶性を示すものがあります．前者をサーモトロピック液晶といい，後者をリオトロピック液晶と呼んでいます．ここでは，サーモトロピック液晶のなかでも「カラミチック液晶」(calamitic liquid crystals) を中心に勉強しましょう．この名称はギリシャ語の "*calamus*" が語源で，英語では reed（葦）とか cane（茎）といった意味です．砂糖（ショ糖）のことを英語で cane sugar といいますが，サトウキビを思いだしてもらえばよいでしょう．いずれも長い棒状をしています．箸立てのなかの箸，筆入れのなかの鉛筆やペン，狭い川をゆっくり下る多数の材木などを想像してみて下さい．いやでも向きがそろってしまうことが理解できると思います．このような性質を示すには，棒の直径の少なくとも3倍以上の長さが必要なようです．

　「カラミチック液晶」は，さらに(a)ネマチック液晶（位置はかなり不規則でも配向は規則的），(b)スメクチック液晶（ネマチック液晶よりも位置の規則性が強い液晶），(c)コレステリック液晶（層状構造をもち，各層は一定の角度でねじれていて，層内の分子の配向は規則的）に分類されています（図6.13）．

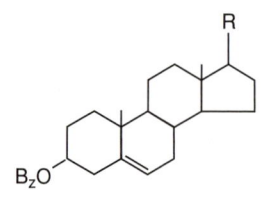

安息香酸コレステリル

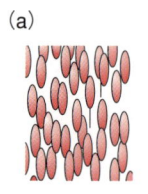

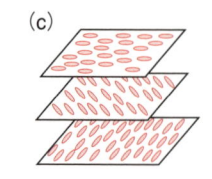

(a)　(b)　(c)

図6.13　カラミチック液晶

6.5 物質の状態変化

相変化と相平衡

明確な物理的境界によってほかと区別される物質系の均一な部分を「相」といい，それが気体，液体，固体の状態であるのに応じて，それぞれ気相，液相，固相と呼んでいます．室温，常圧下では銅は固体で，水銀は液体で，窒素は気体です．同じ固相でも，炭素はダイヤモンドとグラファイトという異なる相をもっています．氷も高圧では七つ以上の異なる相をもっています．それぞれの相は異なった分子配列をもっており，均一ですが明らかに区別できる境界をもっています．氷が融けると水になる変化は融解といって，固体から液体への相変化です．その逆の変化を凝固といいますが，これも相変化です．われわれはさまざまな相変化を日常的にたえず経験しています．アイスクリームなどを買ったときについてくる固体状態のドライアイスを放置しておけば，やがて気体の二酸化炭素に昇華してしまいます．冷蔵庫などの冷媒には液化しやすい物質が使われていますが，これらの冷媒は蒸発と凝縮の相互変化，すなわち気相と液相間の相変化を繰り返しています．一定の圧力や温度の下では，液相と気相，気相と固相，固相と液相が平衡状態にある場合があります．このような状態を相平衡といいます．

具体的には水の三つの状態間の変化を温度と圧力の関数として表した状態図（図6.14）によって見ていきましょう．この図は，閉鎖系で状態間の変化を温度と圧力を変えて測定されたものの模式図です．曲線 OB は蒸気圧曲線で，この線上では気体と液体が共存して平衡状態にあります．同様に，曲線 OA は昇華曲線で，曲線 OC は融解曲線です．図中で点線で示した直線は，1気圧を想定したもので，この線と曲線 OC が交わる点 E は融点(273.15 K)，蒸気圧曲線 OB と交わる点 F は沸点(373.54 K)に相当します．O 点では三つの曲線が交わっており，固相，液相，気相の三相が共存していますので，この点を三重点といいます．この三重点の温度は273.16 K(0.01℃)，圧力は

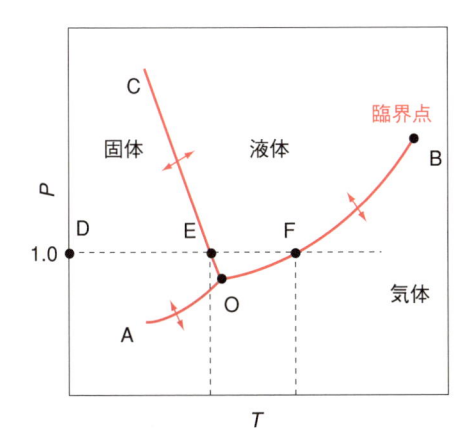

図6.14 閉鎖系での水の相図

0.006気圧です．点Bは臨界点といって，この点を超えると液体と気体の区別がなくなります．よって，臨界点を超える温度でいくら加圧しても，液体としては存在できません．

クラペイロン・クラウジウスの式の導出

図6.15に示した蒸気圧曲線(曲線OB)を見てみましょう．この曲線上では，気相と液相が平衡状態にありますから，5章で学習したように二相のギブズ自由エネルギーは等しくなります．すなわち，$\Delta G = G_l - G_g = 0$（gは気体，lは液体を表す）になります．温度と圧力を微少量(dT, dP)だけ変化させたときに，新たに平衡に達したとすると，$G_g + dG_g = G_l + dG_l$ になるわけですから，結局，$dG_g = dG_l$ になります．

ここで，自由エネルギーが圧力と温度に依存している式：$dG = VdP - SdT$〔式(5.41)〕を思いだしましょう．この式より

$$V_g dP - S_g dT = V_l dP - S_l dT$$

になりますから，$\Delta H = T\Delta S$ の関係式を代入して書きかえると次式になります．この式はクラペイロンの式として知られています．

$$\frac{dP}{dT} = \frac{S_g - S_l}{V_g - V_l} = \frac{\Delta S}{\Delta V} = \frac{\Delta H}{T\Delta V} \tag{6.14}$$

液体と気体が平衡にある場合，気体の体積に比べて液体の体積は非常に小さいので無視すると，$\Delta V = V_g = RT/P$ と近似できますから，これを式(6.14)に代入して

$$\frac{dP}{dT} = \frac{\Delta H}{T} \cdot \frac{P}{RT} \qquad \frac{dP}{P} = \frac{\Delta H dT}{RT^2} \qquad \therefore \quad \frac{d\ln P}{dT} = \frac{\Delta H}{RT^2} \tag{6.15}$$

図6.15 閉鎖系での二酸化炭素の相図

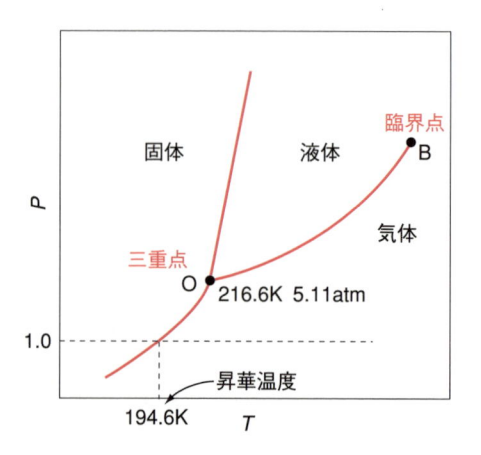

蒸発のエンタルピー変化(ΔH)は温度によらず一定として，式(6.15)を書きかえると，圧力の対数と絶対温度との関係式であるクラペイロン・クラウジウスの式が導かれます．

$$\ln P = -\frac{\Delta H}{RT} + C \tag{6.16}$$

また，この式を常用対数に書きかえると次式がえられます．

$$\log P = -\frac{\Delta H}{2.303\,RT} + C' \tag{6.17}$$

この式から，圧力の対数と絶対温度の逆数が直線関係にあることがわかります．種々の温度における各種液体の蒸気圧と温度の関係を図6.16，6.17に示してあります．式(6.16)は比較的狭い温度範囲でしか有効ではありませんが，広範囲の温度に適用できるアントワーヌ(Antoine)の補正式が知られています．

$$\ln P = -\frac{B}{T+C} + A \quad (A, B, C\text{は各化合物に固有の定数}) \tag{6.18}$$

以下の図6.16と6.17には，比較的身近な液体の蒸気圧と温度の関係を示してあります．図6.17の直線の勾配から蒸発熱を求めることができます．

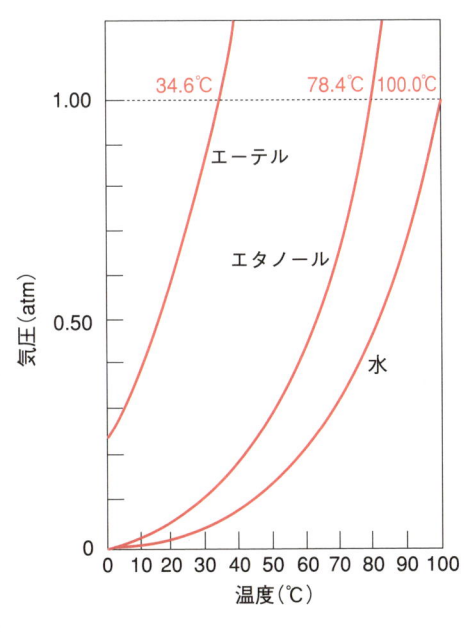

図6.16 蒸気圧曲線

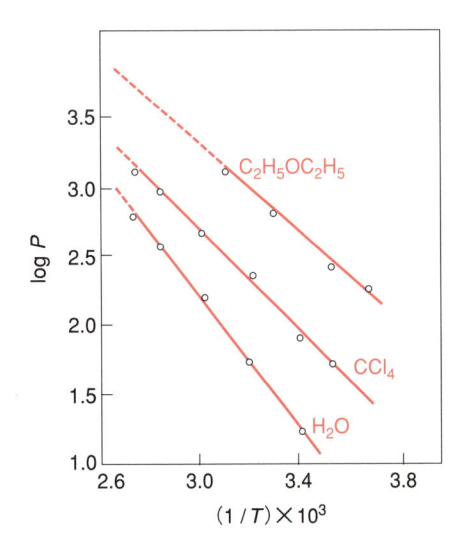

図6.17 蒸気圧の対数と絶対温度の逆数の関係

蒸発のエントロピーとトルートンの規則

「多くの液体で1 molあたりの蒸発熱 ΔH_v と沸点 T_b との比 $\Delta H_v/T_b$ ($\mathrm{J\,mol^{-1}\,K^{-1}}$) がほぼ一定である」という観察はトルートンの規則と呼ばれ，1884年に発表されました．この規則をいい換えると，「液体の蒸発に伴うエントロピー変化は各液体の沸点において一定値を示す」ということになります．後にキスチアコフスキー（W. Kistiakowsky）[1]がクラペイロンの式と理想気体の法則からトルートンの規則を支持する次のような計算式を提出しました（1923年）．この式は多くの有機化合物（おもに非極性）において，実験値と比較的よい一致を示しています（ただし，低沸点の液体や水素結合をもつ水，アルコール，酢酸などには適用できません）．

$$\Delta S = 36.6 + 8.31 \ln T_b \tag{6.19}$$

表6.6は，実測値と式(6.19)による計算値との比較です．

[1] W. Kistiakowsky, *Z. Phys. Chem.*, **107**, 65-73 (1923)

[2] R. P. Schwarzenbach et al, "*Enviromental Organic Chemistry*", John Wiley & Sons. Inc., New York (1993) 68頁表4.2より一部引用

表6.6　トルートンの規則の実測値と計算値[2]

化合物	沸点(K)	実測値	計算値
n-ペンタデカン	544	90.8	88.9
トルエン	384	86.6	86.0
スチレン	418	88.7	86.8
ナフタレン	491	88.3	88.1
ピリジン	389	90.4	86.2
塩化メチレン	313	90.9	84.4
クロロホルム	335	87.7	84.9
アセトン	329	88.3	84.8
アセトニトリル	355	88.3	85.4
フェノール	455	89.5	87.5
p-クレゾール	475	90.8	87.8

固相と液相の平衡

固体がその液体と平衡状態にあれば，$\Delta G = G_s - G_l = 0$（sは固体を表す）ですから，固相と液相の平衡温度に対する圧力の影響について，式(6.14)と同様に

$$dP/dT = \Delta H(\text{モル融解熱})/T(V_l - V_s)$$

（V_l, V_s はそれぞれ液体と気体のモル体積）

という関係式がえられます．$\Delta V = V_l - V_s$ は正のときもあれば負のときも

あります．多くの物質は固体が融解して液体になるときに体積が増加するので，$V_l > V_s$ となり $dP/dT > 0$ です．ところが，氷が水になるときは水のモル体積が氷のモル体積より小さいため，$\Delta V < 0$ となるので，$dP/dT < 0$ です．したがって，$dP > 0$ なら $dT < 0$ ですから，氷のような固体の融点は圧力を加えると低下します(図6.14の曲線 OC は左上がりに傾いています)．「氷は圧力を加えると，0℃(273.15 K)より低い温度で融解する」ということです．

ギブズの相律

ギブズは2相またはそれ以上の相の間で平衡が成立するためには，成分物質のモル自由エネルギー(化学ポテンシャルともいう)がそれぞれの相で等しくなければならないことを熱力学的に考察しました．その結果，系の自由度 f は，系を構成する相の数を p，独立成分の数を n とすると次のような関係式で表されるという結論を導きだしており，これをギブズの相律(phase rule)といいます．

$$f = n - p + 2$$

このギブズの相律を利用して，先に説明した水や二酸化炭素のような純物質一成分系の相図をもう一度見直してみましょう．同時に，二成分系についても調べてみましょう．

①**一成分系($n = 1$)の場合：$f = 3 - p$**

$p = 1$(一相系)のときは，$f = 2$ となるので，P と T を独立に変えることができる領域，すなわち，図6.14や図6.15のなかで固体，液体，気体と書いてある領域を指しています．

$p = 2$(二相系)のときは $f = 1$ となるので，P か T のどちらかを決めれば状態は指定されます．したがって，二相が共存する OA, OB, OC 曲線に相当します．

$p = 3$(三相系)のときは $f = 0$ となるので，P や T は一義的に決まってしまい，図6.14や図6.15で明らかなように，三相が共存している三重点に相当します．

②**二成分系($n = 2$)の場合：$f = 4 - p$**

相が一つなら，自由度は3となりますから，三つの変数 P, T, c のうち，P または T を一定にして P と c または T と c の図として表現するのが普通です．次の図6.18は，揮発性二成分(A, B)系の場合に観察される P–c 図2種と T–c 図を概念的に表したものです．

図6.18(a)と(b)に記されている点線は理想溶液(後述)の蒸気圧線であり，(a)の場合は実際の A, B 混合溶液の蒸気圧が理想溶液の蒸気圧より減少していることを示しています．(b)では逆に A, B 混合溶液の蒸気圧が理想溶液の蒸気圧より増大していることを示しています．前者の例として，アセトンとクロロホルムの混合溶液が，後者の例として，エタノールと水，ア

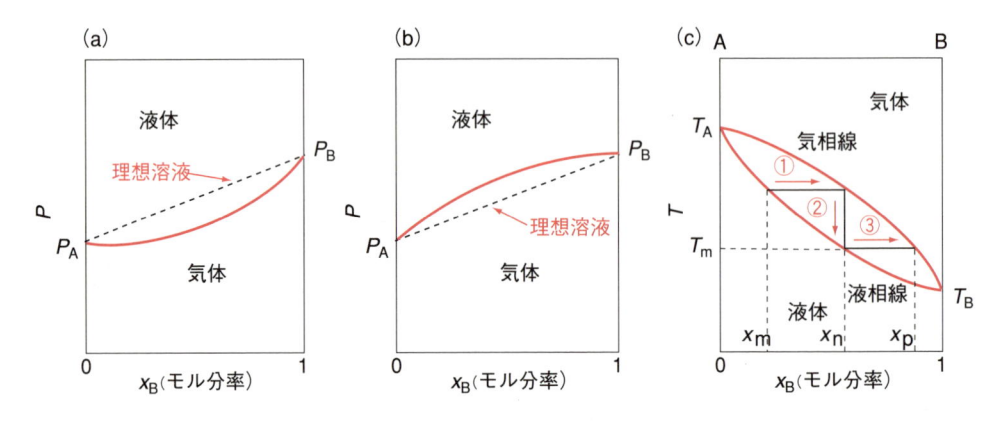

図6.18 理想溶液の蒸気圧と実際の液体の蒸気圧

セトンと水，酢酸と水の混合溶液が知られています．

また，図6.18(c)は温度Tとモル分率x_Bとの関係を表した相図で，上の曲線を気相線といい，下の曲線を液相線といいます．両曲線で囲まれた部分は，気相－液相が共存する領域です．図中の①で，→に沿って徐々に気体を蒸発させ，気相線にぶつかったところで凝縮させる（②）と，その成分はより沸点の低いBを多く含むことになり，この段階で再び蒸発させる（③）と，低沸点の成分がどんどん増します．したがって，このような操作を繰り返すことで，両成分を分離することができます．このような操作を分別蒸留といいます．

しかしながら，系によっては図6.19(a)，(b)のように，沸点図において極小点や極大点が現れる場合があります．この点では，定圧下で気相と液相の組成が一定のままで蒸留されてきます．このような現象を共沸（azeotrope）といい，えられる混合物を共沸混合物といいます．水とエタノールの混合物を常圧蒸留で分離しようとすると，78.15℃の極小点で共沸し，そのときの水の組成は4.43％（重量）で一定です．このため，95.57％以上のアルコールを

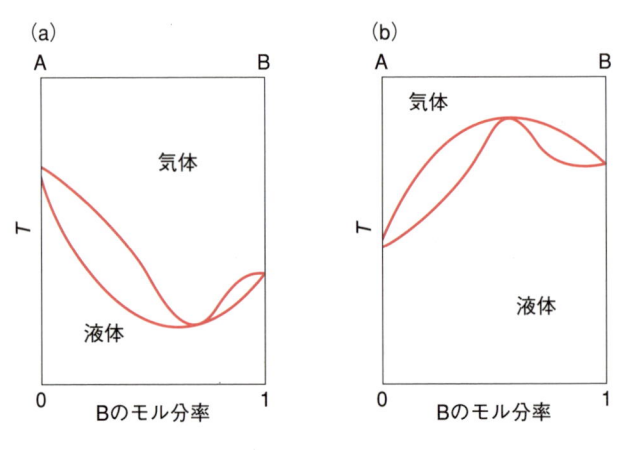

図6.19 共沸混合物の沸点図

直接えることができません．純粋なエタノールをえるには，種々の脱水剤（たとえばCaO）を用いてあらかじめ脱水してから再蒸留する方法がとられています．極大点をもつ共沸混合物の例としては，アセトン（沸点：57.1℃）とクロロホルム（沸点61.2℃）系があります．共沸点は64.8℃で，アセトン21.5％とクロロホルム78.5％（重量）の混合物がえられます．

章末問題

1. 乾燥した空気には約21％の酸素($O_2 = 32.0$)，78％の窒素($N_2 = 28.0$)，1％のアルゴン($Ar = 40.0$)が含まれている．乾燥空気の平均分子量と密度を求めなさい．

2. 18℃，1000ヘクトパスカルの下で，100 gの過塩素酸カリウム($KClO_3$)から酸素をつくった．

    $$2KClO_3 \longrightarrow 2KCl + 3O_2$$

    このときえられる酸素の体積を求めなさい．

3. 300 Kにおける，水素分子と酸素分子の根平均二乗速度の比を求めなさい．また，酸素分子の速度を，この温度における水素分子の速度と同じにするためには，酸素分子の温度は何℃にすればよいか．

4. 2 molの水蒸気が150℃で$10.0\,dm^3$の体積を占めるとき，この水蒸気の圧力を
   (1) 理想気体の状態方程式
   (2) ファンデルワールスの状態方程式
   から計算しなさい．ただし，水蒸気のファンデルワールス定数は以下の値を用いなさい．

    $$a = 5.46\,atm\,dm^6\,mol^{-2},\ b = 0.0305\,dm^3\,mol^{-1}$$

5. 海抜4000 mの山の山頂では，大気圧は63.5 kPaである．大気中の酸素濃度は地上（1 atm）と同じ21％とすると，この山頂での酸素分圧は地上と比べて何kPa減少するか計算しなさい．ただし，有効数字は2桁とする．

6. 次の四つの組に示されている2種類の化合物のうち，沸点の高い方を指摘し，その理由も示しなさい．
    (1) CO_2とSO_2 (2) Cl_2とBr_2 (3) C_2H_5OHとC_2H_5SH
    (4) n-ペンタン：$CH_3CH_2CH_2CH_2CH_3$ と neo-ペンタン：$CH_3C(CH_3)_2CH_3$ (5) XeとKr

7. エベレストの山頂付近では，大気圧は0.330 atmになる．そこでは，水は何℃で沸騰するか求めなさい．ただし，水の蒸発熱は$40.7\,kJ\,mol^{-1}$とする．

※解答は，化学同人ウェブサイトに掲載．

7章 平衡に近い系，遠い系
―― 溶液，酸・塩基，酸化・還元 ――

" There is nothing in the Universe but alkali and acid, from which Nature composes all things"

O. タケニウス（17世紀のドイツの錬金術者，生没年不詳）

　コーヒーや紅茶に砂糖を加えて溶かそうとするとき，温度が高ければ溶けやすく，低ければ溶けにくいということは，だれしも経験的に知っているでしょう．しかし，温度が高いとかえって溶けにくくなる物質もないわけではありません．アルコールは温度が高くても低くても水によく混ざり均一な溶液になりますが，油は加熱しても水にほとんど溶けません．

　5章で学習したように，溶けるという現象を理解するためには，やはり熱力学的に考えるのが近道です．

　水が高い方から低い方へ流れるように，圧力も高い方から低い方へ，濃度も大きい方から小さい方へと自然現象は進行し，やがてどこかで止まる（平衡状態に落ちつく）のです．

　われわれが考察する対象を系といいますが，系のなかで起こる反応の方向を予測するために必要な自由エネルギー変化という概念を思いだしてください．この章では，溶液，酸・塩基反応，酸化・還元反応を中心に学習していきます．

　化学反応はすべて平衡反応といってもいいのです．平衡に近いか遠いかだけなのです．

7.1　溶液の一般的性質

溶液とその定義

　前章では，物質の三態に関係する物理的性質を中心に学んできました．しかし，純粋な物質についての理論的および実験室的な議論が多かったと思います．われわれを取り巻く自然界では，純粋な物質はむしろ少なく，ほとんどは複数の物質が混ざった混合物です．これら混合物を区別する目安の一つは，粒子の大きさです．溶液は均一な混合物のことですが，ほかの物質を溶かす液体を溶媒といい，そのなかに溶けている物質のことを溶質といいます．溶質分子の大きさは，イオンなら 1×10^{-10} m 程度，タンパク質なら 5×10^{-9} m 程度です．懸濁液は不均一な混合物と定義されますが，溶媒に不均一分散している粒子の大きさは 2×10^{-7} m 程度です．この中間の大きさの粒子(10^{-9} m～10^{-7} m 程度)が分散している液体の分散系をコロイド溶液といいます．この節では均一溶液を中心に学んでいきます．

溶液の型

　最も一般的な溶液は，溶質が液体中に溶けている型の溶液です．たとえば，食塩水(液体中に固体)，不凍液エチレングリコール溶液(液体中に液体)，炭酸水(液体中に気体)などが挙げられます．液体溶液以外には，金属混合物(合金)や固溶体(置換型と侵入型)のようなものもありますし，われわれを取り巻く大気は気溶体(気体中に気体)といいます．

濃度の単位

　溶液中に存在する溶質の割合を濃度といいますが，溶液の濃度を示すには一般に，①質量パーセント濃度〔溶液(＝ 溶媒 ＋ 溶質)の質量に対する溶質の質量を百分率で表した量〕，②モル濃度(溶液 1 dm^3 中に含まれる溶質の物質量)，③質量モル濃度(溶媒 1 kg 中に溶けている溶質の物質量)の 3 種類がよく用いられます．

溶解しやすい組合せと溶解しにくい組合せ

　溶質が溶媒に溶けるという現象は，溶質粒子と溶媒粒子との間の引力が溶質粒子どうし，溶媒粒子どうしの引力よりも充分大きくなっている場合に起きます．その逆の場合は，溶質は溶媒に溶けにくいと考えられます．「**似たものどうしは溶けやすい**」という経験則があります．この溶解という現象を熱力学的に考察し，表7.1のような可能性から考えると，自由エネルギーが減少するような組合せは限られてくることがわかるでしょう．一般に，非極性粒子どうしや極性粒子どうしはよく混ざりあいますが，非極性粒子と極性粒子とはあまり混ざりません．たとえば，水とベンゼンや水とヘキサンなどはほとんど混ざりません．水の水素結合を切って水分子のなかに潜り込むの

表7.1 溶解の可能性

溶質	溶媒	ΔH	ΔS	$T\Delta S$	ΔG
非極性	非極性	$+,-$	$+$	$+$	$-$
非極性	極性	$+++$	$+$	$+$	$+(-)$
極性	極性	$+,-$	$+$	$+$	$-$
イオン性	非極性	$+++$	$+$	$+$	$+$
イオン性	極性	$+,-$	$+$	$+$	$+,-$

には大きなエネルギー(吸熱：$\Delta H > 0$)が必要です．混合によってエントロピーが多少増えても，室温程度では $T\Delta S$ はそれほど大きくなることは期待できませんから，$\Delta G < 0$ になる可能性は小さいと考えられます．一方，水に無機塩類(NaClやKClなど)が溶ける場合はどうでしょうか．まず結晶格子をつくっているイオンをばらばらにするにはエネルギー(吸熱：$\Delta H > 0$)が必要になります．逆に，ばらばらになったイオンを水が取り囲んで水和イオンを形成するときには一定のエネルギーが放出されると考えられます(発熱：$\Delta H < 0$)．MgO や BaSO$_4$ のように，格子エネルギーが水和エネルギーに比べて非常に大きい無機結晶は水に溶けにくいといえますが，格子エネルギーと水和エネルギーの大きさがほぼつり合っている場合は，吸熱的であってもエントロピー項($T\Delta S$)がまさっていれば $\Delta G < 0$ になって溶けると考えられます．

溶解度と温度・圧力

一定温度で一定量の溶媒に溶ける溶質の量には限界があります．一般に，ある温度で溶媒100 gに溶ける溶質のグラム数を溶解度といいます．水和物の場合は，無水物のグラム数で表します．溶質が溶解度に相当する量まで溶解した溶液のことを，飽和溶液といいます．ある温度で飽和状態にある溶液を冷却していくと，そのときの温度での溶解度を超えた過剰な溶質は析出してきます．この操作を利用すると，少量混在している不純物を取り除くことができます．このような析出を利用した物質の精製法を再結晶法といいます．溶解度と温度との関係を表7.2に示してあります．一般に固体の溶解度は温度が高くなれば大きくなる傾向にありますが，水酸化カルシウムのように温度上昇に逆行して溶解度が減少する化合物もあります．

液体溶媒への液体や固体の溶解に対する圧力の影響はほとんどありませんが，気体の溶解度は圧力の増加とともに増大し，温度が高くなると減少します．加圧されてビンやカンに詰められている炭酸飲料などの栓を室温で開けて放置しておくと，二酸化炭素はほとんど抜けてしまいます．同様なことは，深い海で仕事をする潜水夫やダイバーにも起こりえます．圧力が高く温度の

水和イオン

溶媒和の一種で，水溶液中のイオンが，溶媒である水分子と結合し集団をつくった状態．

表7.2 無機および有機化合物の溶解度 (g溶質/100 gの水)

物質名	0℃	20℃	40℃	60℃	80℃	100℃
NaCl	35.7	35.8	36.3	37.1	38.0	39.3
KCl	28.1	34.2	40.1	45.8	51.3	56.3
KI	127	144	160	176	192	207
$MgCl_2$	52.9	54.6	57.5	61	66.1	73.3
Na_2CO_3	7.0	22.1	49.5	46.2	45.1	44.7
$Ca(OH)_2$	0.172	0.155	0.132	0.108	0.085	0.069
H_3BO_3	2.8	4.9	8.9	14.9	23.5	38
$AlK(SO_4)_2$	3.0	5.9	11.7	24.75	71.0	119.0
コハク酸	2.8	6.9	16.2	35.8	70.8	120.9
酒石酸	115	139	176	218	273	343
ピクリン酸	0.68	1.11	1.78	2.81	4.41	7.24
ショ糖	179.2	203.9	238.1	287.3	362.1	485.2

低いところから，圧力が低く温度の高い水面に急に戻ってくると，高圧で血液に溶けていた窒素や酸素が，ビールビンを開けたときのように，血管のなかで一気に泡だってでてきますから血管が詰まる恐れがあり非常に危険です．気体の溶解について，気体の溶解度が小さく濃度が低い場合には，ヘンリーの法則が成りたちます．すなわち，一定の温度で一定量の液体に溶ける気体の濃度(c)は，溶液と平衡にある気体の圧力(P)に比例します．

ラウールの法則

不揮発性の溶質が溶媒に溶けると，溶媒の蒸気圧は低くなります．「希薄溶液の蒸気圧の相対的降下は溶質のモル分率に等しく，溶質の種類に依存しない」というのがラウールの法則で，この法則に従う溶液を理想溶液といいます（図7.1）．いいかえれば，「溶液の蒸気圧(P)は，純溶媒のモル分率に比例する」となり，式で表すと次のようになります．

$$P(溶液の蒸気圧) = P_0(純溶媒の蒸気圧) \times (溶媒のモル分率)$$

希薄溶液の束一的性質(非電解質溶液の場合)

溶質の種類に関係なく，一定量の溶媒中の溶質の粒子数（濃度）に依存する溶液の性質を束一的性質(colligative properties)と呼んでいます．上で説明したラウールの法則もその一つです．ここでは，溶液の蒸気圧に関連した三つの性質をまとめておきましょう．

ヘンリーの法則の応用
一酸化炭素中毒や潜水病などの治療に，高圧酸素が有効であることが1960年代に立証されている．呼吸する空気が高圧であればあるほど，血液中に溶けこむ酸素の濃度が高くなるため，酸素不足を補うことができるからである．酸素を嫌う嫌気性微生物が原因の病気の治療には，さらに有効である．

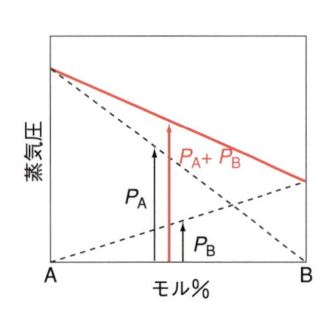

図7.1 ラウールの法則

①**モル沸点上昇**：溶媒に不揮発性の溶質が溶解した溶液では，純粋な溶媒よりも蒸気圧が低くなるので，蒸気圧が大気圧に等しくなるときの温度(＝沸点)は，わずかに上昇します．この現象を沸点上昇といいます．沸点の上昇度(ΔT_b)は溶質の質量モル濃度に比例し，以下の式で表されます．

$$\Delta T_b = K_b m \quad \left(K_b = \frac{RT_b^2 M}{1000 \Delta H_b}\right) \tag{7.1}$$

ここで，K_b はモル沸点上昇定数，M は溶媒の分子量，R は気体定数，ΔH_b は溶媒のモル蒸発熱を表します(K_b の単位：$kg\,K\,mol^{-1}$)．具体的な値は，表7.3を参照してください．

②**モル凝固点降下**：溶媒に不揮発性の溶質が溶解した溶液は，純粋な溶媒より低い温度で凝固します．この現象を凝固点降下といい，その差が凝固点降下度(ΔT_f)で，溶質の重量モル濃度に比例し，次の式で表さます．

$$\Delta T_f = K_f m \quad \left(K_f = \frac{RT_f^2 M}{1000 \Delta H_f}\right) \tag{7.2}$$

ここで，K_f はモル凝固点降下定数，M は溶媒の分子量，R は気体定数，ΔH_f は溶媒のモル融解熱を表します(K_f の単位：$kg\,K\,mol^{-1}$)．具体的な値は，表7.3を参照してください．

表7.3　モル沸点上昇と凝固点降下

溶　媒	沸点/℃	モル沸点上昇(K_b)	凝固点/℃	モル凝固点降下(K_f)
ベンゼン	80.1	2.53	5.5	5.12
クロロホルム	61.2	3.62	−63.5	4.90
水	100	0.515	0	1.85
酢酸	117.9	2.53	16.7	3.90
ショウノウ	207.4	5.61	178.8	37.7
ナフタレン	218.0	5.80	80.3	6.94

③**浸透圧**：溶媒分子は自由に通すが溶質分子は通さない半透膜(動物の膀胱膜やセロハン膜)で溶媒と溶液を隔離しておくと，溶媒の一部が膜を通って溶液中に浸透していき，やがて平衡に達します．温度一定の下で観測される両側の圧力差を浸透圧といいます．希薄溶液では，浸透圧 Π は次式で与えられます．

$$\Pi = cRT \tag{7.3}$$

ここで，c は溶質のモル濃度，R は気体定数です．海水から真水をえる方法は，この原理を逆に応用したもので，逆浸透法といいます．浸透圧の具

表7.4 各種溶液の浸透圧

各種溶液	浸透圧(atm)
1.0%ショ糖水	0.7
6.0%ショ糖水	4.0
血液	7.0
生理食塩水(0.9%)	7.0
海水	24
飽和食塩水	260

体的な値は表7.4を参照してください．

希薄溶液の束一的性質（電解質溶液の場合）

ファントホッフは非電解質溶液の束一的性質と電解質溶液の束一的性質を比較して，式(7.1)，式(7.2)，式(7.3)にファントホッフ係数iを導入し，次のように書きかえられることを実験的に証明しています．

式(7.1) $\longrightarrow \Delta T_b = iK_b m$

式(7.2) $\longrightarrow \Delta T_f = iK_f m$

式(7.3) $\longrightarrow \Pi = icRT$

電解質溶液では濃度によりiは変化しますが，すべて1より大きくなります．食塩(NaCl)のような電解質の希薄溶液では，ほぼ2になります．一般に，完全に電離した場合n個のイオンに分かれるような電解質では，係数iはnに近づきます．非電解質溶液でも電解質溶液でも，束一的性質は溶液中で独立して動くことができる粒子(分子でもイオンでも)の数によって決まるのです．

【例題7.1】 $1 \, \text{mmol dm}^{-3}$の食塩水のファントホッフ係数は1.97，$0.1 \, \text{mol dm}^{-3}$水溶液では1.87，$1 \, \text{mol dm}^{-3}$の溶液では1.81と求められている．一般に，濃度の増加とともにこの係数は小さくなる傾向にある．なぜこのような傾向が生じるのか．

【解】 電解質である食塩は，極性の大きい水溶媒中では，ナトリウムイオンおよび塩化物イオンと水分子との間の静電気的引力が両イオンどうしの引力より大きくなるため結晶構造が壊れ，両イオンは水に取り囲まれた(水和した)状態になる．そのため，希薄溶液ではナトリウムイオンと塩化物イオンの再結合が阻害され，ほぼ完全に解離した状態になっている．しかし，濃度の大きい溶液中では両イオン間の再結合が起こり，イオンペアが一部生成しているものと考えられる．したがって，濃度が増加するとファントホッフ係数は小さくなる．

7.2 酸と塩基の反応

酸・塩基の定義

酸や塩基は，日常的にもなじみの深い物質です．酸っぱいとか苦いとかいった生理的な性質から，酸とアルカリを区別するようなことはずいぶん昔から経験的に行われていました．しかし，酸や塩基を理論的に理解できるようになったのは，そんなに古い話ではありません．そこで，酸と塩基の概念の歴史的経緯を整理しておきます(表7.5)．

家庭にある酸・塩基
醸造酢などの酸や，ふくらし粉として利用する炭酸水素ナトリウム，虫さされ用のアンモニア水の入った薬などの塩基．

表7.5 酸・塩基の定義

	酸	塩 基
アレニウスの定義 (1887年) 「イオンの電離」	スウェーデンの化学者アレニウス(1859～1927)が電気伝導性の水溶液中にある溶質粒子のうち、ある割合のものが電気伝導に関与するという電離イオン説を発表した(1884年)．その後，酸と塩基を以下のように定義した．	
	「酸とは，水溶液中で水素イオンと酸基イオンに解離するもの」 [例]$HCl \longrightarrow H^+ + Cl^-$	「塩基とは，水溶液中で水酸化物イオンと金属イオンに解離するもの」 [例]$NaOH \longrightarrow Na^+ + OH^-$
ブレンステッド・ローリーの定義 (1923年) 「プロトンのやり取り」	「プロトン供与体」 酸 = 塩基 + プロトン [例]酸 HA を H_2O や ROH に溶かす． $HA + H_2O \rightleftharpoons H_3O^+ + A^-$ 　酸　　塩基　　　酸　　　塩基 $HA + ROH \rightleftharpoons RO^+H_2 + A^-$ 酸とそれからプロトンを放出して生じた塩基とは，互いに共役関係にあるという．A^- は HA の共役塩基であり，HA は A^- の共役酸である．	「プロトン受容体」 塩基 = 酸 − プロトン [例]塩基 B を H_2O や ROH に溶かす $B + H_2O \rightleftharpoons OH^- + BH^+$ 　塩基　酸　　　塩基　　酸 $B + ROH \rightleftharpoons RO^- + BH^+$ (水やアルコールは酸としても塩基としてもふるまう)
ルイスの定義 (1923年) 「電子対のやり取り」	「電子対受容体」 ブレンステッド・ローリー酸はルイス酸の一部に過ぎず，定義によれば金属イオンもルイス酸に属する．BF_3, BCl_3, Al_2Cl_6, $FeCl_3$, $TiCl_4$, SO_3 などもルイス酸である．	「電子対供与体」 ブレンステッド・ローリー塩基＝ルイス塩基
ピアソンの定義 (1963年) 「HSAB の原理」 (多くの無機・有機化合物に適用可能)	「硬い酸と軟らかい酸」 硬い酸：体積が小さく，高い正電荷をもっており，プロトンと結合しやすい塩基と強く結合する． [例]H^+, Li^+, Na^+, K^+, Mg^{2+}, Al^{3+}, Cr^{3+}, BF_3, Al_2Cl_6 軟らかい酸：体積が大きく，低い正電荷をもつ．電気陰性度が小さい． [例]Ag^+, Hg^+, Hg^{2+}, Cu^+, Pt^{2+}, RS^+	「硬い塩基と軟らかい塩基」 硬い塩基：分極しにくく，電気陰性度が大きい． [例]F^-, OH^-, SO_4^{2-}, PO_4^{3-}, RO^-, NH_3 軟らかい塩基：分極しやすく，電気陰性度が小さい． [例]I^-, R_2S, R_3P, C_6H_6, H^-, R^-
	軟らかい塩基(SB)は軟らかい酸(SA)と反応しやすく，硬い塩基(HB)は硬い酸(HA)と反応しやすい． 　　　　$SB \rightleftharpoons SA : HB \rightleftharpoons HA$ 　　　　(共有結合性)　　(イオン結合性) [例] Ag-NO₃　＋　RS-H　⟶　H-NO₃　＋　RS-Ag↓ 　　　SA-HB　　　SB-HA　　　HA-HB　　　SB-SA	

電離平衡と酸・塩基

酢酸などの電解質を水に溶かすと，そのごく一部分が解離して電離平衡の状態に達します．溶かした電解質のうちどのくらいが電離したかを調べるには，電解質溶液の電気伝導度を測定します．ある濃度の当量伝導度(Λ)を，無限に希釈したときの当量伝導度(Λ_0)で割ったものを電離度($\alpha = \Lambda_0/\Lambda$)といいます．酢酸のように，その濃度が大きいときには伝導度が小さく，希釈して濃度が小さくなると伝導度が大きくなるものを弱電解質といい，濃度によって伝導度に著しい変化のないものを強電解質といいます．$0.1\,\mathrm{mol\,dm^{-3}}$ 程度の濃度では，強酸や強塩基の水溶液の電離度はほぼ1に近く，酢酸やアンモニアなどの弱酸や弱塩基では0.01程度です．

次に，水の電離平衡について説明します．溶存している二酸化炭素を除いた高度に純粋な水でも，わずかに電離して次のような電離平衡に達していると考えられます．

$$\mathrm{H_2O} \rightleftarrows \mathrm{H^+} + \mathrm{OH^-}$$

したがって，水の電離平衡定数を K とすると

$$K = \frac{[\mathrm{H^+}][\mathrm{OH^-}]}{[\mathrm{H_2O}]}$$

となります．水の電離度は 1.81×10^{-9} ですから

$$[\mathrm{H^+}] = [\mathrm{OH^-}] = (1000/18) \times \alpha = 55.5 \times 1.81 \times 10^{-9}$$
$$\fallingdotseq 1.0 \times 10^{-7}\,\mathrm{mol\,dm^{-3}}$$

すなわち，純水 $1\,\mathrm{dm^3}$ 中の $\mathrm{H^+}$，$\mathrm{OH^-}$ の濃度は，それぞれ $1.0 \times 10^{-7}\,\mathrm{mol\,dm^{-3}}$ となります．したがって，水の電離平衡定数 K は

$$K = \frac{(1.0 \times 10^{-7})^2}{55.5} = 1.8 \times 10^{-16}$$

となりますが，水の濃度は一定とみなせるので，通常は次の K_W を用います．

$$[\mathrm{H^+}][\mathrm{OH^-}] = K[\mathrm{H_2O}] = 1.0 \times 10^{-14} = K_\mathrm{W} \quad (25℃)$$

K_W のことを水のイオン積といい，一定の温度では一定値をとります．水のイオン積は一定ですから，水に酸や塩基，塩類などの電解質が溶けた場合でも，その濃度が小さく，イオン間の相互作用が無視できれば，この式は成立します．25℃で水素イオン濃度 $[\mathrm{H^+}]$ が $1.0 \times 10^{-7}\,\mathrm{mol\,dm^{-3}}$ より大きければその水溶液は酸性になりますが，この値は小さいため，通常は水素イオン濃度の逆数の対数をとって，これを水素イオン指数(pH)と定義します．

$$\mathrm{pH} = -\log[\mathrm{H^+}]$$

ヘンダーソン-ハッセルバルヒの式

弱酸(HA)と弱塩基(B)が，水溶液中で次のような解離平衡にあるとします．

酸：$HA + H_2O \rightleftharpoons H_3O^+ + A^-$

塩基：$B + H_2O \rightleftharpoons OH^- + BH^+$

酸解離定数を K_a，塩基解離定数を K_b とすると，水の濃度は一定なので

$$K_a = \frac{[H_3O^+][A^-]}{[HA]} \tag{7.4}$$

$$K_b = \frac{[BH^+][OH^-]}{[B]} \tag{7.5}$$

と書けます．それぞれの濃度を $C\,\mathrm{mol\,dm^{-3}}$ とし，電離度は充分小さい($\alpha \ll 1$)ものとすると，$[H_3O^+]$ と $[OH^-]$ は次のように近似できます．

$$[H_3O^+] = \sqrt{K_a C} \tag{7.4'}$$

$$[OH^-] = \sqrt{K_b C} \tag{7.5'}$$

弱酸・弱塩基の解離定数は小さいので，それぞれの逆数の対数をとって，以下のように表します．

$$pK_a = \log\left(\frac{1}{K_a}\right) = -\log K_a, \quad pK_b = \log\left(\frac{1}{K_b}\right) = -\log K_b$$

式(7.4)の両辺の対数をとり，pH と pK_a の式にすると，次式になります．

$$pH = pK_a + \log\frac{[A^-]}{[HA]} \tag{7.6}$$

この式は，「ヘンダーソン-ハッセルバルヒ(Henderson-Hasselbalch)の式」として知られる重要な式です．この式で，[HA] = [A$^-$]であれば，pH = pK_a となります．つまり，pK_a は酸とその共役塩基の濃度が等しいときのpH値に等しくなります．また，[A$^-$]/[HA] = 1の近辺では[A$^-$]または[HA]の濃度が多少変化しても，pHはあまり大きく変動しません．このような作用を緩衝作用といいます．ただし，この緩衝作用は酸の pK_a が 5〜9 あたりまでは有効ですが，pK_a が 4 未満の酸(ギ酸，モノクロロ酢酸，乳酸など．表7.6参照)だと，かなりの誤差を生じますから注意が必要です．興味深いことに，ヘンダーソン-ハッセルバルヒの式で名を残した人物ヘンダーソン(米：1878〜1942)は生理学者であり，血液の緩衝作用の性質にヒントをえて，式(7.4)から[H$_3$O$^+$]の濃度を求める式を誘導し，pK_a が 7 近辺の酸を用いてその緩衝作用を証明しています．一方，ハッセルバルヒ(デンマークの医学者)は，同じくデンマークの生化学者セーレンセン(1868〜1939)の提案した水素イオン指数(pH)に触発されて，1916年に式(7.6)を誘導したとされています．

表 7.6 弱酸の pK_a(25℃)

構造	名称	pK_a	構造	名称	pK_a
CH$_2$FCOOH	モノフルオロ酢酸	2.59	CH$_3$COOH	酢酸	4.56
CH$_2$ClCOOH	モノクロロ酢酸	2.68	CH$_3$CH$_2$COOH	プロピオン酸	4.67
CH$_2$BrCOOH	モノブロモ酢酸	2.72	CH$_3$(CH$_2$)$_2$COOH	酪酸	4.63
CH$_2$ICOOH	モノヨード酢酸	2.98	PhOH	フェノール	9.82
HCOOH	ギ酸	3.55	H$_3$PO$_4$	リン酸	2.15
CH$_3$CH(OH)COOH	乳酸	3.66	H$_2$CO$_3$	炭酸	6.35
CH$_2$(OH)COOH	ヒドロキシ酢酸	3.83	H$_3$BO$_3$	ホウ酸	9.24
PhCOOH	安息香酸	4.00	HCN	青酸	9.21

弱酸・弱塩基の水溶液の pH

どこの家の台所にも，お酢やふくらし粉のようなものはあるでしょう．そこで，これら日常的な酸や塩基は，どの程度の pH になるのか計算してみましょう．

①**お酢の pH**：酢酸は，水溶液中で次のように電離しています．

$$\underset{C(1-\alpha)}{CH_3COOH} + H_2O \rightleftharpoons \underset{C\alpha}{H_3O^+} + \underset{C\alpha}{CH_3COO^-}$$

そこで，酢酸の濃度を C mol dm^{-3} とし，電離度を α とすると，酸解離定数 K_a は平衡状態において

$$K_a = \frac{C\alpha \cdot C\alpha}{C(1-\alpha)} = \frac{C\alpha^2}{1-\alpha}$$

と書け，α は 1 に比べて小さいので，$1-\alpha \fallingdotseq 1$ とみなせば，$K_a = C\alpha^2$ となります．[H$_3$O$^+$]$=C\alpha=\sqrt{K_a C}$ ですから，対数をとって pH と pK_a の式に変形すると

$$-\log[H_3O^+] = -\frac{1}{2}\log CK_a \quad \therefore \quad pH = \frac{1}{2}(pK_a - \log C) \quad (7.7)$$

よって，0.1 mol dm^{-3} の酢酸の場合は

$$pH = \frac{1}{2}(4.56 - \log 0.1) = 2.78$$

になります．市販の醸造酢は 4.2% 程度の濃度で，これは約 0.70 mol dm^{-3} に相当します．同様に計算すると，pH = 2.36 になります．

②**アンモニア水の pH**：アンモニアは以下のように電離します．

$$\text{NH}_3 + \text{H}_2\text{O} \rightleftarrows \text{NH}_4^+ + \text{OH}^-$$

酢酸と同様に，アンモニアもほとんど解離しませんので，アンモニアの濃度を $C\,\text{mol}\,\text{dm}^{-3}$ とし，その電離度を α，解離定数を K_b とすると

$$K_b = C\alpha^2 \quad \therefore \quad \alpha = \sqrt{\frac{K_b}{C}}$$

よって $\quad [\text{OH}^-] = C\alpha = \sqrt{K_b C}$

となります．水のイオン積 $[\text{OH}^-][\text{H}_3\text{O}^+] = 10^{-14}$ より，$[\text{H}_3\text{O}^+]$ を求めて対数をとると，次の式が導出されます．

$$\text{pH} = 14 + \frac{1}{2}(\log C - \text{p}K_b) \tag{7.8}$$

$0.10\,\text{mol}\,\text{dm}^{-3}$ のアンモニアであれば，pH = 11.1 となります（アンモニアの pK_b = 4.8）．

【例題7.2】 $6.0\,\text{mol}\,\text{dm}^{-3}$ のリン酸（H_3PO_4）の pH および三つの化学種 H_3PO_4，H_2PO_4^-，HPO_4^{2-} の平衡濃度を求めなさい．ただし，リン酸の第一解離定数（K_{a1}），第二解離定数（K_{a2}），第三解離定数（K_{a3}）は，それぞれ 7.5×10^{-3}，6.2×10^{-8}，4.8×10^{-13} である．

【解】 酸解離定数からも明らかなように，リン酸の解離平衡は次の第一解離が主である．

$$\text{H}_3\text{PO}_4 + \text{H}_2\text{O} \rightleftarrows \text{H}_3\text{O}^+ + \text{H}_2\text{PO}_4^-$$

初期条件	6.0	0	0
平衡状態	$6.0 - x$	x	x

ここで

$$K_{a1} = 7.5 \times 10^{-3} = \frac{[\text{H}_3\text{O}^+][\text{H}_2\text{PO}_4^-]}{[\text{H}_3\text{PO}_4]} = \frac{x^2}{6.0 - x} \fallingdotseq \frac{x^2}{6.0}$$

$$\therefore \quad x = 2.1 \times 10^{-1}$$

$[\text{H}_3\text{O}^+] = x$ なので $\quad \text{pH} = 1 - \log 2.12 = 0.67$

また $\quad [\text{H}_3\text{PO}_4] = 6.0 - x = 5.8\,\text{mol}\,\text{dm}^{-3}$

$\quad\quad [\text{H}_2\text{PO}_4^-] = [\text{H}_3\text{O}^+] = 2.1 \times 10^{-1}\,\text{mol}\,\text{dm}^{-3}$

つぎに，$K_{a2} = 6.2 \times 10^{-8} = [\text{H}_3\text{O}^+][\text{HPO}_4^{2-}]/[\text{H}_2\text{PO}_4^-]$ の式中で，$[\text{H}_3\text{O}^+] = [\text{H}_2\text{PO}_4^-]$ なので

$$[\text{HPO}_4^{2-}] = 6.2 \times 10^{-8}\,\text{mol}\,\text{dm}^{-3}$$

7.3 酸化還元反応と電池

酸化と還元

ブレンステッド・ローリーによる酸・塩基の定義で学習したように，酸塩基反応はプロトンのやり取りですから，プロトンを失った酸は塩基となり，逆にプロトンを受け取った塩基は酸になります．一方，酸化還元反応では電子の授受で酸化，還元を定義します．ある原子やイオンが電子を放出した場合，その原子やイオンは酸化されたといい，逆に電子を受け取った場合は還元されたといいます．一方が酸化されると同時に他方は還元されていることになりますから，酸化還元反応は表裏一体の反応です．相手から電子を受け取る物質が酸化剤(自身は還元される)，相手に電子を与える物質が還元剤(自身は酸化される)です．まずは，酸化還元反応の理解の基礎となる，電池内化学反応からスタートすることにましょう．

食物と酸化・還元
われわれは生命を維持するために食物を取り込むが，実はその食物(還元剤)から多くの電子を引き抜いて，その電子を酸素(酸化剤)に渡すプロセスによって自由エネルギーを獲得している．このエネルギーを電位に変換すると1.5Vの乾電池程度の大きさである．

電池の歴史

①**ボルタの電池**：$(-)Zn|H_2SO_4\,aq|Cu(+)$

まずは，ボルタの電池(電堆)から説明しましょう．イタリアのガルバニの動物電気(1780年)に刺激されてボルタが考案した電池(1800年)は，原理的には電解質のなかにイオン化傾向の異なる2種の金属を浸し，金属間を導線で結ぶことにより電流を取りだす装置です．たとえば，亜鉛板と銅板を希硫酸中に浸すと，イオン化傾向の大きい亜鉛が希硫酸中に亜鉛イオン(Zn^{2+})となって溶け込み，このとき生じる電子は導線を通して銅板に流れ込みます．銅板上では，プロトンが電子を受け取り水素ガスが発生します．電子が流れだす亜鉛板を負極，電子が流れ込む銅板を正極といい，負極では酸化，正極では還元が起きています(図7.2a)．それぞれの極の反応は次の通りです．

$$負極：Zn \longrightarrow Zn^{2+} + 2e^- (酸化)$$
$$正極：2H^+ + 2e^- \longrightarrow H_2 (還元)$$

ボルタ電池の特徴は，電解質は何でもよい(食塩水，レモン，酢，肉，尿，

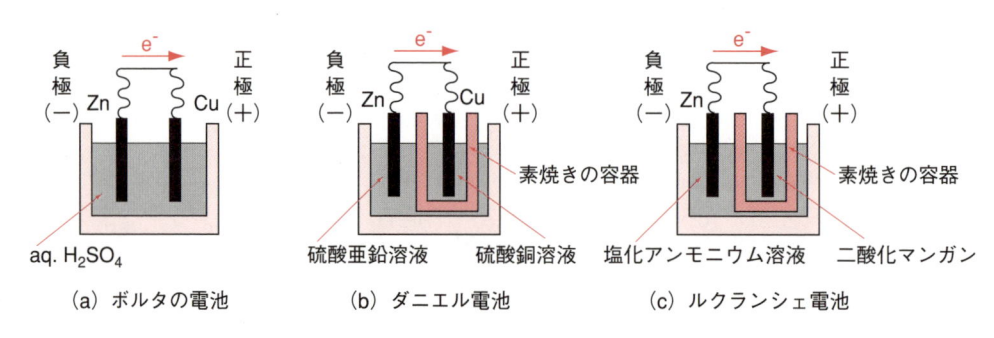

(a) ボルタの電池   (b) ダニエル電池   (c) ルクランシェ電池

図7.2　各種電池

海水など)ことです．この特徴を利用し，「海水電池」(航空機の不時着時用インスタント電池)に使われています．また，銅板で発生する水素が電流の流れを阻害し，水素の一部がプロトンとなって電子を放出するため，電圧はすぐ低下してしまいます．この現象を分極現象といいます．

②**ダニエル電池**：$(-)Zn|ZnSO_4\,aq\|CuSO_4\,aq|Cu(+)$

亜鉛板と銅板の2種の金属とそれらの硫酸イオンの溶液を用います．負極と正極を素焼きの容器で遮へいし，この間を塩橋(塩化カリウム水溶液を寒天で固めたもの)で結ぶことにより，両極の溶液が直接混合するのを防いだボルタの電池の改良型です(図7.2b)．亜鉛板から銅板に流れ込んだ電子は，硫酸銅溶液のなかの銅イオンと結合し金属銅となるので，水素による分極が起こりません．したがって，起電力も低下しないのです．両極の反応は次の通りです．

$$負極：Zn \longrightarrow Zn^{2+} + 2e^- (酸化)$$
$$正極：Cu^{2+} + 2e^- \longrightarrow Cu (還元)$$

ダニエル電池では，亜鉛は非常にイオン化しやすく電解液が飽和しやすいので，数日ごとに電解液を取りかえる必要があります．

③**ルクランシェ電池**：$(-)Zn|NH_4Cl\,aq|MnO_2(C)(+)$

1868年，フランスのルクランシェは，電解液として硫酸亜鉛の代わりに飽和塩化アンモニウム水溶液を，正極側には減極剤として二酸化マンガンを用い，炭素を集電棒とした改良電池を発明しました．後に塩化アンモニウム水溶液に細かい砂やおがくずなどを混ぜて糊状にし，携帯に便利な乾電池の形に進化しました(図7.2c)．両極の反応は次の通りです．

$$負極：Zn \longrightarrow Zn^{2+} + 2e^- (酸化), Zn^{2+} + 2NH_3 \longrightarrow [Zn(NH_3)_2]^{2+}$$
$$正極：MnO_2 + NH_4^+ + e^- \longrightarrow MnO(OH) + NH_3 (還元)$$

④**マンガン電池**：$(-)Zn|ZnCl_2\,aq|MnO_2(C)(+)$

ルクランシェ電池の改良型で，塩化アンモニウムを塩化亜鉛に代えたことにより放電特性が著しく向上し，同時に放電反応で生じる水を再利用できるため，液漏れが防止されています．負極と正極の反応は以下のように理解されています．

$$負極：4Zn \longrightarrow 4Zn^{2+} + 8e^- (酸化),$$
$$4Zn^{2+} + 8H_2O \longrightarrow 4Zn(OH)_2 + 8H^+$$
$$正極：8MnO_2 + 8H_2O + 8e^- \longrightarrow 8MnO(OH) + 8OH^- (還元)$$

⑤**アルカリ電池**：$(-)Zn|KOH\,aq|MnO_2(C)(+)$

マンガン電池は，酸性の電解質溶液を使っているので亜鉛電極が腐食しやすいという欠点があります．アルカリ乾電池では，水酸化カリウムの濃厚水溶液を使っており，この点が改良されているため，長時間放電が可能なので

す．両極の反応は次の通りです．

$$負極：Zn + 2OH^- \longrightarrow Zn(OH)_2 + 2e^-（酸化）$$
$$正極：2MnO_2 + 2H_2O + 2e^- \longrightarrow 2MnO(OH) + 2OH^-（還元）$$

⑥**鉛蓄電池**（二次電池）：$(-)Pb|H_2SO_4\,aq|PbO_2(+)$

起電力は約2Vですが，実用の際には6個の電池を直列につなぎ，12Vの電圧がえられるようになっています．放電によって電解質溶液の硫酸濃度が低下するので，比重を測れば電池の状態がわかります．次の反応式の右向き（→）は放電反応，左向き（←）は充電反応を表しています．

$$負極：Pb + SO_4^{2-} \underset{(\leftarrow)}{\overset{}{\rightleftarrows}} PbSO_4 + 2e^-（酸化）$$
$$正極：PbO_2 + 4H^+ + SO_4^{2-} + 2e^- \underset{(\leftarrow)}{\overset{}{\rightleftarrows}} PbSO_4 + 2H_2O（還元）$$

⑦**ニッケル・カドミウム電池**（二次電池）：$(-)Cd|KOH\,aq|NiO(OH)(+)$

鉛蓄電池の硫酸の代わりにアルカリを用いるニッカド電池は，1899年にスウェーデンのユングナー（1869〜1924）によって発明され，広く使われています．右向き（→）が放電反応，左向き（←）が充電反応です．

$$負極：Cd + 2OH^- \underset{(\leftarrow)}{\overset{}{\rightleftarrows}} Cd(OH)_2 + 2e^-（酸化）$$
$$正極：2(NiO)OH + 2H_2O + 2e^- \underset{(\leftarrow)}{\overset{}{\rightleftarrows}} 2Ni(OH)_2 + 2OH^-（還元）$$

⑧**ポリマー電池**

電導性高分子（ポリアセチレンなど）を使用した薄型電池で，携帯電話やカード型の電子機器ですでに使われています．

⑨**燃料電池**

機能的には電気を貯める装置ではなく，一種の発電機です．燃料を燃焼する際に通常は熱のかたちでえられる化学反応エネルギーを，電気エネルギーに直接変換する装置です．現在，種々の電解質を利用した燃料電池がいくつか開発されており，なかでも水素を燃料とする固体高分子型燃料電池（PEFC）は自動車の動力源として期待されており，実用化試験が開始されたばかりです．水素以外の燃料としては，一酸化炭素やメタノール，ガソリンなどがあります．水素や一酸化炭素を燃料とした場合の電池反応は，見かけ上は非常に簡単です．次に示すのは，水素を燃料とした場合の反応式です．

$$負極：H_2 \longrightarrow 2H^+ + 2e^-（酸化）$$
$$正極：\frac{1}{2}O_2 + 2H^+ + 2e^- \longrightarrow H_2O（還元）$$

自動車と鉛蓄電池

自動車のバッテリーは，エンジンが稼働している間は発電機によって充電されているが，放電がこれを上回るとバッテリー上がりを起こす．

半電池反応と半電池の電極電位

ここまでに述べた電池内のすべての反応は

$$\text{酸化状態} + n\text{e}^- \rightleftharpoons \text{還元状態}$$

という形で表されています．これを半電池反応式といいます．個々の半電池自体の電位差は求められませんが，標準となる半電池とつなぐことによって相対的な電極電位がえられます．その標準となるのが水素電極で，この電池の標準起電力 E_0 を 0 V とします．すなわち

$$\text{H}^+ + \text{e}^- \rightleftharpoons \frac{1}{2}\text{H}_2 \quad (\text{Pt})$$

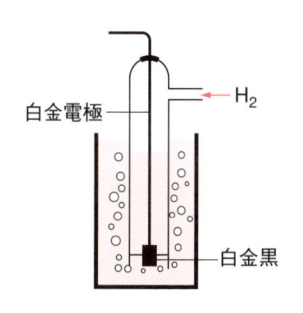

図 7.3 標準水素電極

の反応において，それぞれの成分は標準状態（H_2：25℃，1 気圧，H^+：1 mol dm^{-3}）に設定します．表 7.7 に各種の半電池の標準電極電位を挙げておきます．E_0 の値が負であることは酸化反応が起こりやすいことを意味しており，E_0 の値が正であることは還元反応が起こりやすいことを示しています．

電池の電位は，半電池の組合せで決まります．たとえば，ダニエル電池の場合，銅の標準電極電位が +0.337 V で，亜鉛の標準電極電位が -0.763 V なので，この電池の電位 E_0 は還元される銅の電位から酸化される亜鉛の電位を差し引いた値になります．すなわち

$$E_0(\text{電池}) = E_0(\text{還元される物質}) - E_0(\text{酸化される物質})$$
$$\therefore \quad E_0 = +0.337 - (-0.763) = 1.10\,\text{V}$$

になります．

表 7.7　標準電極電位（298.15 K）

電極	単極反応	E_0/V	電極	単極反応	E_0/V
Li$^+$ | Li	Li$^+$ + e$^-$ $\rightleftharpoons$ Li	-3.045	Pb^{2+} | Pb	Pb^{2+} + 2e$^-$ $\rightleftharpoons$ Pb	-0.126
K$^+$ | K	K$^+$ + e$^-$ $\rightleftharpoons$ K	-2.925	Fe^{3+} | Fe	Fe^{3+} + 3e$^-$ $\rightleftharpoons$ Fe	-0.036
Na$^+$ | Na	Na$^+$ + e$^-$ $\rightleftharpoons$ Na	-2.714	H$^+$ | H$_2$	H$^+$ + e$^-$ $\rightleftharpoons$ 1/2 H$_2$	0.000
Mg$^+$ | Mg	Mg^{2+} + 2e$^-$ $\rightleftharpoons$ Mg	-2.360	Cu^{2+} | Cu	Cu^{2+} + 2e$^-$ $\rightleftharpoons$ Cu	0.337
Zn^{2+} | Zn	Zn^{2+} + 2e$^-$ $\rightleftharpoons$ Zn	-0.763	Hg^{2+} | Hg	Hg^{2+} + 2e$^-$ $\rightleftharpoons$ Hg	0.796
Fe^{2+} | Fe	Fe^{2+} + 2e$^-$ $\rightleftharpoons$ Fe	-0.440	Ag$^+$ | Ag	Ag$^+$ + e$^-$ $\rightleftharpoons$ Ag	0.799
Cd^{2+} | Cd	Cd^{2+} + 2e$^-$ $\rightleftharpoons$ Cd	-0.403	Ce^{4+} | Ce^{3+}	Ce^{4+} + e$^-$ $\rightleftharpoons$ Ce^{3+}	1.710
Ni^{2+} | Ni	Ni^{2+} + 2e$^-$ $\rightleftharpoons$ Ni	-0.257	Cl$^-$ | 1/2 Cl$_2$	1/2 Cl$_2$ + e$^-$ $\rightleftharpoons$ Cl$^-$	1.358
Sn^{2+} | Sn	Sn^{2+} + 2e$^-$ $\rightleftharpoons$ Sn	-0.140	F$^-$ | 1/2 F$_2$	1/2 F$_2$ + e$^-$ $\rightleftharpoons$ F$^-$	2.870

電池の起電力と自由エネルギー

水が高いところから低いところに落下する際の力学的仕事は，（水量）×

(落差)で表されるように，電気的仕事は(電気量)×(電位差)で表されます．したがって，電気的仕事を w_e とすると

$$w_e = nFE$$

となります．ここで，n はモル数，F はファラデー定数（$1\,\text{F} = 96{,}485\,\text{C mol}^{-1}$），$E$ は電位差です．

電気的仕事と自由エネルギー変化をどのように結びつければよいのでしょうか．定温定圧下で，電池に可逆的に仕事をさせたとして，そのときの自由エネルギー変化を ΔG とすると

$$\Delta G = \Delta H - T\Delta S$$

ここで，$\Delta H = \Delta E + P\Delta V$，$\Delta E = q - w = T\Delta S - w$（5章参照）ですから

$$\Delta G = P\Delta V - w$$

と変形できます．仕事 w のなかには電池内の膨張仕事（$P\Delta V$）と電気的仕事（w_e）の両方が含まれていると考えると，次式が誘導されます．

$$\Delta G = P\Delta V - w = P\Delta V - (P\Delta V + w_e) = -w_e \tag{7.9}$$

この式を言葉で表現すると，「二つの状態間の自由エネルギー差は，系が一つの状態からほかの状態に可逆的に変化する際に行う電気的仕事の符号を変えたものに等しい」となります．結局，自由エネルギー変化と電池の起電力との関係式は，次式のように示されます．

$$\Delta G = -nFE \tag{7.10}$$

さて，一般の酸化還元反応，$a\text{A} + b\text{B} \longrightarrow c\text{C} + d\text{D}$ において，標準電位を E_0 とし，任意の濃度における電位を E とします．5章ででてきた式

$$\Delta G = \Delta G_0 + RT \ln Q \quad \left(Q = \frac{[\text{C}]^c[\text{D}]^d}{[\text{A}]^a[\text{B}]^b} \right)$$

に式(7.10)を代入して書きかえると，ネルンストの式(7.11)がえられます．

$$-nFE = -nFE_0 + RT \ln Q \quad \therefore\ E = E_0 - \left(\frac{RT}{nF} \right) \ln Q \tag{7.11}$$

すべての濃度が単位濃度（$1\,\text{mol dm}^{-3}$）のときは $\ln Q = 0$ ですから，起電力 $E = E_0$ になり，E_0 は標準起電力になっています．

たとえば，ダニエル電池では，$\text{Cu}^{2+} + \text{Zn} \longrightarrow \text{Zn}^{2+} + \text{Cu}$ の反応が起きますが，固体の Cu や Zn は電解質溶液中から除外して，濃度としては $[\text{Zn}^{2+}]$ と $[\text{Cu}^{2+}]$ だけを考えると，反応定数 $Q = [\text{Zn}^{2+}]/[\text{Cu}^{2+}]$ となります．電解質溶液の濃度比 $[\text{Zn}^{2+}]/[\text{Cu}^{2+}]$ を変化させると，ダニエル電池の起電力はネルンストの式に従って変化します．

さて，電池内で酸化還元反応が平衡に達し，それ以上反応が進行しなくなった状態，すなわち「電池がなくなった」状態では，電流は流れないので電位差 E は 0 になりますから，そのときの平衡定数 K は，標準起電力 E_0 を測定すれば次式から求まります．

$$E_0 = \frac{RT \ln K}{nF} \tag{7.12}$$

電気分解

われわれの日常生活は，直接あるいは間接的に電気分解による反応生成物の恩恵を受けています．鍋，釜，やかんなどの台所用品の多くはアルミ製品です．ほかにも，缶ジュースの缶やアルミサッシなど，さまざまなところで利用されているアルミニウムは，電気の缶詰めといわれるほど，精錬するのに多量の電気エネルギーを必要とします．また，飲料水の殺菌に利用される塩素も電気分解の産物です．電解質溶液に二つの電極を入れ直流を流すと，両極で化学変化が起こりますが，このような反応を電気分解（電解）といいます．

たとえば，塩化銅（$CuCl_2$）の水溶液に二本の炭素（白金）電極を入れて電池などの直流電源につなぐと，電池の負極側の電極（陰極）では，Cu^{2+} が電子を受け取り還元されて Cu が析出します．正極側の電極（陽極）では塩化物イオン（Cl^-）が電子を失って塩素ガスを発生します．

陰極：$Cu^{2+} + 2e^- \longrightarrow Cu$

陽極：$2Cl^- \longrightarrow Cl_2 + 2e^-$

一方，たとえば塩化ナトリウム水溶液の電気分解のように，陽イオンが Na^+ のような還元されにくい陽イオンの場合は，水の電離で生じたプロトンが還元されて陰極では水素が発生します．また，陰イオンが SO_4^{2-} や NO_3^- などの場合は，電離で生じる OH^- が酸化されて陽極では酸素が発生します．電子 1 mol あたりの電気量 96485 C mol^{-1} をファラデー定数といい，上の塩化銅の水溶液を 1 F = 96485 C の電気量で分解しますと，銅は 0.5 mol 析出し，塩素は 0.5 mol 発生することになります．

章末問題

1. 20 g のスクロース（ショ糖）を 1 kg の蒸留水に溶かした溶液（密度を 1 とする）に関して，次の値を求めなさい．ただし，20℃における水の蒸気圧は，2.307×10^{-2} atm である．
   (1) モル濃度（mol dm^{-3}）　(2) スクロースのモル分率　(3) 20℃での浸透圧
   (4) 20℃での蒸気圧降下　(5) 沸点
2. 血液の浸透圧（$\Pi = 7.60$ atm, 25℃）と同じ浸透圧をもつ食塩水のモル濃度を求めなさい．

3. エチレングリコール水溶液は不凍液としてよく利用されている．純粋なエチレングリコールの密度は1.11 g ml^{-1}，水のモル凝固点降下定数は1.86 kg K mol^{-1}である．-15℃まで凝固点を下げるためには，エチレングリコールの濃度をいくらにすればよいか計算せよ．また，その濃度にするには，$2\,l$の水(密度：1.00 g ml^{-1})に対して何リットルのエチレングリコールを溶かせばよいか計算せよ．

4. 125 A の電流を用いて，アルミナ(Al_2O_3)を完全に電気分解し，100 g の金属アルミニウムをえるには何時間電流を流す必要があるか．

5. ボルタの電池($Zn + Cu^{2+} \longrightarrow Zn^{2+} + Cu$)において，$25$℃での$Zn^{2+}$と$Cu^{2+}$の濃度がそれぞれ$0.1$ mol dm^{-3}と10^{-9} mol dm^{-3}とする．
 (1) この電池の電位差(V)を求めなさい．
 (2) ZnによるCu^{2+}の還元反応におけるΔGを計算しなさい．

6. 弱酸 HA(解離定数 K_a)とその塩 BA を混合した緩衝溶液がある．この溶液中の HA と BA の濃度がそれぞれ 0.5 mol dm^{-3} であり，緩衝溶液の体積が1 dm^{3}であるとする．
 (1) この緩衝溶液の pH を K_a で表しなさい．
 (2) この緩衝溶液全体を10倍に薄めたときの pH を求めなさい．
 (3) 最初の緩衝液に，新たに1 mol dm^{-3}の酸 HA を0.1 dm^{3}加えた場合，pH はどれだけ変化するか．
 (4) 最初の緩衝液に，1 mol dm^{-3}の塩基 BOH を0.1 dm^{3}加えた場合，pH はどれだけ変化するか．

※解答は，化学同人ウェブサイトに掲載．

8章 障壁を越えれば
── 化学反応と速度 ──

"氷砂糖をほしいくらいもたないでも，きれいにすきとほつた風をたべ，
桃いろのうつくしい朝の日光をのむことができます"
宮沢賢治（1896～1933，「注文の多い料理店」の序より）

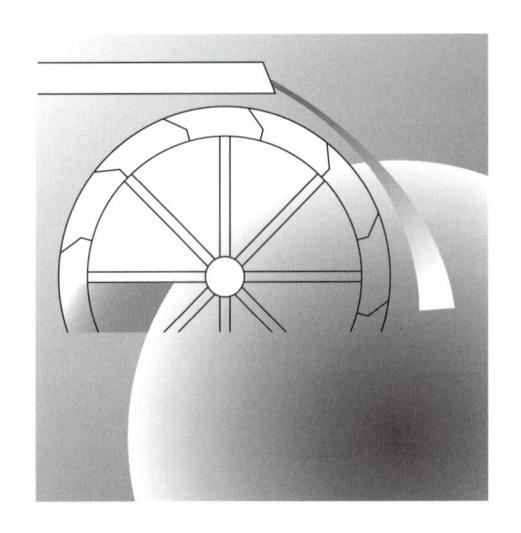

20世紀は，物質文明の時代といわれているように，人類は物づくりにあまりにも熱中しすぎた世紀かもしれません．日常生活は，衣食住だけを取りあげてみても，確かに便利で快適になりました．自然災害や疾病もかなり克服してきたように見えます．

しかしながら，冷静に20世紀を振り返ったとき，この100年は異常な100年であったとわれわれは反省すべきかもしれません．西暦元年には3億人程度しかいなかった人口は，19世紀の終わり頃には16億人になり，20世紀の終わりには60億人を突破しています．たった100年で44億人も増えているのです．科学技術や医学の進歩，それに食料増産があったからこそ人口増加が可能であったことは確かです．しかし，ちょっと待ってください．「質量とエネルギーの保存則」を思いだしてみましょう．地球の資源は無限ではないのです．100年で人口が44億人も増えたということは，裏を返せば地球の資源が急激に減っていることを意味しています．何が最も減ったかと

いえば，それは化石資源です．1億年以上もかけて地球が蓄えてくれた資源を，たった100年で使い切ってしまう勢いです．祖父が苦労して遺した財産を孫が1分以内で使い果たしてしまうなんて考えられますか．一人一人が意識改革をしなければ人類は立ち枯れてしまうでしょう．

21世紀は，物質に対する認識を新たにするとともに，「物質から精神を解放する世紀」にする必要があるでしょう．いまある資源をできるだけ減らさないように大切に使うことも，人工的につくったものを再利用できるかたちに変える努力も必要ですが，20世紀的精神構造を変えていくことが急務です．この章の扉に引用した宮沢賢治の言葉のなかに，そのヒントが隠されているように思われますがいかがでしょうか．地球を維持していくにあたって，化学の役割はますます重要になってきました．自然との調和もさることながら，自然の知恵に謙虚に耳を傾け，宇宙のオアシスを守る気概で化学を学んでいきましょう．

8.1 化学反応の種類

生活と化学反応

　この章の扉部分にでてくる「注文の多い料理店」の序文の文章「…きれいにすきとほつた風をたべ…」を読んで何を感じられますか．この文章がある化学反応をイメージしていると思った方は，かなり宮沢賢治の作品に親しんでいて，化学の知識もある程度もっている方と想像します．私たちの身の回りにあるもので，変化しないものはほとんどありません．毎日の生活のなかで，化学反応が見えないところで進行しています．この化学反応を引き起こす要因はなんでしょうか．それは，さまざまなかたちで現れるエネルギーです．化学反応を分類整理するときも，エネルギーのかたちから見ていくのが一番わかりやすいかもしれません．エネルギーといえば，熱，光，放射線，電気などを思い浮かべるでしょう．まずは，エネルギーの供給源から，化学反応を分類していきましょう．

熱化学反応

　多くの化学反応はこれに属します．みかけ上は外部からエネルギーがまったく供給されていないように見えても化学反応は進行します．たとえば，無機イオン反応は非常に速く進行します．薄い食塩水に硝酸銀水溶液を一滴たらせば，たちまち白い沈殿が生じます．しかし，有機分子どうしの反応は一般にゆっくりと進行します．

$$\text{速い反応の例：} AgNO_3(aq) + NaCl(aq) \longrightarrow AgCl\downarrow + NaNO_3$$
$$\text{遅い反応の例：} CH_3COOH + C_2H_5OH \rightleftarrows CH_3COOC_2H_5 + H_2O$$

味噌や醤油の色
あまり気にもかけていないかもしれないが，味噌や醤油のあの色は複雑な化学反応の結果できたもので，もともとはブドウ糖とアミノ酸の反応に起因する．

　また，われわれの体のなかでも，不必要な有機物がたまれば化学反応が起こります．たとえば，糖尿病で血液中にブドウ糖があふれてくると，やがてあちこちの組織でタンパク質のアミノ基とゆっくり反応していき，さまざまな合併症の原因をつくりだします．

光化学反応

　われわれの身の回りは，光（電磁波）で満ちあふれています．ラジオやテレビの電波ではエネルギーが小さく化学反応は起きませんが，紫外線やわれわれの目に感じる可視光線になるとさまざまな化学反応が起きます．
　光合成植物は太陽の光を吸収して水と二酸化炭素からブドウ糖をつくり，最終的にはデンプンとして蓄えますが，ショ糖もつくりだします．扉部分の宮沢賢治の作品にでてくる美しい文章，「きれいにすきとほつた風をたべ，桃いろのうつくしい朝の日光をのむことができます」は，まさに植物の光合成を暗示しているものと考えてよいでしょう．われわれの体のなかを流れているのはブドウ糖ですが，植物の体液中に流れているのはショ糖（砂糖）なの

ですから，「氷砂糖をほしいくらいもたないでも」いいのです．

　光のエネルギーは波長が長くなれば小さくなりますが，太陽光のエネルギーはフィルム上で化学反応を起こすのにちょうどよく，基本的には次のような化学反応を起こしているわけです．

$$\mathrm{AgBr} \longrightarrow \mathrm{Ag} \downarrow + \mathrm{Br}$$

われわれが毎日利用している蛍光灯も，そのなかに少しだけ入っている水銀が放電によって励起され，でてくる紫外線が管壁に塗ってある蛍光塗料を発光させて光っているのです．

　日光によって日焼けをするのは，紫外線にあたって皮膚の色素が化学反応が起こしたためです．真っ黒になって一見健康そうに見えても，皮膚がんになる可能性もあるので，あまり日焼けをするのは好ましくありません．

　光（電磁波）といっても，われわれの身の回りには携帯電話やラジオ波から宇宙線まで，あらゆる波長の電波が飛びかっています．電波には波長の大小によってさまざまな名前がついていますので，図8.1にまとめておきました．

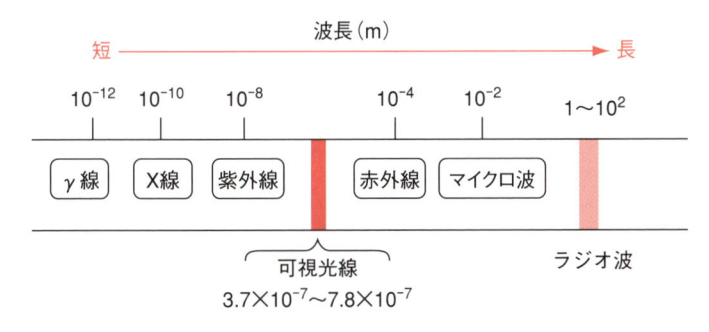

図 8.1　各種電磁波と波長

放射線化学反応

　X線，ガンマ線，中性子線などの高エネルギーの放射線によって引き起こされる化学反応をいいます．紫外線などと比べても，けた違いに大きいエネルギーをもっていて，化学結合の切断はもちろん，イオン化も起こすくらい強力です．紫外線のエネルギーは数 eV 程度ですが，がんの放射線療法に用いられる Co-60 からでるガンマ線のエネルギーは 1.17 MeV や 1.33 MeV（MeV = 100万 eV）ですから，いかに莫大かわかるでしょう．有機化合物をイオン化するためには，7 eV 以上のエネルギーが必要ですが，通常の紫外線程度ではイオン化はほとんど起こりません．

【例題8.1】 次の各電磁波(ラジオ波からガンマ線まで)について,次の問に答えなさい.ただし,光の速度は,$c = 3.00 \times 10^8 \text{ m s}^{-1}$ とする.

(1) 82.5 MHz の FM 放送電波の波長
(2) 450 nm (可視光:緑) の周波数
(3) 250 nm の紫外線の放射エネルギー(kJ mol^{-1})

【解】 (1) $\lambda = c/\nu$ より

$$\lambda = \frac{3.00 \times 10^8 \text{ m s}^{-1}}{82.5 \times 10^6 \text{ s}^{-1}} = 3.64 \text{ m}$$

(2) $\nu = \dfrac{c}{\lambda} = \dfrac{3.00 \times 10^8 \text{ m s}^{-1}}{4.50 \times 10^{-7} \text{ m}} = 6.67 \times 10^{14} \text{ s}^{-1}$

(3) $E = h\nu = \dfrac{hc}{\lambda}$

$$= \frac{6.626 \times 10^{-34} \text{ J s} \times 3.00 \times 10^8 \text{ m s}^{-1}}{2.50 \times 10^{-7} \text{ m}}$$

$$= 7.95 \times 10^{-19} \text{ J} (1\text{ 光子})$$

1 mol あたりに換算するには,アボガドロ数($6.022 \times 10^{23} \text{ mol}^{-1}$)をかけて

$$E = 7.95 \times 10^{-22} \text{ kJ} \times 6.022 \times 10^{23} \text{ mol}^{-1} = 479 \text{ kJ mol}^{-1}$$

放射化学反応

2章でかなり取りあげましたが,放射性核種の崩壊とそれに付随する反応を指しています.上記の放射線化学反応と紛らわしいので注意が必要です.

電気化学反応

電気分解,メッキ,電解酸化還元反応などに使われるエネルギーは数 eV 程度です.これはエネルギーに換算するとどのくらいになるかというと,以下のような計算式(5章参照)から容易に求められます.乾電池(1.5 V)程度でも,化学反応を引き起こすのに充分なエネルギーをもっていることがわかります.

$$\Delta G° = -nF\Delta E = -96,485 \text{ C mol}^{-1} \times 1.5 \text{ J C}^{-1} = -145 \text{ kJ mol}^{-1}$$

その他,関与する物質や反応系の状態の形態変化などに着目した化学反応の分類法もあるので,表8.1に簡単にまとめておきましょう.

表 8.1　化学反応の種類

基　準	反応名	内容（反応例）の説明
相による分類	①均一反応	①一つの相中で起こる反応 　［例］$2H_2 + O_2 \longrightarrow 2H_2O$（気相）
	②不均一反応	②相が入りまじって起こる反応 　［例］$H_2SO_4 + Zn \longrightarrow ZnSO_4 + H_2$
共有結合の開裂や形成のし方による分類	①イオン反応	①イオンが関与する反応 　［例］$RCOCl + AlCl_3 \longrightarrow RCO^+ + AlCl_4^-$
	②ラジカル反応	②ラジカルが関与する反応で光化学反応や放射線化学反応など 　［例］$HOOH \longrightarrow 2HO^\bullet$
	③環状電子反応	③分子軌道の重なりによる反応
変化の様式による分類	①爆発反応	①圧力や温度が時間，空間的に一定でなく，急激に変化する反応 　［例］TNT 火薬 $\longrightarrow 3/2\,N_2 + 5/2\,H_2O(g) + 7/2\,C$ 　［例］ニトログリセリン $\longrightarrow 3/2\,N_2 + 5/2\,H_2O(g) + 3CO_2 + 1/2\,O_2$
	②高速反応	②反応の進行がきわめて速い反応（ナノ秒，ピコ秒，フェムト秒）
	③連鎖反応	③連鎖的に進行する反応 　［例］オゾン層のフロンガスによる分解
現象や反応機構に基づく分類	①置換反応	①$AB + CD \longrightarrow AC + BD$　（$CH_3Br + NaCN \longrightarrow CH_3CN + NaBr$）
	②付加反応	②$CH_2=CH_2 + H_2O \longrightarrow CH_3CH_2OH$
	③脱離反応	③$CH_3CH_2Br \longrightarrow CH_2=CH_2 + HBr$
	④転位反応	④$R_1R_2C=N-OH \longrightarrow R_1CONHR_2$
	⑤縮合反応	⑤$2CH_3CH_2OH \longrightarrow (CH_3CH_2)_2O + H_2O$
	⑥分解反応	⑥$H_2O_2 \longrightarrow H_2O + 1/2\,O_2$
	⑦重合反応	⑦$n(CH_2=CH_2) \longrightarrow (-CH_2-CH_2-)_n$

8.2　化学反応の速度と反応機構

反応の速さ（速度）を調べる

　ある化学反応で，反応式が化学量論的に，たとえば

$$aA + bB \longrightarrow cC + dD$$

のように進行することがわかっていたとしても，この式は a mol の A と b mol の B が反応して消費され，c mol の C と d mol の D が新たに生成したことを示すだけです．この反応がどのような速度で進み，どのような経路を経て最終生成物が生じるかわからなければ，その反応を完全に理解したことにはなりません．一見，単純そうに見える反応でも，多くの段階を経て進行している場合が多いのです．そこで，この節では，反応の速さ（速度）を知ることから，反応を理解する手がかりを探っていきましょう．

　反応が進行すると，各反応物質の濃度は時間とともに減少し，生成物質の濃度は時間とともに増大していきます．反応の速度は，単位時間あたりの反

応物質または生成物質の濃度変化で表わす習慣になっています．反応速度の値は反応系の大きさには無関係です．いま，時間 $t_1 \sim t_2$ の間に，反応物質 A の濃度[A]が，A_1 から A_2 に変化したとすれば，そのときの平均反応速度は，次のように表されます．

$$平均反応速度 = -\Delta[\mathrm{A}]/\Delta t = -\frac{A_2 - A_1}{t_2 - t_1} \tag{8.1}$$

ある時間における反応速度は，図8.2において，その時間に対応する点における，曲線の接線の傾きの絶対値と定義されます．すなわち

$$反応速度 = \left|\lim_{\Delta t \to 0}\frac{\Delta[\mathrm{A}]}{\Delta t}\right| = \left|\frac{\mathrm{d}[\mathrm{A}]}{\mathrm{d}t}\right|$$

となります．

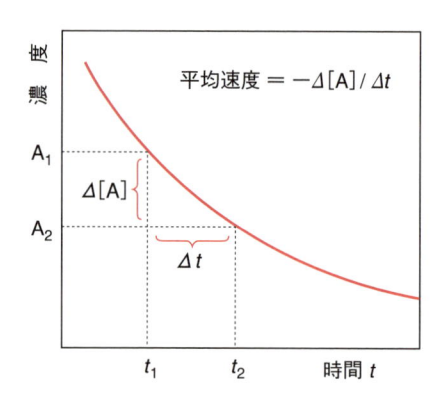

図8.2 平均反応速度

反応速度は，反応物質の濃度の減少する割合を見てもよいですし，生成物質の増加する割合を見てもよいのです．たとえば，二つの反応物質から二つの生成物質ができるような反応（A + B ⟶ C + D）において，どの物質に注目してもよいのです．ですから，反応速度(v)は，次のように表現されます．

$$v = -\frac{\mathrm{d}[\mathrm{A}]}{\mathrm{d}t} = -\frac{\mathrm{d}[\mathrm{B}]}{\mathrm{d}t} = \frac{\mathrm{d}[\mathrm{C}]}{\mathrm{d}t} = \frac{\mathrm{d}[\mathrm{D}]}{\mathrm{d}t} \tag{8.2}$$

反応物質の速度にマイナスの符号がつくのは，反応物質は減少していくので，生成物質の増加に符号をあわせているためです．

それでは，反応式に係数がついている反応（$a\mathrm{A} + b\mathrm{B} \longrightarrow c\mathrm{C} + d\mathrm{D}$）の場合はどうなるのでしょうか．この場合，反応速度は次のように表されます．

$$v = -\frac{1}{a}\frac{\mathrm{d}[\mathrm{A}]}{\mathrm{d}t} = -\frac{1}{b}\frac{\mathrm{d}[\mathrm{B}]}{\mathrm{d}t} = \frac{1}{c}\frac{\mathrm{d}[\mathrm{C}]}{\mathrm{d}t} = \frac{1}{d}\frac{\mathrm{d}[\mathrm{D}]}{\mathrm{d}t} \tag{8.3}$$

反応速度が反応物質の濃度によってどう変化するかを数学的に表現したものを微分速度式と呼んでいます．たとえば，式(8.3)の微分速度式が次のように書けたとします．

$$v = -\frac{1}{a}\frac{d[A]}{dt} = \frac{1}{c}\frac{d[C]}{dt} = k[A]^m[B]^n \tag{8.4}$$

m は A に関する次数，n は B に関する次数，$m+n$ は反応全体の次数と呼びます．注意すべきことは，この式(8.4)にでてくる m や n の数値は，必ずしも整数とは限らないことです．m や n の値は実験的に決定されるもので，理論的にでてくるものではありません．実際，同じような反応でありながら，まったく別の反応式で書き表される反応に，ハロゲン(X_2)と水素の反応($H_2 + X_2 \longrightarrow 2HX$)があります．ヨウ素($I_2$)と水素の反応では，微分速度式はヨウ素および水素の濃度のそれぞれ一次($m = n = 1$に相当)に比例する二次反応式で，次のように書けます．

$$-\frac{d[H_2]}{dt} = k[H_2]\cdot[I_2] \tag{8.5}$$

ところが，臭素(Br_2)と水素との反応では，まったく異なる微分速度式になります．

$$-\frac{d[H_2]}{dt} = \frac{k[H_2]\cdot\sqrt{[Br_2]}}{m+[HBr]/[Br_2]}$$

これは，ヨウ素と水素との反応は，分子と分子が衝突してただちに生成物を生じる一段階反応であるのに対し，臭素と水素の場合は，複数の段階を経て反応が終了する多段階反応であるという違いがあるからです．一段階で終わる反応のことを「素反応」といいます．一般に，多くの反応はいくつかの素反応を経て進行する多段階反応です．次の例を見てください．

この反応は二重結合をもつシクロヘキセンという化合物に臭素が付加する反応です．生成物はトランス−1,2−ジブロモシクロヘキサンのみです．もし反応が一段階で終わるとすると，生成物は臭素原子が同じ側にくるシス型でなければおかしいですね．実際，この反応は以下のように二段階で進行しま

す.

　第一段階は遅い反応で，第二段階は速い反応です．反応が完結するためには，両段階を通過しなければなりません．反応全体の速度は，最も遅い段階の速度で決まります．この最も遅い段階を律速段階といいます．

8.3　反応速度の解析と活性化エネルギー

反応速度の解析

　反応速度は，単位時間あたりの反応物質または生成物質の濃度変化で表わすと述べましたが，反応速度を数式化して解析するには，微分速度式を利用します．反応速度式を解析して何を求めたいかといえば，その反応の速度定数です．速度定数を求めることで何がわかるのかといえば，その反応の活性化エネルギーが求められるのです．

　一般に，温度が上昇すれば反応は速くなりますから，温度を変えて反応速度定数を求めることにより活性化エネルギーが求まります．最終的には，その反応が乗り越えねばならないエネルギー障壁がわかるのです．

　それでは，具体的に反応速度を解析していきましょう．

0次反応

　一般に，反応速度は反応物質の濃度に依存します．しかし，数は少ないですが反応物質の濃度に依存しない反応もあるのです．微分速度式で書くと，次のようになります．

$$-\frac{d[A]}{dt} = k(定数) \quad \therefore \quad [A_t] = [A_0] - kt \tag{8.6}$$

式中の$[A_0]$は反応物質の初期濃度で，$[A_t]$は時間tにおける反応物質の濃度を表しています．縦軸に$[A_t]$を横軸に時間tをとれば図8.3のような右下がりの直線になります．

　0次反応は，金属表面上での気体反応や，酵素の濃度に比べて基質(酵素と反応する物質)の濃度が高いときなどに見られます(図8.4).

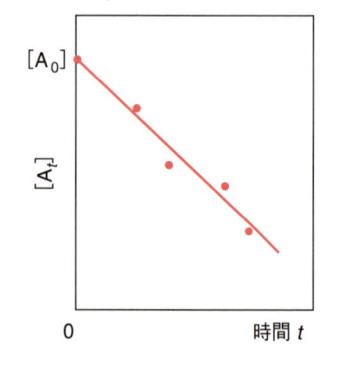

図8.3　0次反応

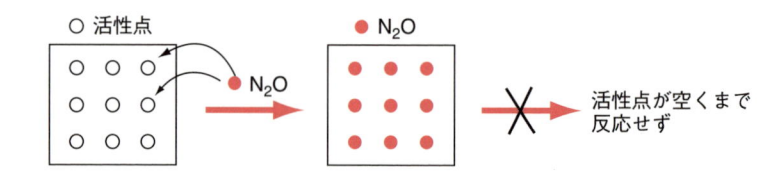

図8.4　0次反応の模式図

一次反応

　反応物質の濃度の減少速度がその物質の濃度の一次に比例するような反応は多数知られています．2章で学んだ不安定核種の崩壊反応もその一種です．一般的には，A ─→ B + Cで表されるような分解反応によく見られます．

8.3 反応速度の解析と活性化エネルギー

微分速度式は，次のように表されます．

$$-\frac{d[A]}{dt} = \frac{d[B]}{dt} = k[A] \tag{8.7}$$

いま，Aの初期濃度を a mol dm^{-3}，時間が t 経過したときのAの濃度を $(a-x)$ mol dm^{-3} として式(8.7)に代入すると，次の式になります．

$$-\frac{d(a-x)}{dt} = \frac{dx}{dt} = k(a-x) \tag{8.8}$$

式(8.8)は，さらに変数分離して積分形に直すと，自然対数の式になります．

$$\ln(a-x) = \ln a - kt \tag{8.9}$$

また，この式を常用対数の式に変えると次式になります．

$$\log(a-x) = \log a - \frac{k}{2.303}t \tag{8.10}$$

したがって，縦軸に $\log(a-x)$ をとり，横軸に時間 t をとって直線を書けば，この直線の傾きから速度定数 k が求まります．図8.5は，そのグラフを表したものです．

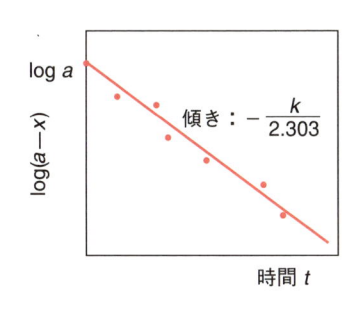

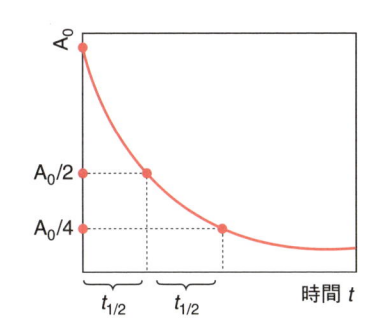

図 8.5　一次反応

反応速度を比較する際に有効な指標として，速度定数のほかに半減期，すなわち反応物質が元の濃度の半分になる時間 ($t_{1/2}$) があります．2章で学習した放射性元素の半減期を思いだしてみましょう．元の濃度の半分になる時間ですから，式(8.9)に $x = a/2$ を代入すると，次のようになります．

$$\ln\frac{a}{2} = \ln a - k\, t_{1/2}$$

$$\therefore\; t_{1/2} = \frac{1}{k}\left(\ln a - \ln\frac{a}{2}\right) = \frac{\ln 2}{k} = \frac{0.693}{k} \quad (\ln 2 = 0.693) \tag{8.11}$$

半減期は初濃度に依存しませんから，反応物が100%から50%に変化する時

間と50%から25%に変化する時間は同じです．この様子は図8.5に示してあります．半減期がわかれば速度定数が求まるという便利な式です．一次反応の具体例を表8.2にまとめておきます．

表8.2 一次反応の例

（1） $CO_2 \longrightarrow CO + O$
（2） C_3H_6（シクロプロパン）$\longrightarrow$ プロペン
（3） $2H_2O_2 \longrightarrow 2H_2O + O_2$
（4） $C_2H_4 \longrightarrow C_2H_2 + H_2$
（5） $t\text{-BuCl} + H_2O \longrightarrow t\text{-BuOH} + HCl$
（6） $N_2O_5 \longrightarrow 2NO_2 + 1/2\, O_2$

二次反応

二次反応には，次のように二通りのタイプがあります．

①$A + A \longrightarrow P$（生成物）　　②$A + B \longrightarrow P$（生成物）

第一のタイプは，ある物質Aの反応速度がその物質の濃度の二乗に比例する場合で，微分速度式は次のように表されます．

$$-\frac{d[A]}{dt} = k[A]^2 \tag{8.12}$$

たとえば，ブタジエンの二量化反応（$2C_4H_6 \longrightarrow C_8H_{12}$）やヨウ化水素の分解反応（$2HI \longrightarrow H_2 + I_2$）がよく知られています．式(8.12)を一次反応式の場合と同様に，Aの初期濃度を a mol dm^{-3}，時間が t 経過したときのAの濃度を $a - x$ mol dm^{-3} とすると，式(8.12)は次のようになります．

$$-\frac{d(a-x)}{dt} = \frac{dx}{dt} = k(a-x)^2 \tag{8.13}$$

変数分離してから積分（$t: 0 \sim t, x: 0 \sim x$）すると，次のような一次式になります．

$$\frac{1}{a-x} = kt + \frac{1}{a} \tag{8.14}$$

$1/(a-x)$ を縦軸に，t を横軸にとれば，この直線の勾配が速度定数 k になります．式(8.14)に，$x = a/2$ を代入して，このタイプの反応の半減期（$t_{1/2}$）を求めると，次のようになります．

$$t_{1/2} = \frac{1}{ak} \tag{8.15}$$

次に，第二のタイプを見てみましょう．このタイプの反応は，異なる二種の化合物(A，B)間の反応において，反応速度がそれぞれの濃度の積に比例する場合です．たとえば，エステルをアルカリで加水分解する代表例として，酢酸エチルと水酸化ナトリウムとの反応($CH_3COOC_2H_5$ + NaOH ⟶ CH_3COONa + C_2H_5OH)を見てみましょう．微分速度式は次のように書けます．

$$-\frac{d[CH_3COOC_2H_5]}{dt} = k[CH_3COOC_2H_5][NaOH] \tag{8.16}$$

いま，酢酸エチルと水酸化ナトリウムの初濃度をそれぞれ a mol dm^{-3}，b mol dm^{-3}，時間 t が経過した後にそれぞれ x mol dm^{-3} だけ減少したとすると，式(8.16)は次のように書けます．

$$-\frac{d(a-x)}{dt} = k(a-x)(b-x) \tag{8.17}$$

この式を変数分離して積分形に直すと次の式がえられます．

$$\int_0^t k\,dt = \int_0^x \frac{1}{a-b}\left[\frac{1}{b-x} - \frac{1}{a-x}\right]dx \tag{8.18}$$

初期条件($t = 0$, $x = 0$)を代入して解くと次式になります．

$$kt = \frac{1}{a-b}\left(\ln\frac{b}{b-x} - \ln\frac{a}{a-x}\right) \tag{8.19}$$

さらに常用対数の式に書き直せば，速度定数 k は次式のようになります．

$$k = \frac{2.303}{(a-b)t}\log\frac{b(a-x)}{a(b-x)} \tag{8.20}$$

また，この式を変形すると，次式がえられます．

$$\log\frac{a-x}{b-x} = \log\frac{a}{b} + \frac{a-b}{2.303}kt \tag{8.21}$$

また，式(8.19)で，$a \gg b$ ならば，次式になります．

$$k = \frac{1}{ta}\ln\frac{b}{b-x} \tag{8.22}$$

この式(8.22)は，内容的には一次反応のところででてきた式(8.9)と同じです．したがって，反応する二つの物質のなかで，一方が大幅に過剰であるときは，反応速度は少量存在する反応物質のみに支配されることになり，実質的には一次反応とみなせます．たとえば，ショ糖の加水分解反応($C_{12}H_{22}O_{11}$

$+ H_2O \longrightarrow C_6H_{12}O_6 + C_6H_{12}O_6$)では,みかけ上は二次反応のようですが,水が大幅に過剰に存在しているので,一次反応として扱えます.

【例題8.2】 酢酸エチルを多量の水のなかで希塩酸を触媒として室温で加水分解したところ,200分後に$0.01\ \mathrm{mol\ dm^{-3}}$の酢酸を生成していることが判明した.酢酸エチルは最初何$\mathrm{mol\ dm^{-3}}$であったと考えられるか.ただし,この反応の半減期は143分とする.

【解】 一次反応として扱えるので,速度定数kは

$$k = 0.693/t_{1/2} = 0.693/143\ \mathrm{min}^{-1}$$

エステルの最初の濃度を$a\ \mathrm{mol\ dm^{-3}}$とすると,式(8.10)より

$$\log(a-x) - \log a = -k \times 200/2.303$$
$$\therefore\ a = 0.016\ \mathrm{mol\ dm^{-3}}$$

速度定数と温度および活性化エネルギー

一般に,温度の上昇とともに反応速度は増大し,速度定数が大きくなります.たとえば,温度が10℃上昇すると,エステルの加水分解反応の速度定数は約2倍に,ショ糖の加水分解反応の速度定数は約3.5倍になります.一般の化学反応では温度10℃の上昇は,速度定数を約2〜3倍にする効果があります.したがって,高温ではかなり速く進行する反応でも,低温にすれば反応はほとんど停止した状態になります.反応速度は衝突回数に比例し,衝突回数は絶対温度に比例するという古典的な衝突理論では,上記のような温度と反応速度の関係を説明できません.衝突回数は多くても,反応する分子の割合が小さければ,反応速度は増大しないのです.

1889年,スウェーデンの化学者アレニウスは,速度定数と温度の関係を調べた結果,次のような関係式を提案したのです.

$$\ln k = -\frac{E_\mathrm{a}}{RT} + C \quad (\text{定数}) \tag{8.23}$$

アレニウス

この式は,実験結果から帰納された完全な経験則です.式中のE_aは活性化エネルギーといい,分子が衝突する際に一定のエネルギー(E_a)以上のエネルギーをもった分子だけが反応にあずかると考えたのです.式(8.23)を微分形に直すと,次式がえられます.

$$\frac{\mathrm{d}\ln k}{\mathrm{d}T} = \frac{E_\mathrm{a}}{RT^2} \tag{8.24}$$

式(8.23)から,速度定数kを求めると,次式になります.

$$k = A \exp\left(-\frac{E_\mathrm{a}}{RT}\right) \tag{8.25}$$

定数 A についてアレニウスは触れていませんが，二つの意味が含まれていることが判明しています．それは，衝突の頻度因子と立体配向因子です．分子は衝突してもすべて反応するわけではなく，衝突する方向も重要な因子であることを示しているのです．

さて，式(8.23)を利用して二つの温度(T_1, T_2)で速度定数(k_1, k_2)を求めると，活性化エネルギーは次式から計算できます．

$$\log\frac{k_2}{k_1} = \frac{E_\mathrm{a}}{2.303R}\left(\frac{T_2 - T_1}{T_2 T_1}\right) \tag{8.26}$$

式(8.23)から，縦軸に速度定数の対数をとり，横軸に温度の逆数をとってグラフを書くと，その直線の傾きが活性化エネルギーになるわけですが，任意の二つの温度(絶対温度)の組合せから求めた活性化エネルギーの平均値を求めてもよいということです．

【例題8.3】 303 K において，反応速度が293 K のときの2倍になったとすると，この反応の活性化エネルギーはいくらになるか．

【解】 式(8.26)に $k_2/k_1 = 2$, $T_1 = 293$ K, $T_2 = 303$ K, $R = 8.314$ J K^{-1} mol^{-1} を代入すると

$$\begin{aligned}E_\mathrm{a} &= 2.303 \times 8.314 \times (293 \times 303)/(303 - 293) \times \log 2 \\ &= 51.2 \text{ kJ mol}^{-1}\end{aligned}$$

8.4 活性化エネルギーの意味と理論的背景

アレニウスの式の理論的背景

式(8.25)の実験式の最初の発見者はフッドで，1878年のことでした．その後アレニウスとファント・ホッフが式(8.25)に熱力学的解釈を加えたといわれています．いま，反応系中の最低エネルギーの分子数を n_0 とし，エネルギーがそれよりも 1 mol あたり E だけ高い分子数を n とすると，マクスウェル・ボルツマンの統計力学的考え方から n/n_0 の比が次のような式で表わされます．

$$\frac{n}{n_0} = e^{-E/RT} \tag{8.27}$$

速度定数 k がエネルギーが E だけ高い分子数 n に比例すると考えれば，こ

こから式(8.25)が導かれることになります.

一方，ファント・ホッフは反応の平衡定数(K_e)と絶対温度(T)の関係式として，式(8.24)とよく似た実験式(8.28)を提出していました.

$$\frac{d\ln K_e}{dT} = \frac{\Delta H}{RT^2} \tag{8.28}$$

このファント・ホッフの式とアレニウスの式は，次のような平衡反応を考えると対応させることができます.

$$A + B \rightleftarrows C + D$$

右向きの反応の速度を v_1 とし，左向きの反応の速度を v_2 とすると，この反応が平衡状態にあれば，$v_1 = k_1[A][B] = v_2 = k_2[C][D]$ で，平衡定数は $K_e = k_1/k_2$ ですから，式(8.28)は

$$\frac{d\ln k_1}{dT} - \frac{d\ln k_2}{dT} = \frac{\Delta H}{RT^2}$$

となります．ΔH をはじめの状態と終わりの状態のエネルギー差($\Delta H = E_1 - E_2$)とすれば，次式になります.

$$\frac{d\ln k_1}{dT} - \frac{d\ln k_2}{dT} = \frac{E_1}{RT^2} - \frac{E_2}{RT^2}$$

この式を書きかえると，速度定数とエネルギーとの関係式がえられます.

$$\frac{d\ln k_1}{dT} - \frac{E_1}{RT^2} = \frac{d\ln k_2}{dT} - \frac{E_2}{RT^2} = C \quad (定数)$$

$$\therefore \quad \frac{d\ln k}{dT} = \frac{E_a}{RT^2} + C$$

定数 C は実験的には 0 とみなされますので，アレニウスの式(8.24)が誘導されます．以上の関係式を図で説明すると図8.6のようになります．右向きの反応経路では，反応系が生成系よりもエネルギー状態が高くなっており，反応が進行するためには活性化エネルギーの山($E_1 = E_a$)を乗り越えなけれ

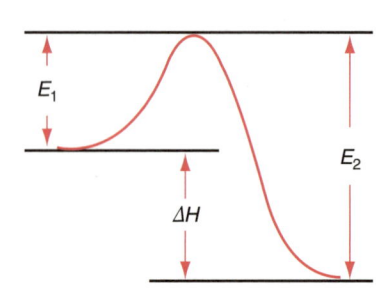

図 8.6　活性化エネルギー

ばなりません．反応系と生成系のエネルギー差が生成熱 ΔH になりますが，右向きの経路の場合は発熱反応（$\Delta H < 0$）となります．一方，左向きの反応経路では活性化エネルギーの山（E_2）は高くなり，図8.6のように $\Delta H > 0$ となり吸熱反応となります．

速度定数 k の中身（遷移状態理論）

上の説明からは，確かに速度定数（k）と活性化エネルギー（E）と絶対温度（T）との関係式が導かれることは判明しました．また，反応には必ず遷移状態があり，反応物が生成物に変化するためにはそのエネルギーの山を乗り越えねばならないこともわかりました．そこで，速度定数（k）と活性化エネルギー（E）の意味をさらに深く考察しようとしたのが遷移状態の理論です．次のような二分子反応を考えてみます．

$$A + B \rightleftarrows AB^* \longrightarrow P$$

もし，活性錯体 AB^* が反応物と平衡状態にあれば

$$K^* = \frac{[AB^*]}{[A]\cdot[B]} \quad \therefore \quad [AB^*] = K^*[A]\cdot[B]$$

となります．遷移状態の理論では，反応速度 v を次のように定義します．

反応速度（v）＝（活性錯体の濃度）×（エネルギーの山を越える速度）

すなわち
$$v = [AB^*] \times \frac{k_B T}{h} \tag{8.29}$$

この式中の k_B はボルツマン定数で，h はプランク定数です．右側の項（$k_B T/h$）がでてきた理由は，次のような考え方に基づいています．ある絶対温度 T で，活性錯体は激しく振動して，いまにも生成物に変化しようとしているとします．このときの振動数を ν とすると，この錯体のエネルギーは $E = h\nu$ と書けます．このエネルギーが絶対温度 T に比例するとすると，$E = h\nu = k_B T$ とおけます．遷移状態の理論は，「エネルギーの山を越える速度」のことを毎秒あたりの振動数，すなわち，振動速度 ν とみなしているのです．ですから，$\nu = k_B T/h$ を式（8.29）に用いているのです．見方を変えると，$k_B T/h$ 全体が比例定数と考えられるので，反応速度定数を k とおいて式（8.29）を書きかえると次のようになります．

$$v = \frac{k_B T}{h} K^*[A]\cdot[B] = k[A]\cdot[B] \quad \left(ただし，k = \frac{k_B T}{h} K^*\right)$$

5章で学習したように，標準自由エネルギーと平衡定数との間の関係式を，この活性錯体の自由エネルギー ΔG^* と平衡定数 K^* に適用すると

$$\Delta G^{\circ *} = -RT \ln K^* \quad \therefore \quad K^* = \exp\left(-\frac{\Delta G^{\circ *}}{RT}\right)$$

となりますので

$$k = \frac{k_\mathrm{B}T}{h} \times K^* = \frac{k_\mathrm{B}T}{h} \exp\left(-\frac{\Delta G^{\circ *}}{RT}\right)$$

さらに，$\Delta G^{\circ *} = \Delta H^{\circ *} - T\Delta S^{\circ *}$ の関係式を代入すると，次式がえられます．

$$k = \frac{k_\mathrm{B}T}{h}\exp\left(-\frac{\Delta G^{\circ *}}{RT}\right) = \frac{k_\mathrm{B}T}{h}\exp\left(\frac{\Delta S^{\circ *}}{R}\right)\exp\left(-\frac{\Delta H^{\circ *}}{RT}\right) \tag{8.30}$$

この式中の $\Delta G^{\circ *}$，$\Delta H^{\circ *}$，$\Delta S^{\circ *}$ はそれぞれ活性化自由エネルギー，活性化エンタルピー，活性化エントロピーと呼ばれ，反応系と活性錯体との熱力学的状態関数の差に相当します．アレニウスの式(8.25)と式(8.30)を比べると，アレニウスのパラメータ(A)は式(8.31)のようになります．

$$A = \frac{k_\mathrm{B}T}{h}\exp\left(\frac{\Delta S^{\circ *}}{R}\right) \tag{8.31}$$

一方，式(8.24)と式(8.30)を比較するために，式(8.30)の両辺の自然対数をとって絶対温度 T で微分すると

$$\frac{\mathrm{d}\ln k}{\mathrm{d}T} = \frac{\Delta H^{\circ *} + RT}{RT^2}$$

よって，次の式(8.32)がえられます．

$$E_\mathrm{a} = \Delta H^{\circ *} + RT \tag{8.32}$$

式(8.31)からは，アレニウスのパラメータ(A)には次のような因子が含まれていることがわかります．最初の項，$k_\mathrm{B}T/h$ は活性化の山を越える頻度因子(振動速度)に相当し，次の項 $\exp(\Delta S^{\circ *}/R)$ は，配向因子に相当します．また，式(8.32)において，一般的に RT はそれほど大きな値にはならないので，活性化エネルギー(E_a) ≒ 活性化エンタルピー($\Delta H^{\circ *}$)と考えてもよいことになります．

8.5　化学反応における触媒のはたらき

触媒の定義

化学反応は，一般に温度を上げればその反応速度は大きくなりますから，室温近辺で進行が遅ければ，まずは加熱してみるというのが定石です．しかし，つねに加熱すればよいわけではありません．われわれ人間を含めて，多

8.5 化学反応における触媒のはたらき ● 175

くの生物はきわめて狭い温度範囲でしか生きていけませんから，生体内で反応を起こすのに，加熱して温度を上げるわけにはいきません．われわれの生体内で起こっている生化学反応は，少量のある物質，すなわち，酵素という触媒が存在しなければ進行しません．

1902年に，ドイツの物理化学者オストワルド（独：1853〜1932）は，触媒にはじめて次のような定義を与えています．「触媒とは，正味の反応式に含まれることなく，反応速度を変化させる物質である．また，触媒は，反応の平衡位置に影響を及ぼすことはない」と．

さて，触媒の最も重要な特徴の一つは確かに反応速度を変えることですが，反応の種類や方向の選択性（特異性）に寄与しますし，また現実的には反応操作の簡便性という面で工業的にとくに重要です（適当な触媒があれば高温高

表 8.3 触媒の種類と反応例

触媒の種類	反応例
酸（塩基）触媒（鉱酸，ルイス酸，ルイス塩基やイオン交換樹脂など）	脱離反応，縮合反応，加水分解反応等の有機化学反応や生化学反応などに多い． [例1] エタノールの硫酸触媒による脱水反応 [例2] アルコールと有機酸とのエステル化反応 [例3] ショ糖の酸加水分解反応
金属（Fe, Co, Ni, V, Cu, Mo, Ru, Rh, Pd, Pt, Cu などの遷移金属）および金属酸化物触媒（K_2O, Al_2O_3, SiO_2, V_2O_5, Cr_2O_3, Fe_2O_3）	酸化還元反応，脱水，水和反応，分解反応等 [例1] アンモニア合成（ハーバー・ボッシュ法） [例2] オレフィンの還元（Pd/H_2） [例3] 石油の接触分解によるガソリンの製造 [例4] 硫酸の製造（$2SO_2 + O_2 \longrightarrow 2SO_2$）$\longrightarrow H_2SO_4$
金属塩触媒（Al_2Cl_6, $FeCl_3$, $ZnCl_2$, BF_3, $PdCl_2$, $CuCl_2$）	アルキル化反応，アシル化反応，異性化反応等 [例1] ベンゼン環のアシル化，アルキル化 　　$C_6H_6 + RCOCl \longrightarrow C_6H_5COR$　（Al_2Cl_6 触媒） [例2] 炭化水素の異性化 　　n-ブタン $\longrightarrow$ イソブタン　（Al_2Cl_6 触媒） [例3] 酢酸の製造 　　$CH_2 = CH_2 + H_2O + PdCl_2 \longrightarrow CH_3COOH + Pd + 2HCl$
金属イオン（Mg^{2+}, Ca^{2+}, Cu^{2+}, M^{2+} など）と錯体触媒〔$[Fe(CN)_6]^{3-}$, $Fe(CO)_5$, $Pt(NH_2)_4^{2+}$ など〕	酸化還元反応，水和反応，分解反応 [例1] オキザロ酢酸 $\longrightarrow$ ピルビン酸 + CO_2　（Cu^{2+} 触媒） [例2] $2H_2O_2 \longrightarrow 2H_2O + O_2$　（$[Fe(NH_3)_4]^{3+}$ 触媒）
酵素	酸化還元酵素，転移酵素，加水分解酵素，脱離酵素，異性化酵素など多数 [例1] ウレアーゼ：$NH_2CONH_2 + 2H_2O + H^+ \longrightarrow 2NH_4^+ + HCO_3^-$
抗体触媒（アブザイム）	抗体の産生を刺激するハプテンとなる巨大分子に目的とする反応の遷移状態に似せた構造因子を埋め込んだ抗原でモノクロナール抗体をつくりだし，この抗体がエステルや炭酸エステルの触媒として有効な活性を示す．

圧のような厳しい条件を避けることができます）．

われわれの身の回りでは，目に見えないところで多数の有用な触媒が活躍していますので，これらの種類と反応例の概略を表8.3にまとめておきましょう．

酵素反応と触媒作用

生体内で起こる化学変化は酵素という触媒なしでは進行しません．この酵素は，通常は高分子のタンパクでできており，その触媒能は分子内の活性点と呼ばれる特定の部位に存在すると考えられています．基本的な作用原理は通常の酸塩基触媒や金属イオン触媒などと何ら変わらないように見えますが，その触媒能力は普通の触媒に比べて非常に効率がよいのです．その能力とは，①反応速度が桁違い大きいことと同時に，②特異性（基質および立体特異性）が優れている点にあります．①の代表的な例として，尿素を分解する酵素であるウレアーゼの反応（$NH_2CONH_2 + 2H_2O + H^+ \longrightarrow 2NH_4^+ + HCO_3^-$）を見てみましょう．無触媒のときの活性化エネルギーは$136.8 \text{ kJ mol}^{-1}$と非常に大きいのに対して，ウレアーゼを用いた場合の活性化エネルギーは8.85 kJ mol^{-1}ととても小さくなっています．したがって，反応速度も桁違いです．無触媒のときの約10^{22}倍も速くなっています．次に，②の特異性の例を取りあげてみましょう．ほとんどの酵素は基質特異的，すなわち，反応する相手は必ず決まっています．立体特異的というのは，反応の立体方向性が厳密に決まっていて，必ず一方の反応生成物しか生じないことを意味します．ブドウ糖の代謝反応に続くTCAサイクルで起こるフマラーゼ（フマール酸に水を付加させて(S)-リンゴ酸に変換する酵素）の反応を見てみましょう（図8.7）．(S)-リンゴ酸が生成したということは，平面分子のフマール酸に対して水分子が左上から，プロトンは右下から（図ではOHとHで示している）トランス型に付加していることを示しています．(S)-リンゴ酸とは鏡像関係にある(R)-リンゴ酸はまったく生成しないのです．さらに驚くべきことは，その反応の速さです．10万分の1秒程度で完了してしまいます．通常のアルケン類に対する水の付加反応（酸触媒）の速度は1000秒程度のレベルですから，いかに速いかがわかるでしょう．

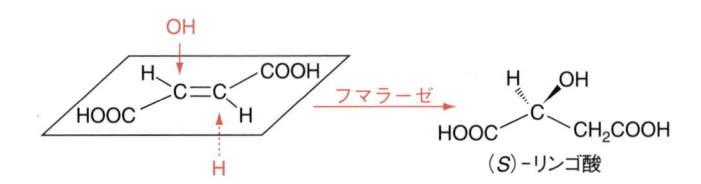

図 8.7 (S)-リンゴ酸の生成

酵素反応の速度論

酵素による反応がきわめて速く，しかも反応の特異性が高いのは，酵素がそれぞれの基質に対して固有の活性なポケットをもっていて，基質との空間

セミナー⟨10⟩

生体内のリズム反応
―― 酵素と振動反応 ――

ここまで，化学反応は時間とともに反応物が単調に減少し，生成物が単調に増加するとしてきました．酵素反応も例外ではありませんでした．しかし，時間とともに生成物および反応物の量が増えたり減ったりする反応があることが知られています．これは，化学振動と呼ばれています．ベローゾフ・ジャボチンスキー反応がとくに有名です．このような現象は平衡から大きくかけ離れた非平衡の状態で起こります．また，反応物やエネルギーがたえず入り込み，生成物やエネルギーがたえずでていくような場合によく起こります．その代表例が生物によるリズム現象です．生体では多くのリズム現象が見られます．生物はたえずエネルギーや物質を取り込み，はきだしています．個々の細胞や細胞内の一つ一つの小さなオルガネラを見てもそうです．

このようなリズム現象，すなわち振動現象を簡単なモデル実験で示すことができます．図8.8(a)に示されるような装置を用います．この装置は二つのセルが透析膜のような半透膜で隔てられています．一方のセルには酵素の溶液を，もう一方のセルには基質の溶液をいれます．基質は半透膜を容易に通り抜けできますが，酵素は高分子であるため通り抜けできません．したがって基質がゆっくりと膜を通り酵素と反応することになります．図8.8(b)は酵素としてカタラーゼ，基質として過酸化水素を用いた例です．カタラーゼは

$$H_2O_2 \longrightarrow H_2O + \frac{1}{2}O_2$$

の反応を触媒します．酵素溶液中に存在する酸素の量（溶存酸素量）が時間とともに振動します．この例では振動が減衰していますが，条件によっては減衰しない振動も起こります．このような振動反応が多くの酵素反応で起こります．なぜこのような振動反応が起こるのでしょうか．後述のミカエリス・メンテンの反応では，酵素と基質がはじめから同じ溶液内に存在する場合で，反応は単純に進み，生成物は単調に増加します．しかし，基質をゆっくりと透過させると，ある程度反応が進んだときに基質の量が少なくなり，逆反応が強くなり生成物の濃度が減少します．その後基質の濃度が増加し，正反応の方が優勢となります．これを繰り返すことにより振動反応が起こるのです．振動を起こすには基質の適当な透過速度と生成物の排出速度（カタラーゼの反応の場合には酸素が空気中に逃げていく速度）が必要です．

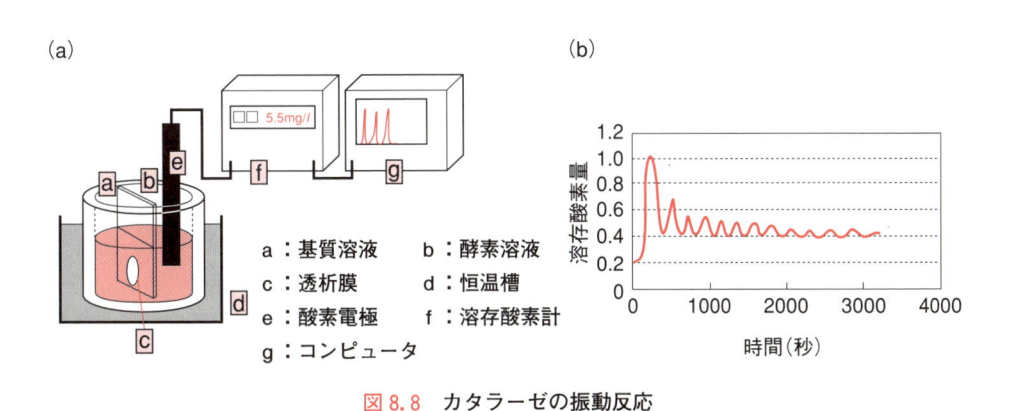

(a)

a：基質溶液　　b：酵素溶液
c：透析膜　　　d：恒温槽
e：酸素電極　　f：溶存酸素計
g：コンピュータ

(b)

図8.8　カタラーゼの振動反応

配置が厳密に規定され制御されていることによります．通常の触媒に比べて，何か不思議な力をもっているように思えるかもしれませんが，反応速度論的には通常の触媒と同様に扱うことができます．この酵素触媒反応の機構については，酵素(E)の全濃度を一定に保ち，基質(S)の濃度変化に対する反応次数を調べた結果，以下のような基本的考え方がミカエリス・メンテンによって提案され一般的に受け入れられています．たとえば，先にあげたウレアーゼによる尿素の分解反応を見てみましょう．横軸には尿素の濃度を，縦軸には反応速度をとってグラフに書くと図8.9のようになります．

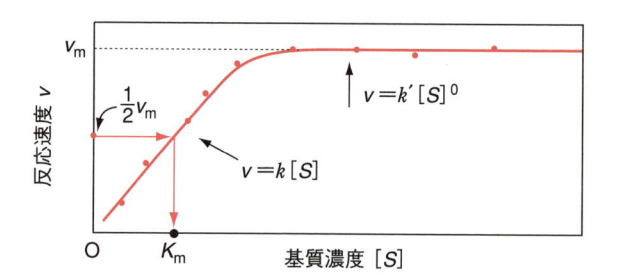

図 8.9 酵素反応速度と基質濃度

興味深いことに，尿素の濃度が小さいときは，反応速度(v)は尿素の濃度$[S]$に比例した一次反応：$v=k[S]$に従います．ところが，ある一定濃度以上になると，反応速度は尿素濃度に無関係の0次反応：$v=k'[S]^0$になっているのです．

これは，尿素の濃度が大きくなると，酵素の活性点が尿素によって完全にふさがれてしまい，反応はそれ以上の速さで進めないためです．この章の0次反応のところで述べた，白金上での亜酸化窒素(N_2O)の反応と同様です．活性点から基質が離れて生成物に変換されていかない限り，次の基質と反応できないのです．

図8.9のなかに示されているv_mというのは，酵素が基質で飽和状態になったときの反応速度を表わしています．基質濃度が大きくなっても，これ以上速度は大きくなりませんので，このときの速度を最大の速度(v_m)で表わします．また，この最大速度の半分の速度ににになるときの基質の濃度をK_mとおくと，速度(v)と基質濃度$[S]$の関係式として，次の式が提出されています．

$$v = \frac{v_m[S]}{K_m + [S]} \tag{8.33}$$

また，この式の逆数をとって書き直すと，式(8.34)のような直線(図8.10)になります．この直線と軸との切片から，v_mとK_mが求まります．

$$\frac{1}{v} = \frac{1}{v_m} + \frac{K_m}{v_m[S]} \tag{8.34}$$

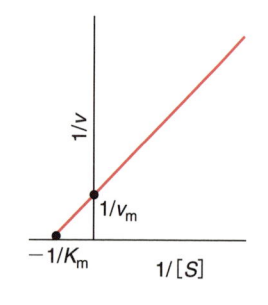

図 8.10 ミカエリス・メンテンの式

K_mのことをミカエリス定数といい，酵素と基質の親和力の大小を表わす指

セミナー〈11〉

身近な家電製品の化学への応用
―― 電子レンジと化学反応 ――

　かつてはかなり高価な電気製品であった電子レンジも，この頃はかなり安価に手に入るようになりました．数分間程度「チーン」するだけで食品を急速に温めることができ，とても便利です．さて，このように台所でいとも簡単に使える電子レンジ（マイクロ波オーブン）を使って，実験室で食品の代わりに「化学物質」を急速に加熱して化学反応の速度を速めることができるのではないかと考えるのは，ごく自然なことでしょう．実際，1980年代の中頃には，そのような考えの下で化学合成用に電子レンジを利用する研究例が増えてきました．家庭で利用されている電子レンジは，周波数2.45 GHz（ギガヘルツ）の極超短波の電磁波が用いられ，波長は0.122 mです．通常のガスコンロなどが表面から徐々に暖めていくのとは違って，電子レンジの場合は食品内部の水分子にマイクロ波を直接あてて水分子を激しく運動（回転）させて熱が発生するのです．何しろ毎秒24億5千万回も電場の方向が変わるわけですから，そのつど水分子も方向を変えて激しくぶつかりあって熱をだすわけです．これは水のように極性のある（双極子をもつ）分子に限られます．

　有機分子でも，水と同様に極性の大きいアルコール類，有機酸，有機塩基などはすべてマイクロ波陽性です．一方，対称性がよく双極子をまったくもたないベンゼンや四塩化炭素あるいは極性の非常に小さい炭化水素はマイクロ波陰性です．100℃近辺の沸点をもつ極性有機化合物（50 mlを出力560 Wで加熱した場合）は，約1分ではとんど沸点またはその近辺にまで温度が急上昇することが報告されています．一般に，「極性有機化合物の温度上昇の割合とその誘電率とは，ほぼ比例関係」にあることが判明しています．

　電子レンジの化学への応用としては，とくに有機化学反応の分野で広く利用されており，アミドやエステルの加水分解，エステル化反応，過マンガン酸カリウム酸化，求核置換反応，ディールス・アルダー反応などを通常の反応条件と比較した場合，数倍から数千倍も反応が加速されることが知られています．下の（例1）のように，サリチル酸と無水酢酸からアスピリンを合成する場合，通常は酸（硫酸など）触媒が必要ですが，電子レンジでは，無触媒で1分程度で反応が完結するという報告があります．また，（例2）のようなアントラセンと無水マレイン酸の反応も1分程度で終わります．ただし，急激に激しい反応が起こる場合もあるので，安全上の配慮は充分必要です．

（例1）　サリチル酸 + $(CH_3CO)_2O$ → アスピリン

（例2）　アントラセン ＋ 無水マレイン酸 →[MW, 1分] （生成物）

表 8.4 各種酵素のミカエリス定数（K_m）

酵素	基質	K_m
マルターゼ	マルトース	2.1×10^{-1}
スクラーゼ	スクロース（ショ糖）	2.8×10^{-2}
アセチルコリンエステラーゼ	アセチルコリン	2.5×10^{-3}
グルタミン酸オキザロ酢酸トランスアミナーゼ	α-ケトグルタール酸	2.4×10^{-3}
アルコールデヒドロゲナーゼ	エタノール	5.4×10^{-4}
ペルオキシダーゼ	過酸化水素	4.0×10^{-7}

標になります（表8.4）．K_m の値はモル濃度に相当しますから，K_m の値が小さいほど親和力が大きいことを示しています．先ほど示したフマラーゼはフマール酸に対して非常に親和力が大きい酵素で，K_m は 5.0×10^{-6} 程度とかなり小さい値を示します．それに対して，尿素を分解するウレアーゼの K_m は 3.5×10^{-2} 程度ですから親和力は意外に小さいことがわかります．

章末問題

1．次の用語について簡潔に説明しなさい．
　(1) 反応次数　　(2) 素反応　　(3) 律速段階　　(4) 半減期　　(5) 活性化エネルギー
2．ある物質Aの分解反応で，20%分解するのに50分を要したとすると，Aの60%が分解されるのに要する時間（分）はいくらになるか．次の各場合について求めなさい．
　(1) 0次反応　　(2) 一次反応　　(3) 二次反応
3．一次反応では，99.9%反応するのに必要とする時間は，50%反応するのに必要とする時間の約10倍になることを示しなさい．
4．ある反応の活性化エネルギーは $84\,\mathrm{kJ\,mol^{-1}}$ であった．温度が300 Kから310 Kまで上昇すると，その反応速度は何倍になるか．
5．ウラン（U：238）から鉛（Pb：207）への半減期は45億年である．ウランを含む鉱石を分析したところ，ウランと鉛の含有量は，モル比で約 1：3 であった．この鉱石の年代を推定しなさい（鉛はすべてウランの崩壊によって生成するものとする）．
6．1,2-ジクロロエチレンのトランス体からシス体への異性化反応の活性化エネルギーは $224\,\mathrm{kJ\,mol^{-1}}$ である．この反応のエンタルピー変化（ΔH）は $4.2\,\mathrm{kJ\,mol^{-1}}$ である．シス体からトランス体への逆の異性化反応の活性化エネルギーはいくらになるか．
7．次のような気相反応で，反応速度（v）が $v = k[\mathrm{X}]^2[\mathrm{Y}]$ で表されるものとして，下記のような条件を設定した場合，反応速度がどのように変化するか答えなさい．

　　　X(気体) + Y(気体) $\longrightarrow$ Z(気体) + W(気体)

(1) XとYの分圧を2倍に変える
(2) Xの分圧を2倍に変え，Yの分圧は変えない
(3) 反応容器の体積を2倍にする

8．塩化メチル(CH_3Cl)の加水分解反応に対する一次反応速度定数は，25℃および40℃ではそれぞれ$3.32 \times 10^{-10}\,s^{-1}$と$3.13 \times 10^{-9}\,s^{-1}$であることがわかっている．この反応の活性化エネルギーを求めなさい．

9．シクロプロパンのプロピレンへの気相(433℃)異性化反応において，時間あたりのシクロプロパンの割合(%)が以下のように判明している．

以下のデータを利用して，次の問いに答えなさい．
(1) この反応はシクロプロパンに対して一次であることを示しなさい．
(2) 433℃におけるこの異性化反応の速度定数を求めなさい．

時間(h)	0	2	5	10	20	30
シクロプロパン(%)	100	91	79	63	40	25

10．酢酸メチルのアルカリ加水分解反応の速度は，$v = k[CH_3COOCH_3][OH^-]$で表され，その速度定数は25℃で$k = 0.137\,dm^3\,mol^{-1}\,s^{-1}$となっている．酢酸メチルと水酸化物イオンの初期濃度をそれぞれ$0.05\,mol\,dm^{-3}$としたとき，酢酸メチルの5％が25℃で加水分解される時間を求めなさい．

※解答は，化学同人ウェブサイトに掲載．

参考図書

1章

原光雄,「化学入門」, 岩波書店(1961)
A. J. アイド, 鎌谷親善他訳,「現代化学史　1」, みすず書房(1977)
H. M. レスター, 大沼正則他訳,「化学と人間の歴史」, 朝倉書店(1981)
L. Lauden 他,「*Science and hypothesis*」, D. Reidel Publishing Company (1981)
戸倉仁一郎,「化学のあけぼの―化学者カンニツァロの生涯」, 共立出版(1982)
C. Webster,「*From Paracelsus to Newton*」, Barnes & Noble (1982)
M. Morselli,「*Amedeo Avogadro*」, D. Reidel Publishing (1984)
堀田彰,「アリストテレス」, 清水書院(1985)
平田寛,「図説 科学・技術の歴史」〈上・下〉, 朝倉書店(1985)
H. Hobhouse,「*Seeds of Change: Five Plants that transformed mankind*」, Harper & Row (1987)
H. バターフィールド, 渡辺正雄訳,「近代科学の誕生」〈上・下〉, 講談社(1978)
日本化学会編,「化学史・常識を見直す」, 講談社(1988)
生松敬三他編,「西洋哲学史の基礎知識」, 有斐閣(1988)
A. O'Hear,「*Introduction to the Philosophy of Science*」, Clarendon Press (1989)
C. M. Wynn, A. W. Wiggins,「*The five biggest ideas in science*」, John Wiley & Sons (1991)
近畿化学協会編,「化学の未来へ」, 化学同人(1999)

2章

玉虫文一編,「科学史入門」, 培風館(1980)
T. Eszter, 笠潤平・笠耐共訳,「原子核物理」, 丸善(1998)
大槻義彦,「物理学への招待」, 培風館(1989)
C. ケルナー, 平野卿子訳,「核分裂を発見した人」, 昌文社(1990)
I. Asimov,「*Understanding Physics*」, Barnes & Noble Books (1993)
北村行孝, 三島勇,「日本の原子力施設全データ」, 講談社(2001)

3章

B. ヤッフェ,「モーズリーと周期律」, 河出書房新社(1972)
細谷政夫他,「花火の科学」, 東海大学出版会(1999)
田中政志, 佐野充,「原子・分子の現代化学」, 学術図書出版社(1990)
M. サックス, 原田稔・杉元賢治共訳,「アインシュタイン VS ボーア」, 丸善(1993)
E. Speyer,「*Six Roads from Newton*」, John Wiley & Sons (1994)
J. P. McEvoy, O. Zarate, R. Appignanesi,「*Introducing quantum theory*」, Totem Books (1996)

4章

G. C. ピメンテル, R. D. スプラトレー, 千原秀昭他訳,「化学結合」, 東京化学同人(1974)
M. F. オドワイヤー他, 鳥居泰男・山本裕右共訳,「入門化学結合」, 培風館(1987)
N. W. Alcoch,「*Bonding and Structure*」, Ellis Horwood (1990)
菅野善則,「物質科学・工学へのアプローチ」, 開成出版(1994)
B. C. Webster, 小林宏他訳,「原子と分子」, 化学同人(1993)
J. Barrett,「*Structure and Bonding*」, Royal Society of Chemistry (2001)

E. Moore,「*Molecular Modelling and Bonding*」, Royal Society of Chemistry（2002）

5章

S. カルノー，広重徹訳，「熱機関の研究」，みすず書房(1973)
植村琢，「化学領土の開拓者たち」，朝倉書店(1976)
岡田功,「初学者のための熱力学読本」, オーム社(1977)
井田幸次郎,「やさしい熱力学」, 東京図書(1977)
E. ブローダ，市井三郎・恒藤俊彦共訳,「ボルツマン」, みすず書房(1981)
小野周,「エントロピーのすべて」, 丸善(1987)
D. S. L. カードウェル，金子務他訳,「蒸気機関からエントロピーへ」, 平凡社(1989)
E. B. スミス，小林宏・岩橋槇夫共訳,「基礎化学熱力学」, 化学同人(1992)
H. J. Morowitz,「*Entropy and Magic Flute*」, Oxford University Press（1993）
渡辺啓,「エントロピーから化学ポテンシャルまで」, 裳華房(1997)

6章

臼井俊明,「化学通論」, 東京大学出版会(1961)
井内岩夫,「医学生の化学」, 廣川書店(1984)
鈴木啓三,「水の話・十講」, 化学同人(1997)
齋藤勝裕,「超分子化学の基礎」, 化学同人(2001)
L. Smart, M. Gagan,「*The third Dimension*」, Royal Society of Chemistry（2002）
P. W. アトキンス，千原秀昭他訳,「物理化学要論　第3版」, 東京化学同人(2003)

7章

田中元治,「酸と塩基」, 裳華房(1977)
T. L. Ho,「*Hard and Soft Acids and Bases Principle in Organic Chemistry*」, Academic Press（1977）
田部浩三，野依良治,「超強酸・超強塩基」, 講談社(1980)
橋本尚,「電池の科学」, 講談社(1988)
米山宏，日本化学会編,「電気化学」, 大日本図書(1988)
渡辺啓,「化学平衡の考え方」, 裳華房(1998)
駒橋徐,「水素エネルギー革命」, 日刊工業新聞社(2002)
R. チャン，岩澤康裕他訳,「化学・生命科学系のための物理化学」, 東京化学同人(2003)

8章

K. J. レイドラー，高石哲男訳,「化学反応速度論」, 産業図書(1965)
E. L. キング，川口信一訳,「化学反応はいかに進むか」, 化学同人(1965)
妹尾学,「化学反応の話」, 培風館(1984)
M. L. ベンダー, L. J. ブルーバッハ，伊藤典夫・広島日出男共訳,「酵素と触媒の働き」, 化学同人(1975)
津波古充朝，上地真一,「化学への誘い」, 廣川書店(1988)
P. W. アトキンス，玉虫伶太訳,「新ロウソクの科学」, 東京化学同人(1990)
清水博編，桐野豊編,「物理化学」, 南江堂(1990)
I. プリゴジン, I. スタンジェール，伏見康治他訳,「混沌からの秩序」, みすず書房(1992)
土屋荘次,「はじめての化学反応論」, 岩波書店(2003)

索　引

あ

アインシュタイン	41
アクセプター	80
アクチニド	54
アストン	24
圧平衡定数	113
アブザイム	175
アボガドロ	10, 64
——の仮説	11
——の法則	120, 122
アリストテレス	7
アルカリ	8
——電池	153
アルファ線	25
アルファ崩壊	26
アルファ粒子	22
Allred-Rochow	57
アレニウス	170
——の式	171, 172, 174
——の定義	147
——のパラメータ	174
安息香酸コレステリル	132
アンダーソン	27
安定な核種	24, 25
アンドリュース	125
アントワーヌの補正式	135
イオン化エネルギー	55
イオン結合	64
イオン結晶	131
一次反応	166
一段階反応	165
一流体説	18
イレーヌ・キュリー	23
陰極線	20
——粒子	20
陰陽五行説	6
ウイーン	41
ウオルトン	29
ウラン−235	33
ウレアーゼ	176, 178
液晶	118, 119, 132
コレステリック——	132
サーモトロピック——	132
スメクチック——	132
ネマチック——	132
液相	133
液相線	138
液体	118, 119, 126
——の蒸発熱	102
エジソン	19
sp 混成軌道	74
sp^2 混成軌道	75
s-ブロック	57
X 線	161
——回折	129, 131
ns バンド	69
n 型半導体	71
np バンド	69
エネルギー準位	53
エネルギー等分配則	122
f-ブロック	54
演繹法	5
塩化ナトリウム	65
塩基	146
——解離定数	149
——触媒	175
延性	69
エンタルピー	89, 91
活性化——	174
結合の——	93, 94
燃焼の標準——	92, 93
標準生成——	92, 93
エントロピー	97, 98
活性化——	174
絶対——	108
応用科学	3
オクターブ則	58
オクテット則	64, 67
オストワルド	175

か

ガイガー	22
開殻	55
海水電池	153
開放系	88
科学	2
科学革命	4
化学反応の種類	163
化学反応の速さ	163
化学平衡	112
科学方法論	4
可逆等温膨張	100
可逆変化	98, 99
角運動量	42
拡散速度	123
核子	24
核種	24, 25
角度部分	49, 51
核分裂	30
核融合	33
確率曲線	102
確率密度	50
加水分解	169
仮説	5
カタラーゼ	177
活性化エネルギー	166, 170, 172
活性化エンタルピー	174
活性化エントロピー	174
活性化自由エネルギー	174
活性錯体	173
カニッツァロ	12, 58
価標	67
カーボプラチン	82
カーボンナノチューブ	85
カラミチック液晶	132
カルコゲン	59
カールスルーエ	12, 58
カルノー	98, 104
——サイクル	98, 104
カルベン	75
緩衝作用	149
ガンマ線	25, 161
幾何学	3
基質特異性	176
キスチアコフスキー	136

索引

気相	133
——線	138
基礎科学	3
気体	118, 119
——の状態方程式	118, 120
——反応の法則	10, 120
——分子運動論	121
軌道角運動量量子数	49
希土類	54, 59
帰納法	5
ギブズ	109, 110, 137
——の自由エネルギー	109
——の相律	137
基本単位	14
逆浸透法	145
ギャップ	70
キャベンディッシュ	9
吸収波長	48
吸熱反応	89
キュリウム	31
キュリー夫妻	25, 26
キュリー夫人	31
共沸	138
——混合物	138
共有結合	66
——結晶	131
共有電子対	68
ギルバート	18, 19
キレート	81
金属塩触媒	175
金属結合	69
金属結晶	131
金属酸化物触媒	175
金属変成	8
組立単位	14
クラウジウス	98
クラスター	66
グラファイト	85
クラペイロン・クラウジウスの式	127, 134, 135
クラペイロンの式	134
クルックス	19
グレアム	123
グレイ	18
クロックロフト	29
クーロン	19
ゲイ・リュサック	10, 120
ゲーリケ	18, 118
結合解離エネルギー	77
結合次数	79
結合性軌道	69, 76, 77, 78
結合のエンタルピー	93, 94
結晶系	129
結晶格子	66
減極剤	153
原子価	68
——結合法	73
原子質量単位	13
原子番号	24
原子分子仮説	10
元素観	7
元素の変換	7
懸濁液	142
光化学反応	160
格子エネルギー	66
酵素	175, 176
——反応	176
抗体触媒	175
光電効果	41
効率	107
光量子	42
黒鉛	85
黒体	40
——放射	40
固相	133
固体	118, 119, 129
——の融解熱	102
琥珀	18
孤立系	88
孤立電子対	68
ゴルトシュタイン	19
コレステリック液晶	132
コレステロール誘導体	132
コロイド溶液	142
混成軌道	74
sp——	74
sp^2——	75
根二乗平均速度	122

さ

再結晶法	143
錯体	81
——触媒	175
サーモトロピック液晶	132
酸	146
——触媒	175
——解離定数	149
酸・塩基の定義	147
酸化還元	152
三角両錐	73, 75
三原子分子	96
三重結合	68, 79
三重点	133
酸素族	59
三フッ化ホウ素	72
紫外線	161
四角両錐	73
磁気量子数	49
σ 結合	77
仕事	89
シスプラチン	81, 82
自然科学	2
質量数	24
質量パーセント濃度	142
質量保存の法則	9
質量モル濃度	142
自発的濃縮	100
自発的反応	109
弱塩基	150
弱酸	150
遮へい効果	57
シャルル	118
——の法則	118, 120
シャンクルトワ	58
自由エネルギー	109, 142, 155
活性化——	174
標準——	173
——変化	112
自由電子	69
——モデル	47
自由度	137
シュトラスマン	30
主量子数	49

シュレーディンガー	46	相	133	デーベライナー	58
蒸気圧	127	双極子-双極子相互作用	82	デュロン	97
——曲線	134, 135	双極子モーメント	80	デュロン・プティの法則	97
状態関数	88	双極子-誘起双極子相互作用	82	電気陰性度	57, 80
状態遷移	44	相図	133	電気化学的二元論	64
状態方程式	88, 118, 120	二酸化炭素の——	134	電気化学反応	162
気体の——	118, 120	相平衡	133	電気的仕事	156
補正——	123	相変化	102, 133	電気分解	157
理想気体の——	88	束一的性質	144	電極電位	154
蒸発のエントロピー変化	99, 102, 104	速度定数	167, 170	電子	18, 20
触媒	174, 176	素反応	165	——親和力	56
金属塩——	175	存在確率	50	——のスピン	53
金属酸化物——	175			——配置	52, 54
抗体——	175	**た**		——捕捉	27
錯体——	175			——レンジ	179
酸——	175	第一遷移元素	54	展性	69
——作用	176	大地のらせん	58	電池	152
シラー	103	第二遷移元素	54	アルカリ——	153
真空の誘電率	43	ダイヤモンド	85	ダニエル——	153
真性半導体	70	多段階反応	165	鉛蓄——	154
浸透圧	145	ダニエル電池	153	ニッカド——	154
振動反応	177	単結合	68	ニッケル・カドミウム——	154
水素イオン濃度	148	単原子分子	96	燃料——	154
水素化ベリリウム	71	炭素-14	30	マンガン——	153
水素結合	83, 84	炭素族	59	ルクランシェ——	153
水素の発光スペクトル	39	断熱圧縮	105, 106	——の起電力	155
水和イオン	143	断熱膨張	105	電離度	148
スターリングの公式	102	チェルノブイリ	34	電離平衡	148
ストーニー	19	窒素族	59	水の——	148
スピン量子数	51, 52	チャドウイック	23	——定数	148
スメクチック液晶	132	中間相	118, 132	ド・ブロイ	44
正孔	70	中性子	23	等温圧縮	105, 106
正四面体	72, 80	中性子線	161	等温線	125
静電気	18	超臨界水	126	等温膨張	105
生物科学	2	超臨界二酸化炭素	126	動径部分	49, 50
生物機械	5	超臨界メタノール	126	動径分布関数	51
セグレ	30	超臨界流体	119, 126	特異性	176
絶縁体	70	直線分子	74	ドナー	80
絶対エントロピー	108	定圧熱容量	95	トムソン	18, 20
セーレンセン	149	モル——	96	トリチェリ	118
0次反応	166	定圧反応熱	90	トルートンの規則	104, 136
遷移元素	54, 59	d-ブロック	54	ドルトン	10, 123
第一——	54	定温変化	112	——の分圧の法則	123
第二——	54	定容熱容量	95	トレーサー	28
遷移状態理論	173	デカルト	4		
		Debye 単位	80		

索 引

な

内部エネルギー	89
長岡半太郎	22
ナトリウムD線	51
鉛蓄電池	154
二原子分子	96
——仮説	10
二酸化炭素の相図	134
二次反応	168
二重結合	68, 79
ニッカド電池	154
ニッケル・カドミウム電池	154
ニューランズ	58
熱運動	89
熱化学反応	160
熱機関	98
熱容量	95
定圧——	95
定容——	95
モル——	95
熱力学第一法則	89
熱力学第三法則	108
熱力学第二法則	97, 98
ネマチック液晶	132
ネルンストの式	156
燃焼熱	92
燃焼の標準エンタルピー	92, 93
粘性	127
粘度	127
燃料電池	154
濃度平衡定数	113
ノダック	32

は

配位共有結合	80
配位子	81
π結合	77
配向因子	171, 174
配向力	82
パウリの排他原理	53
八面体	75
発光スペクトル	38
パッシェン系列	39
ハッセルバルヒ	149
発熱反応	89
波動関数	47, 49, 50, 77
波動方程式	46, 47
パラフィン	23
バルマー	38
ハロゲン族	59
ハーン	30
反結合性軌道	69, 76, 77, 78
半減期	27, 167
半電池反応	154
半導体	70
反応指数	113
反応速度	164
反応の次数	165
万能薬	8
ピアソンの定義	147
PET	29
p型半導体	70
非共有電子対	68
ピッチブレンド	25
比熱	95
p-ブロック	57, 58
微分速度式	166
標準自由エネルギー	173
標準状態	92
標準水素電極	155
標準生成エンタルピー	92, 93
標準電極電位	155
表面張力	127
頻度因子	171, 174
ファラデー	19
——定数	20, 156, 157
不安定核種	24
ファンデルワールス曲線	125
ファンデルワールスの状態方程式	124
ファンデルワールス力	82
ファント・ホッフ	171
——係数	146
——の実験式	114
VSEPR法	71
フェ	18, 19
フェルミ	30
不可逆等温膨張	100
不可逆変化	100
不確定性原理	45
不完全電子殻	81
不純物準位	70, 71
物質	6
物質波	44, 48
物体	6
沸点	127
フッド	171
物理科学	2
プティ	97
フマラーゼ	176
ブラケット系列	39
ブラッグの反射条件	131
プランク	31, 41
——定数	40, 41
フランクリン	19
フラーレン	85
フリッシュ	30
フレデリック・ジョリオ・キュリー	23
ブレンステッド・ローリーの定義	147
プロトン	21
分圧の法則	123
分散力	82
分子仮説	64
分子軌道	76, 77, 78
——法	75
分子結晶	82, 131
フント系列	39
フントの規則	53
分別蒸留	138
閉殻	55
——構造	67
平均反応速度	164
平衡距離	64
平衡状態	112
平衡定数	113, 173
閉鎖系	88
ヘキサトリエン	48
ベクレル	25, 34
ベーコン	4
ヘス	91
——の法則	91
ベータ線	25
ベータ崩壊	26
ベートーベン	103

索引

pH	148
ベリリウム	23
ベルセリウス	11, 64
ヘルツ	41
ヘルモント	118
ベローゾフ・ジャボチンスキー反応	177
ヘンダーソン	149
ヘンダーソン−ハッセルバルヒの式	149
ヘンリーの法則	144
ボーア	42
——半径	44
ポアズイユ	127
ポアソンの公式	105, 106
ボイル	9, 118
——の法則	118, 120
ボイル・シャルルの法則	122
方位量子数	49
崩壊速度	27
崩壊定数	28
放射壊変	25
放射化学反応	162
放射性核種	162
放射性同位体	28
放射線化学反応	161
放射能	28
飽和溶液	143
補正状態方程式	123
ポテンシャル曲線	76
ポリマー電池	154
ポーリング	57
ホール	70
ボルタ	19
——の電堆	19
——の電池	19, 152
ボルツマン	31, 101, 103
ボルツマン定数	101
ボルン	50
ボルン・オッペンハイマー近似	76
ボルン・ハーバーサイクル	65

ま

マイクロ波	179
——陽性	179
マイトナー	30, 31
マイトネリウム	31, 55
マイヤー	55, 58
摩擦電気	18
マリオット	118
マリケン	57
マンガン電池	153
ミカエリス・メンテン	178
——の式	178
ミカエリス定数	178
水のイオン積	148
水の状態変化	129
水の電離平衡	148
三つ組み元素	58
ミリカン	19, 20, 42
——の油滴の実験	20
メタロフラーレン	85
メンデレーエフ	55, 58
モーズレー	58
モル	12, 13
——凝固点降下	145
——定圧熱容量	96
——熱容量	95
——濃度	142
——沸点上昇	145
——融解熱	129

や

融解のエントロピー変化	99, 102, 104
有核原子モデル	21, 42
誘起双極子−誘起双極子相互作用	82
誘起力	82
有効核電荷	57
融点	129
ユングナー	154
溶液	142
溶解度	143
陽極線粒子	21
陽子数	24
溶質	142
陽電子	27
——放射線断層写法	29
——放出	27
ヨードカリウム	34
溶媒	142

ら

ライニッツァー	132
ライマン系列	39
ラウエ	129
ラウールの法則	144
ラザフォード	21, 29, 42
ラボアジェ	9
——の元素表	9
ランタニド	54, 59
リオトロピック液晶	132
リガンド	81
リズム反応	177
理想気体の状態方程式	88
理想溶液	144
律速段階	166
立体特異性	176
立体配向因子	171
リビー	28
流出速度	123
リュードベリ定数	39, 43
量子数	49
量子飛躍	44
臨界圧	124, 125
臨界温度	124
臨界質量	33
臨界状態	124
臨界体積	125
臨界定数	125
臨界点	125, 134
リンゴ酸	176
ルイス	64
——の定義	147
ルクランシェ電池	153
励起	75
レーマン	132
レーリー・ジーンズの式	40
錬金術	3, 8
連鎖反応	33
レントゲン	129
六フッ化硫黄	73
六方最密構造	84

わ

惑星モデル	22

●著者紹介●

舟橋　弥益男 (ふなばし　ますお)

- 1939年　東京都生まれ
- 1968年　東京工業大学大学院修了
- 現　在　千葉大学名誉教授
- 専　攻　糖質有機化学
- 理学博士

小林　憲司 (こばやし　けんじ)

- 1957年　東京都生まれ
- 1986年　早稲田大学大学院理工学研究科後期課程修了
- 現　在　千葉工業大学教授（工学部，教育センター）
- 専　攻　量子化学，化学物理，物性理論
- 理学博士

秀島　武敏 (ひでしま　たけとし)

- 1947年　佐賀県生まれ
- 1975年　九州大学大学院理学研究科博士課程修了
- 現　在　桜美林大学教授（リベラルアーツ学群）
- 専　攻　生物物理化学
- 理学博士

化学のコンセプト ── 歴史的背景とともに学ぶ化学の基礎

2004年4月1日　第1版第1刷　発行	著　者　舟橋弥益男
2024年9月10日　　　　第20刷　発行	小林　憲司
	秀島　武敏
検印廃止	発行者　曽根　良介

発行所　㈱化学同人

〒600-8074　京都市下京区仏光寺通柳馬場西入ル
編集部　TEL 075-352-3711　FAX 075-352-0371
企画販売部　TEL 075-352-3373　FAX 075-351-8301
振　替　01010-7-5702
e-mail　webmaster@kagakudojin.co.jp
URL　https://www.kagakudojin.co.jp
印刷・製本　創栄図書印刷㈱

〈出版者著作権管理機構委託出版物〉

本書の無断複写は著作権法上での例外を除き禁じられています．複写される場合は，そのつど事前に，出版者著作権管理機構（電話 03-5244-5088, FAX 03-5244-5089, e-mail: info@jcopy.or.jp）の許諾を得てください．

本書のコピー，スキャン，デジタル化などの無断複製は著作権法上での例外を除き禁じられています．本書を代行業者などの第三者に依頼してスキャンやデジタル化することは，たとえ個人や家庭内の利用でも著作権法違反です．

Printed in Japan　©　M. Funabashi, K. Kobayashi, T. Hideshima　2004　ISBN978-4-7598-0966-4
乱丁・落丁本は送料小社負担にてお取りかえいたします．

基本物理定数

量	記号および等価な表現	値
真空中の光速	c_0	$299\ 792\ 458\ \text{m s}^{-1}$
真空の誘電率	$\varepsilon_0 = (\mu_0 c_0{}^2)^{-1}$	$8.854\ 187\ 816 \times 10^{-12}\ \text{F m}^{-1}$
電気素量	e	$1.602\ 177\ 33(49) \times 10^{-19}\ \text{C}$
プランク定数	h	$6.626\ 075\ 5(40) \times 10^{-34}\ \text{J s}$
	$\hbar = h/2\pi$	$1.054\ 572\ 66(63) \times 10^{-34}\ \text{J s}$
アボガドロ定数	L, N_A	$6.022\ 136\ 7(36) \times 10^{23}\ \text{mol}^{-1}$
原子質量単位	$m_u = 1u$	$1.660\ 540\ 2(10) \times 10^{-27}\ \text{kg}$
電子の静止質量	m_e	$9.109\ 389\ 7(54) \times 10^{-31}\ \text{kg}$
陽子の静止質量	m_p	$1.672\ 623\ 1(10) \times 10^{-27}\ \text{kg}$
中性子の静止質量	m_n	$1.674\ 928\ 6(10) \times 10^{-27}\ \text{kg}$
ファラデー定数	$F = Le$	$9.648\ 530\ 9(29) \times 10^4\ \text{C mol}^{-1}$
リュードベリ定数	$R_\infty = me^4/8\varepsilon_0{}^2 ch^3$	$1.097\ 373\ 153\ 4(13) \times 10^7\ \text{m}^{-1}$
ボーア半径	$a_0 = \varepsilon_0 h^2/\pi me^2$	$5.291\ 772\ 49(24) \times 10^{-11}\ \text{m}$
気体定数	R	$8.314\ 510(70)\ \text{J K}^{-1}\ \text{mol}^{-1}$
セルシウス温度目盛のゼロ	T_0	$273.15\ \text{K}$(厳密に)
標準大気圧	P_0	$1.013\ 25 \times 10^5\ \text{Pa}$(厳密に)
理想気体の標準モル体積	$V_0 = RT_0/P_0$	$22.711\ 08(19)\ \text{L mol}^{-1}$
ボルツマン定数	$k = R/L$	$1.380\ 658(12) \times 10^{-23}\ \text{J K}^{-1}$

各数値の後のかっこ内に示された数は，その数値の標準偏差を最終けたの1を単位として表したものである．

SI 組立単位

物理量	名称	記号	定義
振動数	ヘルツ	Hz	s^{-1}
エネルギー	ジュール	J	$\text{kg m}^2\ \text{s}^{-2} = \text{N m}$
力	ニュートン	N	$\text{kg m s}^{-2} = \text{J m}^{-1}$
仕事率	ワット	W	$\text{kg m}^2\ \text{s}^{-3} = \text{J s}^{-1}$
圧力，応力	パスカル	Pa	$\text{kg m}^{-1}\ \text{s}^{-2} = \text{N m}^{-2} = \text{J m}^{-3}$
電荷	クーロン	C	A s
電位差	ボルト	V	$\text{kg m}^2\ \text{s}^{-3}\ \text{A}^{-1} = \text{J A}^{-1}\ \text{s}^{-1} = \text{J C}^{-1}$
電気抵抗	オーム	Ω	$\text{kg m}^2\ \text{s}^{-3}\ \text{A}^{-2} = \text{V A}^{-1}$
電導度	ジーメンス	S	$\text{A}^2\ \text{s}^3\ \text{kg}^{-1}\ \text{m}^{-2} = \Omega^{-1}$
電気容量	ファラッド	F	$\text{A}^2\ \text{s}^4\ \text{kg}^{-1}\ \text{m}^{-2} = \text{A s V}^{-1} = \text{C V}^{-1}$
磁束	ウェーバー	Wb	$\text{kg m}^2\ \text{s}^{-2}\ \text{A}^{-1} = \text{V s}$
インダクタンス	ヘンリー	H	$\text{kg m}^2\ \text{s}^{-2}\ \text{A}^{-2} = \text{V s A}^{-1} = \text{Wb A}^{-1}$
磁束密度	テスラ	T	$\text{kg s}^{-2}\ \text{A}^{-1} = \text{V s m}^{-2}$
光束	ルーメン	lm	cd sr
照度	ルックス	lx	m^{-2} cd sr
線源の放射能	ベクレル	Bq	s^{-1}
放射線吸収量	グレイ	Gy	$\text{m}^2\ \text{s}^{-2} = \text{J kg}^{-1}$

SI 接頭語

大きさ	SI 接頭語	記号	大きさ	SI 接頭語	記号
10^{-1}	デシ	d	10	デカ	da
10^{-2}	センチ	c	10^2	ヘクト	h
10^{-3}	ミリ	m	10^3	キロ	k
10^{-6}	マイクロ	μ	10^6	メガ	M
10^{-9}	ナノ	n	10^9	ギガ	G
10^{-12}	ピコ	p	10^{12}	テラ	T
10^{-15}	フェムト	f	10^{15}	ペタ	P
10^{-18}	アト	a	10^{18}	エクサ	E

エネルギー単位の換算

		kJ mol^{-1}	kcal mol^{-1}	J	eV	cm^{-1}
1 kJ mol^{-1}	=	1	0.23901	1.6605×10^{-21}	0.010364	83.594
1 kcal mol^{-1}	=	4.184	1	6.9477×10^{-21}	0.043364	349.76
1 J	=	6.0221×10^{20}	1.4393×10^{20}	1	6.2414×10^{18}	5.0341×10^{22}
1 eV	=	96.485	23.061	1.6022×10^{-19}	1	8065.5
1 cm^{-1}	=	0.011963	2.8591×10^{-3}	1.9864×10^{-23}	1.2398×10^{-4}	1

圧力単位の換算

	Pa	kPa	bar	atm	mbar	Torr
1 Pa	1	10^{-3}	10^{-5}	$9.869\,23 \times 10^{-6}$	10^{-2}	$7.500\,62 \times 10^{-3}$
1 kPa	10^3	1	10^{-2}	$9.869\,23 \times 10^{-3}$	10	7.500 62
1 bar	10^5	10^2	1	0.986 923	10^3	750.062
1 atm	101 325	101.325	1.013 25	1	1 013.25	760
1 mbar	100	10^{-1}	10^{-3}	$9.869\,23 \times 10^{-4}$	1	0.750 06
1 Torr	133.322	0.133 322	$1.333\,22 \times 10^{-3}$	$1.315\,79 \times 10^{-3}$	1.333 22	1

ギリシャ文字

A	α	Alpha	アルファ	N	ν	Nu	ニュー
B	β	Beta	ベータ	Ξ	ξ	Xi	グザイ
Γ	γ	Gamma	ガンマ	O	o	Omicron	オミクロン
Δ	δ	Delta	デルタ	Π	π	Pi	パイ
E	ε	Epsilon	イプシロン	P	ρ	Rho	ロー
Z	ζ	Zeta	ゼータ	Σ	σ	Sigma	シグマ
H	η	Eta	イータ	T	τ	Tau	タウ
Θ	θ	Theta	シータ	Υ	υ	Upsilon	ウプシロン
I	ι	Iota	イオタ	Φ	ϕ	Phi	ファイ
K	κ	Kapaa	カッパ	X	χ	Chi	カイ
Λ	λ	Lambda	ラムダ	Ψ	ψ	Psi	プサイ
M	μ	Mu	ミュー	Ω	ω	Omega	オメガ